21世纪高等院校教材·工业工程系列

系统建模与仿真

刘思峰　方志耕
朱建军　沈　洋　编著

科学出版社
北　京

内 容 简 介

本书是在作者数十年研究应用数学模型和仿真技术，讲授相关课程的基础上，针对经济类、管理类专业的特点，并广泛吸收国内外优秀系统建模与仿真教材的成果凝练而成的。书中系统地阐述了系统建模、系统仿真的基本概念、基本原理、基本方法及其应用步骤与实现过程，主要内容包括系统建模理论与方法、系统仿真方法与技术、连续系统建模与仿真技术、离散事件系统建模与仿真、灰色系统建模方法、学习和进化模型、基于 Simulink 的系统仿真和系统动力学模型与仿真技术等。每章末尾均配有一定数量的习题与思考题，并在附录中提供了课程实验。

本书不仅可以用作经济类、管理类专业高年级本科生和研究生的教科书，同时对于系统建模与仿真技术有兴趣的读者，也是一本适宜的自学参考书。

图书在版编目 CIP 数据

系统建模与仿真/刘思峰等编著. —北京：科学出版社，2012
21 世纪高等院校教材·工业工程系列
ISBN 978-7-03-034494-6

Ⅰ.①系… Ⅱ.①刘… Ⅲ.①系统建模-高等学校-教材②系统仿真-高等学校-教材 Ⅳ.①N945.12②TP391.9

中国版本图书馆 CIP 数据核字(2012)第 109641 号

责任编辑：方小丽 / 责任校对：张凤琴
责任印制：赵 博 / 封面设计：蓝正设计

科学出版社出版
北京东黄城根北街 16 号
邮政编码：100717
http://www.sciencep.com
北京盛通数码印刷有限公司印刷
科学出版社发行 各地新华书店经销
*
2012 年 6 月第 一 版 开本：787×1092 1/16
2024 年 7 月第十次印刷 印张：14 1/2
字数：323 000

定价：68.00 元

(如有印装质量问题，我社负责调换)

前　言

系统建模与仿真是一门综合运用数学建模的理论、方法和现代计算机仿真技术，研究各类系统（本书主要面向经济、管理系统）数学模型和仿真系统构建原理与实现过程的科学，是经济类、管理类专业的一门重要专业基础课程。本书是在作者数十年研究应用数学模型和仿真技术，讲授相关课程的基础上，针对经济类、管理类专业的特点，并广泛吸收国内外优秀系统建模与仿真教材的成果凝练而成的。书中系统阐述了系统建模、系统仿真的基本概念、基本原理、基本方法及其应用步骤与实现过程，主要内容包括系统建模理论与方法、系统仿真方法与技术、连续系统建模与仿真技术、离散事件系统建模与仿真、灰色系统建模方法、学习和进化模型、基于 Simulink 的系统仿真和系统动力学模型与仿真技术等。

本书主要特色是强调系统建模与仿真的基本原理、基本方法，突出实际应用，对那些专业性强、难度大的内容作了慎重处理，力求使之更为通俗化。在阐述方式上力求简明扼要、深入浅出、通俗易懂，运用大量的实例来说明常用系统建模与仿真技术的具体应用，致力于提高读者的实际动手能力，为研究解决经济与管理系统中出现的多种问题提供有力的工具、方法、技术。每章末尾均配有一定数量的习题与思考题，并在附录中提供了课程实验，帮助读者在理解和掌握系统建模与仿真的基本原理、方法和技能的同时，学会多种新型数学模型和仿真软件的实际操作和应用；培养读者运用数学模型和仿真软件工具模拟、分析和解决社会经济管理领域中实际问题的能力。

全书共分 9 章，其中第 1 章、第 2 章、第 6 章和附录中实验三、四、五由刘思峰执笔，第 3 章、第 4 章和附录中实验一由朱建军执笔，第 5 章、第 9 章和附录中实验二由方志耕执笔，第 7 章、第 8 章和附录中实验六、七、八由沈洋执笔。管理定量方法课程团队研究生刘勇、李亚平、徐锐婷等多位同学参与了资料收集、排版、校对工作。全书最后由刘思峰负责统稿和审定。

本书的编写得到了管理定量方法课程群国家级教学团队和江苏省优秀教学团队建设

基金、南京航空航天大学教材出版基金及精品课程建设基金资助，在此，作者向支持本书出版的领导、专家和同学表示深深的谢意！

限于作者水平，书中难免有不足之处，殷切期望有关专家和广大读者批评指正。

作　者

2012 年 3 月 1 日

目录

第1章

导　论

1.1 系　统

1.1.1 人类早期的系统思想与系统实践

系统思想源远流长，系统实践在人类文明史上写下了不胜枚举的光辉篇章。古希腊的“Syn-histanai”一词，意为归拢起来使之站立，已经具有“系统”的含义。亚里士多德(Aristotle)“整体大于部分之和”则是其具有整体论和目的论内涵的系统观的高度概括。德谟克利特(Democritus)的系统思想通过其对宇宙构成的认识表达得十分清晰，他认为独立、不变、不可分的“原子”是组成宇宙系统的基本粒子。柏拉图(Plato)则赋予系统以完美的静止状态或永恒的“理想”形式的内涵。

中国的《黄帝内经》中，已包含有朴素的系统思想。《黄帝内经》通过对经络、脉象、穴位等的研究，深化了对人体“系统”的认识。中药的“辨症处方”，则是系统思想的集中体现。一付中药一般由“君、臣、佐、使”4 个部分组成：“君药”对主病起主要治疗作用，用量较大；“臣药”辅助“君药”加强治疗作用；“佐药”用来抑制“君药”可能产生的副作用；“使药”对各种药物起调和作用。“君、臣、佐、使”合理配伍，一付中药就是一个具有“健身祛病”功效的药物“系统”。中国古代的系统思想在老子的《道德经》中得到高度概括和提炼。《道德经》中的“道”或“一”超越了时空界限，“独立而不改，周行而不殆，可以为天下母”。老子认为，只有按照“道”的原则，才能实现既定的目标。“天得一以清，地得一以宁，神得一以灵，谷得一以盈，万物得一以生，侯王得一以为天下正”，这里的“道”或“一”在某种意义上可以和“系统”划等号。

散布于尼罗河下游地区的金字塔，建于公元前 3000 年左右，其中最大的一座胡夫(Hoove)金字塔，高 146.5m，塔基边长 230 多米，共用重 2.5t 左右的巨石 230 万块。建造这座金字塔几乎动用了埃及的全部人力，每 10 万人一组轮流工作，干了 20 年才完成。如此浩大的工程没有系统思想指导是难以完成的。再如希腊人建造的雅典卫城，马其顿人在亚历山大港的法罗斯岛上建造的高 100 多米的巨大灯塔，罗马人建造的长 190m、宽

155m、外墙高 48m 的圆形大剧场，法国人历时 100 年而建造的凡尔赛宫和巴比伦人建造的“空中花园”等，都是人类系统实践的奇迹。

公元前 250 年，中国战国时期的秦蜀郡太守李冰设计并主持修建的都江堰大型水利工程，由都江堰鱼咀、飞沙堰和宝瓶口三大工程配套而成。都江堰鱼咀建于岷江中心，把岷江水一分为二，内江灌溉，外江分洪；飞沙堰建于内江西岸，用于溢洪排沙；宝瓶口位于内江东岸，配合飞沙堰调节水量。三项工程浑然一体，巧妙地控制了岷江激流，兼收防洪、灌溉之利。都江堰渠道总长 1165km，共有 520 多条支渠，2200 多道分渠，灌溉农田 300 多万亩。这项 2000 多年前中国人系统实践的伟大成果，至今仍在发挥其防洪、灌溉的功效。2008 年“5・12”汶川大地震，距震中仅 20 多公里的都江堰市受损严重，而建于 2000 多年前的都江堰水利工程依然完好。公元前 240 年，水工郑国主持开凿的郑国渠，宽 24.5m，堤高 3m，深 1.2m，西起仲山、瓠口，东至高平、蒲城，全长 300 多里，由高至低，自流灌溉，受益面积 400 万亩。像中国秦朝修筑的万里长城、阿房宫、秦始皇陵及兵马俑，气势宏大，规模空前，凝结了无数人的智慧和血汗。没有系统组织和设计，断难完成。

1015 年，中国宋朝皇宫毁于火灾。宋真宗命丁谓主持修复工程。为解决工程中烧砖和填地基用土及大量建筑材料运输难题，丁谓令工役当街开沟取土，烧砖填地基；同时取土开挖的大沟，与汴河接通，船队可将各种建筑材料一直运到皇宫门前，节省了大量劳力；完工后再把废弃砖石填入沟内，复原街道。取土烧砖、材料运输、余土处理一举三得，堪称人类运用系统思想组织大型建筑工程施工的光辉典范。

1.1.2 当代的系统研究进展

1. 20 世纪中叶兴起的系统运动

1925 年，美籍奥地利生物学家贝塔朗菲(Ludwig von Bertranffy)提出了生物系统论的思想，他的视野很快超出了生物学范畴，并于 1937 提出一般系统论原理，为系统论奠定了理论基础。1954 年，贝塔朗菲与持有相同观点的另外三位著名学者——经济学家鲍尔丁(Kenneth Boulding)、生物学家杰拉德(Ralph Gerard)和生物数学家拉波波特(Anatol Rapoport)发起成立了“一般系统研究会”，此 4 人被认为是系统运动之父。他们在加利福尼亚帕罗奥托行为科学高等研究中心合作共事，提出了系统科学研究 4 个主要目标：①研究不同科学领域中概念、规律、模型的相似性，并致力于从一个领域向另一个领域移植；②鼓励理论探索；③尽可能减少不同领域中的重复研究；④促进科学家之间的交流，强化科学研究的协调性。研究会每年组织召开一次年会，出版一本年刊，吸引了大批科学家，在西方学术界产生了很大影响，随之而来的是轰轰烈烈的系统运动。

20 世纪 50 年代和 60 年代，西方国家先后建立了一大批专门的系统科学研究机构，许多高等学校竞相开办系统科学系或专业，出版机构积极支持系统科学著作的出版，创办了一批系统科学学术刊物。据 1950～1980 年 30 年的资料统计显示，系统科学论著每 4 年翻一番。随着系统运动的发展，各国学者联合成立了国际性的系统科学组织。

大批具有系统科学头脑的高级人才进入管理、研究和工程技术领域，使人类应付和处理高度复杂的组织、决策、工程项目等问题的能力大大增强。如美国国家航空航天局组织完成的阿波罗计划，耗资300亿美元，动员了120所大学、2万家工厂和公司的42万名科学家和工程师参加研究。如此庞大的工程，必须运用系统科学的思想、方法进行组织管理。阿波罗计划从总体目标出发，把整个计划划分成许许多多的子系统，如飞船系统、火箭推进系统、飞行制导系统等，每个子系统再细分成若干次级子系统。各级子系统协调配合，完成计划总目标。

人类成功地登上月球，并安全返回地球，可以说是当代系统实践的伟大成果。

2. 西方各式各样的系统观

由于人们所处的领域不同，看问题的视角不同，因而在系统运动中形成了各种不同的系统观。主要有：

(1) 类比系统观——把系统视为抽象结构，即像在数学、逻辑学、统计、计算机科学和自然科学中那样，把系统定义为“具有某种关系的集合”。这种系统观相当普遍。

(2) 行为逻辑系统观——把系统看成是由机能、控制论和互联反馈过程说明的范例。这是控制论专家和系统动力学家的观点。

(3) 生物学系统观——把系统及其部分划分为有机确定的子系统。这是米勒(James Grier Miller)的观点，被称为“生命系统论”。

(4) 辨证系统观——视系统为演说、论证、说明、决议及实际或隐喻交谈等人类活动的中心。帕斯加(Gordon Pask)的“辨证论”是这种观点的一个典型。

(5) 动态逻辑系统观——认为系统与变化、增长、发展等特定概念有关。许多管理顾问持这种观点。

(6) 生态学系统观——认为系统与生物物种栖息地、合作、交互作用等有关。持此观点者常常用“环境”代替“系统”而造成混淆。一般环境学家倾向于此观点。

(7) 认识论系统观——认为系统主要与探索、学习、关于学习的学习及当我们自认为已知时检验掌握的程度等有关。这种观点是由丘奇曼(C. West Churchman)及其追随者提出的。

(8) 观念逻辑系统观——认为系统是绝对理想意义下的具体化。阿考夫(Ackoff)及其追随者信奉此观点。

(9) 纯粹逻辑系统观——认为系统由人们对分割、分类、界定、定义、差别认定等感性认识的解释而产生。研究一般系统哲学的人往往持这种观点。

(10) 方法论系统观——把系统看成系统化的方法，即在“问题求解”、管理等过程中应用的方法。许多“软系统方法论”的支持者持这种观点。

(11) 形态学系统观——用结构、形式、机器及其各部分之间的关系表示系统，把系统定义为具有某种属性的事物和事物及其属性之间关系的集合。工程界、“系统分析”及传统“一般系统论”的支持者持这种观点。

(12) 本体论系统观——认为系统是适合客观检验的外在实物。自然科学和系统分析专家比较典型地坚持这种观点。

(13) 心理学系统观——认为系统是信念的臆造物，是完全虚构的、抽象的。后现代派和一些激进的构成派成员持此观点。

(14) 符号学系统观——把系统视为由某种意义的归属和符号主义解释产生的事物。佩斯(Charles Sanders Peirce)的追随者和其他符号学家持这种观点。

(15) 社会学系统观——认为系统是由实际的文化、伦理、政治等“问题”和“答案”之源中派生出来的。社会学家持此观点。

(16) 秩序系统观——把系统看成是在某种情形下,按照其对于环境和感觉的作用、形式、内容、控制等方面划分等级、层次的方式。这是近来出现的一般系统世界观的翻版。

(17) 技术系统观——把系统视为由几个相互联系的部分、特别是以计算机作为其组成部分而构成的装置。这种观点目前在实业界和整个大众文化中最为流行。

(18) 目的论系统观——认为系统是根据人类的目的、价值、前提等确定边界、执行计划的途径。目的系统论者持此观点。

(19) 神学系统观——认为系统是由上帝制定的绝对法则。这是原教旨主义各派的观点。

(20) 拓扑学系统观——认为系统主要考虑事物之间的基本联系,而无视其表现的形态、形状和状态。这种观点与一般系统世界观大体一致。作用与过程论的支持者和某些控制论专家持此观点。

3. 西方主要系统流派

在系统运动中,西方出现了许多不同的系统流派。限于篇幅,这里仅列出影响较大的主要流派。

(1) 以麦萨罗维克(M. Mesorovic)为代表的数学系统学派。

(2) 以霍尔(Arthur D. Hall)等为代表的系统分析学派。

(3) 以阿考夫(Russell L. Ackoff)为代表的运筹学派。

(4) 特洛卡勒(Len Trocale)创立的耦合命题学派。

(5) 福雷斯特(Jay W. Forrester)创立的系统动力学学派。

(6) 以奥杜姆(Howard T. Odum)为代表的系统生态学派。

(7) 以比尔(Stafford Beer)为代表的活力系统学派。

(8) 以亚伯拉罕(Ralph Abraham)为代表的动态系统学派。

(9) 以维纳(Norbert Weiner)为代表的伺服控制学派。

(10) 以特琴(Valentin Turchin)为代表的超越系统跃变学派。

(11) 米特琴(James Grier Miller)创立的“生命系统”派。

(12) 贝塔朗菲创立的一般系统学派。

(13) 以科宁(Peter A. Corning)为代表的协作系统学派。

(14) 以弗拉德(Robert Flood)为代表的总系统干预学派。

(15) 以沃非尔德等为代表的多态系统干预派。

(16) 以明杰斯(John Mingers)为代表的多方法论派。

(17) 帕斯加(Gordon Pask)创立的辩证系统学派。

(18) 以英斯蒂托德(Santa Fe. Lnstitute)为代表的复杂适应系统派。

(19) 以阿考夫(Russell L. Ackoff)为代表的交互作用规划派。
(20) 以切柯兰德(Peter Checkland)为代表的软系统方法论学派。
(21) 杰克逊(Michael C. Jackson)创立的临界系统思维学派。
(22) 以贾罗斯(Gyuri Jaros)为代表的目的系统学派。
(23) 系统发展与系统工程学派。
(24) 以邓肯(Daniel Duncan)为代表的组织设计派。
(25) 由丘奇曼(West Churchman)创立的探索系统学派。
(26) 以巴内西(Bela H. Banathy)为代表的学习系统派。
(27) 以尼尔森(Harold Nelson)为代表的全系统设计派。
(28) 以范吉克(John P. Van Gigch)为代表的超越系统建模派。
(29) 以拉兹洛(Ervin Laszlo)为代表的横断学科统一论学派。
(30) 以萨比利(Hector Sabelli)为代表的过程系统派。
(31) 以特利斯特(Eric Trist)等为代表的评价系统与社会生态学派。
(32) 以维因伯格(Gerald Weinberg)为代表的一般系统思维派。
(33) 以福雷斯特(Heinz von Forester)为代表的(二阶)社会控制学派。
(34) 以艾伦(Peter Allen)为代表的复杂系统进化论派。
(35) 以麦克尼尔(Donald H. McNeil)为代表的系统逻辑派。
(36) 普利高津(I. Pringogine)创立的耗散结构理论学派。
(37) 哈肯(Hermann Hakenn)创立的协同论学派。
(38) 托姆(R. Thom)创立的突变论学派。

4. 中国的系统科学研究与应用

20世纪50年代中期,钱学森和许国志把运筹学从西方带到中国,他们在中国科学院力学研究所组建了中国最早的运筹学研究组。此后,钱学森又开创并领导了中国的国防系统分析研究工作。50年代末期,中国科学家开始将运筹学应用于国民经济发展。华罗庚从运筹学方法中提炼出可直接用来解决系统管理、优化问题的“优选法”和“统筹法”。他带领一批青年科学家在全国范围内推广“双法”,指导工农业生产实践,取得了巨大的社会效益和经济效益,同时还总结出“图上作业法”、“打麦场设计法”等中国独特的系统科学方法。

20世纪70年代,在钱学森、宋健、许国志等的大力倡导下,中国出现了新的系统科学研究热潮。一批在数学、工程、经济等领域有影响的专家率先转入系统科学研究。到80年代,中国科学院及有关部委相继组建了系统科学或系统工程研究所,不少高等学校如清华大学、天津大学、西安交通大学、上海交通大学、华中理工大学、哈尔滨工业大学、大连理工大学等设置了系统工程或管理工程专业,建立了研究机构,并开始招收和培养系统工程、管理工程专业的本科生、硕士生和博士生。同时,组建了中国系统工程学会、中国优选法统筹法与经济数学研究会、中国未来学会、中国科学学与科技政策研究会、中国自然辩证法研究会等学术团体。系统科学思想和系统工程方法应用于中国各级管理决策、发展战略、区域规划及重大建设工程项目的论证,取得了一批重要成果。如“国家12个重要领域技术政策”的制定，参加单位有 670 个，动员了 3500 多位各个领域的专家，历时 6 年完成，并于 1986 年 5 月 24 日，由国务院颁布实施。“2000 年的中国”、“世界新技术革命及对策”、“国家经济发展战略”等许多系统科学应用成果，都对中国的发展产生了积极的影响。在中国导弹和航天等复杂系统的规划、研究、设计、制造、试验、运行过程中，系统工程方法得到广泛的应用。中国的系统科学方法论研究也有较大的发展，其中包括运筹学、系统工程和软系统方法论等。华罗庚提出的解决国民经济大范围优化问题的“产综正特征矢量法”，钱学森提出的“综合集成方法”，都极大地丰富了系统科学方法论。20 世纪 70 年代末 80 年代初，中国学者创立了一批系统科学新学科，其中邓聚龙创立的“灰色系统理论”、吴学谋提出的“泛系理论”和蔡文创立的“物元分析”，都在国际上产生了一定影响。尤其是“灰色系统理论”，不但思想是全新的，而且以其能够解决各领域科研、生产实际问题的独特方法，获得大范围的推广和应用，并为国际系统科学界所接受。

1.1.3 系统的定义、特性与分类

1. 系统的定义

基于不同的系统观，不同的系统流派对系统的解释和定义也不完全相同。我们参照《中国大百科全书・自动控制与系统工程卷》的解释，给出本书的系统定义如下。

定义 1.1 系统是由若干相互联系、相互制约、相互依存的部分构成的具有特定功能的有机整体。

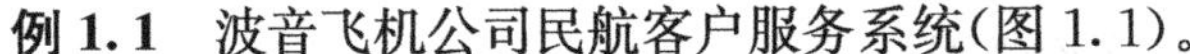

例 1.1 波音飞机公司民航客户服务系统(图 1.1)。

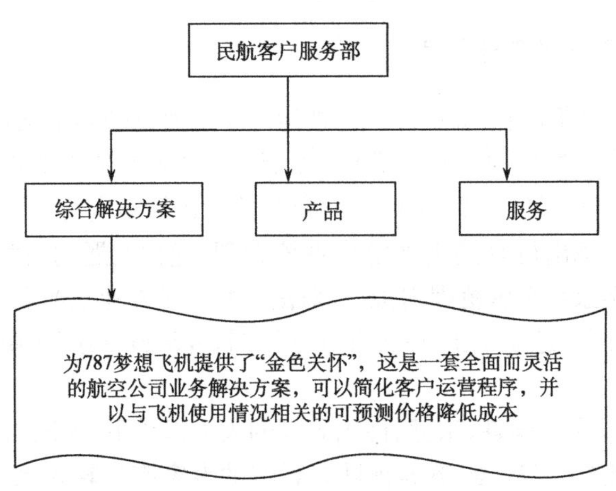

图 1.1 波音飞机民航客户服务系统示意图

在波音飞机民航客户服务系统中，各部门之间相对独立，同时又在民航客户服务部的协调下密切配合，为客户提供综合解决方案，实现客户和公司利益的最大化。在某种意义上可以说，正是一流的客户服务，为波音公司赢得了稳定的全球市场。

例 1.2 闭环控制系统(图 1.2)。

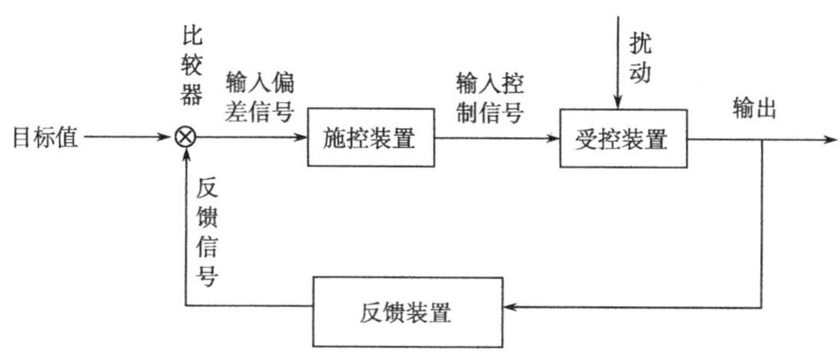

图 1.2 闭环控制系统

闭环控制系统通过输入以及输出的回输共同作用来实现控制。其突出特点是抗干扰能力强,其输出能够始终围绕预定目标摆动。因此,闭环控制系统具有某种稳定性。

再如区域城市社会经济系统、技术创新系统、武器装备系统、军事指挥系统、战场信息系统、企业组织系统、流域生态系统等,都是由若干相互联系、相互制约、相互依存的部分构成的具有特定功能的有机整体。

2. 系统的特性

1)整体性

"整体大于部分之和"。整体性(wholeness)是系统存在的基石。系统不是其组成部分的简单叠加或拼盘。单个要素或组成部分不能独立于系统之外。比如单独一个施控装置或受控装置,如果不被整合到一个控制系统中就不可能发挥其应有的功能。单独的服务机构完全独立于波音飞机公司民航客户服务系统之外也难以找到用武之地。由成千上万个零部件组装起来的飞机能够翱翔蓝天,拆开的零部件却飞不起来。孤立的组成部分及其简单叠加或拼盘原本没有的某些特性,组成系统后整体涌现(whole emergence)出来了,表明系统整体与其组成部分相比有了本质性的提升和飞跃。

系统的整体涌现性是其各组成部分之间相互联系、相互制约、相互依存而产生的组织相干效应。由科学家群体组成的研究团队通过分工协作能够产生巨大的团队效应。分工与协作随着社会化大生产的形成而出现,人类社会实践证明其具有推动生产效率不断提高的涌现性。现代科学技术在高度分化的基础上高度综合的大趋势,使得创新活动的集成化程度大大提高,创新项目的规模越来越大,过去那种以单兵作战为主的个体创新已经难以适应现代科技发展的需要。大规模集成创新和大兵团作战必须进行合理分工和高效协作。合理分工使每一个成员能够全身心地投入某一特定的专门领域,较快地完成知识、经验、技能的积累,创新效率迅速提高。团队成员之间的通力合作可以使每一个个体在知识、经验、技能等方面的缺陷或不足得到有效弥补,共同完成任何单个个体所难以胜任的创新任务。这是研究团队整体涌现性的产物。

当然,系统的整体涌现性并不总是表现为正效应。不合理的组织结构可能产生负面效应,使整体小于部分之和。人们常说的组织"内耗"就是典型的负效应。再如经济全球化在为人类造福的同时也使爆发全球金融危机的风险大大增加,1997 年发生的亚洲金融危机和 2008 年由美国次贷危机引发的全球金融风暴都是全球经济一体化"涌现"出来的负效应。

系统科学就是关于整体性的科学。研究系统整体涌现性发生的条件、机制和演化规律,利用系统的这一特性为人类造福是系统科学的首要任务。

2) *层次性*

由若干相互联系、相互制约、相互依存的组成部分构成的系统具有层次性。直接由要素(组成部分)构成的系统是最简单的系统。如果系统的组成部分又由若干次级要素构成,这样的组成部分就成为系统与要素之间的中间层次,通常称为子系统。复杂系统往往由多层子系统按照一定的空间结构构成,层次结构是复杂系统的基本特性。

高层次系统(子系统)包含低层次子系统并支配低层次子系统的行为,低层次子系统隶属于高层次系统(子系统)并对高层次系统(子系统)起支撑作用。

一个系统可以划分为多少不同的层次?每个层次都包含哪些不同的子系统(要素)?系统的不同层次之间有何本质区别?高层次与低层次如何衔接?低层次到高层次怎样过渡?同一层次或不同层次的子系统(要素)之间如何相互联系、相互影响、相互作用?这些都是系统分析要回答的问题。

3) *相关性*

组成系统的各子系统(要素)之间是相互联系、相互影响、相互作用的,子系统(要素)之间相互联系、相互影响、相互作用的方式及其演变规律决定了系统的特性。

如在农业生产系统中,作物的播种面积、种子、化肥、灌溉和劳动力技术水平、自然环境、气候条件、市场行情等要素之间的联系及其对产量、产值的影响;生物防治系统中害虫与其天敌、害虫与饵料、天敌与饵料、某一天敌与别的天敌、某一害虫与别的害虫之间的关系等对生物防治效果的影响;在价格体系的调整或改革中,常常需要掌握民众心理承受力的信息,以及某些商品价格变动对其他商品价格影响的确切信息;在证券市场上,即使最高明的系统分析人员也难以稳操胜券,因为人们难以准确测算金融政策、利率政策、企业改革、政治风云和国际市场变化及某些板块价格波动对其他板块的影响的确切信息。

研究子系统(要素)之间相互联系、相互影响、相互作用的机制,根据系统整体目标协调子系统(要素)行为,是提高系统整体运行效率的需要。

3. 系统的分类

按照不同的研究视角和立足点,可以将系统划分为不同的类别。

根据层次结构的复杂程度,可以将系统分为简单系统和复杂系统。

定义 1.2 直接由要素构成的两层次系统称为简单系统;由多层子系统按照一定的空间结构构成的系统称为复杂系统。

按照状态变量随时间变化的特性,可以将系统分为静态系统和动态系统。

定义 1.3 状态变量随时间变化的系统称为动态系统,否则称为静态系统。

动态系统的状态变量与时间因素有关,静态系统的状态变量则不含时间因素。通常我们所研究的系统都是随时间变化的动态系统。在状态变量变化相对平稳的情形下,有时为简化起见而将动态系统近似地看作静态系统。

按照时间和状态变量的取值特性，可以将系统分为连续系统、离散系统或混合系统。

定义 1.4 状态变量随时间连续变化的系统称为连续系统；时间变量和状态变量均只取有限个或可数个可能值的系统称为离散系统；兼具连续和离散成分的系统称为混合系统。

本书第 4 章和第 5 章将分别介绍连续系统和离散事件系统的建模与仿真技术。

按照系统要素之间关系或模型的形式，可以将系统分为线性系统和非线性系统。

定义 1.5 要素之间的关系能够用线性数学模型描述的系统称为线性系统，否则称为非线性系统。

基于系统与环境之间的关系，还可以将系统分为封闭系统和开放系统。

定义 1.6 与环境之间存在物质、能量或信息交换的系统称为开放系统，否则称为封闭系统。

开放系统是有生命力的活的系统，具有自适应、自调节能力，能够通过调整系统内部子系统的行为和作用方式适应环境变化。封闭系统的边界完全封闭，与环境之间没有任何物质、能量或信息交换发生。内部要素或子系统之间保持均衡关系是封闭系统能够持续运行的基本条件。封闭系统的内部均衡关系一旦破坏，往往难以修复。人们所研究的系统一般都与环境之间存在一定的物质、能量或信息交换，因此都是开放系统。当系统与环境之间的物质、能量或信息交换十分有限时，可以近似地将其视为封闭系统。

1.2 系统建模

1.2.1 模型

系统模型是对系统特性与变化规律的抽象描述。模型作为实际系统的替代物或模仿品，通常借助文字、符号、图表、实物或数学表达式等提供关于系统要素、要素间关系以及系统特性或变化规律等方面的知识和信息，是人们赖以研究系统、认识系统的重要手段或工具。

系统模型通常分为物理模型、概念模型和数学模型三类。

1. 物理模型

定义 1.7 以实物或图形直观地表达对象特征所得的模型称为物理模型。

物理模型是根据一定的规则对系统进行简化、描绘或按照一定比例缩小、放大而得到的仿制品。通常要求物理模型与实物高度相似，能够逼真地描述实物原型。

如风洞实验所用的飞行器外形和船体外形、飞机模拟驾驶系统、人工模拟太空环境以及人工制作或绘制的 DNA 分子双螺旋结构模型，真核细胞三维结构模型等都是用来描述实物原型的物理模型。在大型水利工程、土木工程项目设计、施工或飞行器、轮船研制过程中，常常要运用物理模型。

2. 概念模型

定义 1.8 对现实世界及其活动进行概念抽象与描述的结果称为概念模型（conceptual model)。

概念模型是基于人们的经验、知识背景和思维直觉形成的,是人的大脑活动的产物。概念模型基于对所研究系统相关概念的抽象并通过对抽象概念相互关系的概括和描述得到,通常用语言、符号、框图等形式表达。

概念模型可以看成是现实世界到数学模型或计算机仿真系统的一个中间层次。

在信息系统分析与设计领域,对系统信息定义进行规范描述的系统概念模型仅用于抽象和常规设计,而不用于具体和专门的执行设计。

基于不同的视角,概念模型可以分为多种不同的类型。

基于描述的内容,可将概念模型分为面向领域的概念模型和面向设计的概念模型两类。

定义 1.9 针对现实世界的不同领域建立的概念模型称为面向领域的概念模型。

如与高技术领域相对应的高技术概念模型,与国防工业相对应的国防工业概念模型。当然,大的领域还可以划分为若干小的领域。如高技术领域可以细分为生命科学、信息科学、航天工程、纳米技术等不同领域,相应地就有生命科学概念模型、信息科学概念模型、航天工程概念模型、纳米技术概念模型等。

定义 1.10 以领域概念模型为基础进行设计所得的模型称为面向设计的概念模型。

如数据库设计概念模型、系统结构设计概念模型等均为面向设计的概念模型。

按照模型的用途,可将概念模型分为资源概念模型和主用概念模型。

定义 1.11 作为支撑进一步开发的资源的概念模型称为资源概念模型。

通常对资源概念模型的可执行性要求不高,也不要求此类模型有其他的特殊功能。如用户空间概念模型(conceptual model of the user space)、合成描述概念模型(conceptual model of the synthetic representations)等均为资源概念模型。

定义 1.12 以资源概念模型为基础,针对需求开发出来的概念模型称为主用概念模型。

由主用概念模型可以直接开发出实用模型。例如,仿真概念模型(simulation conceptual model)就是一种主用概念模型。

基于知识工程的视角,还可以将概念模型分为基于表示的概念模型、基于方法的概念模型和基于任务的概念模型等。

3. 数学模型

定义 1.13 用来描述系统要素之间以及系统与环境之间关系的数学表达式称为数学模型。

各种不同的数学表达式均可以作为数学模型的基本形式。数学模型主要用来描述系统运行行为特性和基本规律,是我们研究系统,认识系统的重要手段和工具。

飞速发展的现代数学和系统科学为我们提供了十分丰富的数学模型。微分方程模型、时间序列模型、回归分析模型、生长曲线模型、马尔可夫模型、模糊数学模型、灰色系统模型、粗糙集模型、人工神经网络模型、遗传规划模型、层次分析模型、蒙特卡罗模型、线性规划模型、非线性规划模型、动态规划模型、分形模型、混沌模型、系统动力学模型等,都是常用的数学模型。

1.2.2 建模方法与步骤

本节我们通过剖析回归分析模型的建模过程说明建立数学模型的基本方法和步骤。

回归分析模型建模与应用可按以下步骤进行：①明确任务，建立概念模型；②模型设计；③确定统计指标，收集、整理数据；④估计模型参数；⑤模型检验；⑥模型应用。我们以较为简单但应用十分普遍的单方程模型的建模与应用为例具体说明上述过程。

1. 明确任务，建立概念模型

比如某一小汽车生产厂商聘请分析咨询人员研究某一新款小汽车销售价格变化对市场需求量的影响。任务已经明确，接下来就要考虑运用价格与需求量之关系的经济理论描述所要研究的问题。根据需求定律，在其他因素不变的条件下，产品的需求量随着价格的上升而减少，随着价格的下降而增加。由此可以明确，该款小汽车的市场需求量是其销售价格的减函数。这是基于定性分析作出的基本判断。

2. 模型设计

模型设计包含三个方面的内容：一是确定模型变量；二是设定模型的数学形式；三是分析模型参数的符号和大致的变化范围。

1) 确定模型变量

按照因果关系划分，回归分析模型中的变量可以分为两类：一类是被解释变量(explained variable)，也称因变量(dependent variable)；另一类是解释变量(explanatory variable)，也称自变量(independent variable)。建立回归模型，关键是确定解释变量，一般是根据经济理论和实际经验判断影响被解释变量的主要因素，再根据研究工作需要，确定模型的解释变量。对于第一步中提出的小汽车需求量 Q，我们选择销售价格 P 作为解释变量。还可以进一步考虑收入水平(y，外生变量)和购买者性别(D，虚拟变量)的影响，用 P, y, D 三个因素解释 Q 的变化。

2) 设定模型的数学形式

回归模型数学形式的设定一般有两种不同的方式。一种方式是根据经济理论设定模型的数学形式。事实上，在数理经济学中，已经对生产函数、需求函数、消费函数、投资函数等模型的数学形式进行了十分深入的研究，可供我们在模型设定时参考、借鉴。

另一种方式是根据样本数据绘制解释变量与被解释变量之间关系的散点图，通过散点图观察变量之间的关联关系，并据以确定模型的数学形式。

有时也会遇到模型的数学形式难以事先设定的情形。在此情况下，通常可以选择多种不同的形式进行模拟试算，然后根据模拟效果选择较为理想的数学形式。

在我们的例子中，需求定律仅告诉我们需求是价格的减函数，并没有提供函数的具体形式。事实上，减函数曲线多得数不胜数，可以是直线，也可以是曲线，如双曲线、指数曲线等。

因线性函数最为简单，为便于讨论，我们将模型的数学形式设定为线性函数

$$Q = \alpha + \beta P + u \tag{1.1}$$

3) 分析参数符号和变化范围

模型参数的具体数值一般需要完成模型估计、检验后才能确定。但人们通常可以根据其对所研究经济系统的认识，对参数的符号和变化范围事先进行估计，并用来检验模型的估计是否合理。

对于式(1.1)中的参数，根据需求定律，易知$\beta<0$；对于截距项α的值，经过分析不难断定有$\alpha>0$。

再如对 Cobb-Douglas 生产函数

$$y = AK^{\alpha}L^{\beta} \tag{1.2}$$

式中，A为生产技术常数，应大于0；α和β分别为资本K和劳动力L的产出弹性，应在0与1之间取值。

3. 确定统计指标，收集、整理数据

模型的数学形式设定之后，接下来应明确模型中每个变量所对应的统计指标，收集、整理所需要的数据和资料。人们有时可能会选择不同的指标作为某一个变量的映射量。如对生产函数中的产出变量y，可以取总产值、增加值、净产值、总产量等指标作为其映射量；资本投入变量K可以取固定资金、流动资金、固定资金+流动资金，其中固定资金还可以分别取为净现值或原值等。因此，统计指标的确定需要根据模型变量的含义、研究目的以及统计数据的可得性、可比性、一致性进行综合考虑。

常用的统计数据主要有以下三种类型：

(1) 时间序列数据。即按时间先后顺序排列的数据。时间序列数据的时间频率可以根据研究需要确定，一般取为年、季度、月、日、时、分、秒等。时间频率取到秒的数据称为高频数据，在金融市场分析中高频数据的研究日益受到重视。同一个模型中各个变量的时间频率应保持一致。

(2) 横截面数据。即不同观测对象在某一时间的观测数据。如人口普查数据、工业普查数据、审计调查数据等。

(3) 面板数据。即时间序列数据与横截面数据的混合数据。例如，江苏省所属13个市(地)1984～2004年20年中引进外资统计资料就是面板数据。其中每个市(地)1984～2004年20年的引进外资数据构成时间序列数据，而13个市(地)在其中任一年的引进外资数据又构成横截面数据。

对于宏观经济数据，可以从国家统计局和各省、市、自治区统计局编写的《统计年鉴》中获得，还可以通过访问中国经济信息网(http://cedb.cei.gov.cn)或中国统计信息网(www.stats.gov.cn)获得。对于某些微观数据或专门化的特殊数据，可以通过企业调查、社会抽样调查、问卷调查或定点观测记录等方式获得。

对收集到的原始数据通常要进行适当的加工、整理，才能用于建立模型。数据加工、整理工作包括甄别分类、汇总、归并、拆分、补缺、调整统计口径等，保证数据完整、准确、可靠，且满足可比性和一致性的要求。

4. 估计模型参数

在数据收集、整理工作完成之后，即可用于估计模型参数。一般可根据经济变量的性质、不同估计方法的特性、方法本身的难易程度和所需费用等因素选择适当的估计方法对模型参数进行估计。回归模型通常用最小二乘法估计模型参数。

5. 模型检验

回归模型是对系统的抽象描述，要放心大胆地应用回归模型，必须首先检验其准确性和可靠性。模型检验的实质是对已得到的参数估计值进行评价，研究其在理论上是否有意义，统计上是否显著，进而研究模型是否正确反映系统诸要素之间的关系。只有通过检验的模型才能应用于实际系统分析。常用的检验方法有以下几种。

1）经济意义检验

经济意义检验主要是检验参数估计值的符号及大小在经济意义上是否合理。例如，在需求函数中，需求量一般与收入正相关、与价格负相关，因此收入变量的参数估计值应为正值。价格变量的参数估计值应为负值；在消费函数中，消费一般随着收入的提高而上升，且消费的增幅通常会低于收入的增幅，因此收入变量的参数估计值应在 0 和 1 之间。如果参数估计值与经济理论不相符，则应分析原因并采取相应的办法加以解决。

2）统计学检验

统计学检验主要是根据数理统计学中的统计推断准则，对模型的可靠性进行检验。常用的统计学检验方法有拟合优度检验、t 检验、F 检验，分别用来检验模型和解释变量估计值的显著性。

必须指出，统计学检验是为模型的经济意义服务的。对于一个违背经济理论的模型，不必进行统计学检验。因为这时即使通过了统计学检验，也没有任何实际价值和意义。

3）计量经济学检验

计量经济学检验是以数理统计为基础发展起来的一类检验方法，主要用于检验模型的计量经济学性质。例如，回归方程的假设条件检验，模型的识别性检验等。常用的检验方法主要有关于随机扰动项序列相关性的检验、异方差性检验和解释变量多重共线性的检验等。

4）预测性能检验

统计学检验和计量经济学检验通常是利用样本期内的统计数据进行检验，预测性能侧重于检验模型的稳定性，以及模型对样本期之外客观事实的描述和推断能力，即模型的超样本特性。具体检验方法如下：

(1) 增加样本容量或更换新的样本数据重新估计模型参数，将新的估计值与原估计值比较，并检验二者间是否有显著差异。

(2) 利用所建立的模型对样本期外某一时期进行预测，通过比较预测值与实际值的误差，检验模型的预测能力。

一个回归模型如果能够通过上述各种检验，则表明该模型较好地反映了系统变量之间的数量关系，可以应用于实际系统的分析研究。若其中某些检验未能通过，则应及时分析原因，寻求对策。

6. 模型应用

通过检验的模型可以视为实际系统的缩影，因此可据以对实际系统进行研究。回归模型的主要用途有弹性分析与乘数分析、预测、政策评价和实证研究等几个方面。

1）弹性分析与乘数分析

弹性分析和乘数分析主要研究当回归模型中的一个或几个变量、结构参数发生变化时会对其他变量乃至整个系统产生什么样的影响。如研究增加政府支出对消费、投资增长的影响，研究边际消费倾向、税率等参数变动对经济系统的影响等。

2）预测

回归模型基于因果关系对事物的未来变化进行预测，通常能够取得较高的预测精度。宏观经济模型已成为经济预测的主要手段之一。不少国家根据宏观经济模型的运行结果，定期向全社会发布预测报告，一些著名的预测受到政府、企业和公众的重视。

3）政策评价

政策评价也称为政策分析或政策仿真。主要是分析回归模型中政策变量的变化对系统的影响。由于经济政策的不可试验性，运用回归模型进行政策评价的重要意义自不待言。在进行政策评价时，通常是先假定现行政策保持不变，运用已建立的模型进行一次基准运行，然后进行政策调整，比如税率、利率、政府支出等政策变量各按一定幅度变化，再运行模型，对不同政策环境下的运行结果进行比较，从某些宏观经济变量（如 GDP、通货膨胀率、劳动就业率等）的变化判断一项政策或政策组合的效果，为经济政策的制定提供依据。

4）实证研究

利用回归模型还可以对经济理论的正确与否进行实证研究。正确的经济理论能够成功地对客观事实进行解释。按照一种经济理论建立的模型如果能够很好地拟合实际观测数据，则说明该理论符合客观实际，是正确的；反之则说明该理论与客观事实有出入。

有时候，人们会从不同角度对某种系统行为提出若干种不同的理论假说，究竟哪一种假说适合所研究的系统呢？我们可以运用实际统计数据分别去拟合各种理论假说对应的模型，拟合效果最好的模型所依据的理论假说最适合所研究的系统。

1.2.3 模型评价与简单性原则

模型评价是建模的一大难题。模型是对系统的抽象描述，我们当然希望模型能够正确反映系统诸要素之间的关系和变化规律。作为实际系统的替代物或模仿品，一个很自然的标准就是模型越逼真越好，于是就出现了模型系统越来越庞大，越来越复杂的倾向。有的模型系统包含成千上万的变量和方程，有的甚至超过百万。但自然界和人类社会如此复杂，而人的认识水平又十分有限，以至于人们花费巨大人力、物力、财力建立的超级模型系统仍然难以精确地描述现实系统。

在科学发展史上，简单性几乎是所有科学家的共同信仰。早在公元前 6 世纪，自然哲学家们在认识物质世界方面就有一个共同的愿望：把物质世界归结为几个共同的简单元素。古希腊的数学家和哲学家毕达哥拉斯(Pythagoras),在公元前500年前后提出四元素(土、水、火、气)学说,认为物质是由简单的四元素构成。我国古代也有五行说,认为万事万物的根本是五样东西,即水、火、木、金、土。这是科学史上最朴素、最原始的简单性思想。

科学理论的简单性原则源于人类在认识自然过程中的简单性思想,随着自然科学的不断成熟,简单性成为人类认识世界的基础,也是科学研究的指导原则。

牛顿的力学定律以简单的形式统一了宏观的运动现象。在《自然哲学的数学原理》中,牛顿指出:"自然界不做无用之事,只要少做一点就成了,多做了却是无用;因为自然喜欢简单化,而不爱用什么多余的原因以夸耀自己。"在相对论时代,爱因斯坦提出了检验理论的两个标准:"外部的证实"和"内在的完备"即"逻辑简单性"。他认为,从科学理论反映自然界的和谐与秩序的角度看,真的科学理论一定是符合简单性原则的。

科学理论的简单性原则认为,世界是由少量逻辑上极为简单的原理支配下的统一、和谐的整体,只要找到了这些原理,就可以把握事物的发展规律。

协同学中的支配原理是这方面的一个典型例子。按照支配原理,我们可以通过消去描述系统演化进程的高维非线性微分方程中的快弛豫变量,将原来的高维方程转化为低维的序参量演化方程。由于序参量支配着系统在临界点附近的动力学特性,通过求解序参量演化方程,即可实现对系统的时间结构、空间结构或时空结构的正确描述。

模型作为科学方法的核心,其构造必须遵从简单性原则,即模型的逻辑结构应当比原型简单,易于逻辑推理、数学演绎和实验操作。模型的简单性主要依赖于模型表征形式的简洁与进步和对系统次要因素的删减来实现。在科学发展史上,广为流传的往往是那些符合简单性原则的科学模型。

例如,19世纪70年代,安培、韦伯、莱曼、格拉斯曼和麦克斯韦等从不同的假设出发,相继建立了解释电磁现象的理论。由于麦克斯韦的理论最符合简单性原则,因此广为流传;再如,开普勒基于大量关于行星运动的观测数据,发现了著名的开普勒行星运动第三定律:$T^2=D^3$,即行星公转周期的平方等于其与太阳距离的三次方,形式上十分简洁;还有用来描述平均消费倾向(average propensity to consume, APC)的莫迪里亚尼(F. Modigliani)模型

$$\frac{C_t}{y_t}=a+b\frac{y_0}{y_t},\quad a>0,b>0$$

以及用来描述通货膨胀率$\frac{\Delta p}{p}$与失业率x之间关系的菲利普斯曲线

$$\frac{\Delta p}{p}=a+b\frac{1}{x}$$

和著名的资本性资产评价模型(capital asset pricing model,CAPM)

$$E[r_i]=r_f+\beta_i(E[r_m]-r_f)$$

实质上稍作变换都可以化为最简单的一元线性回归模型。

在系统建模实践过程中,我们发现,当系统信息不完全时,运用相对简单的灰色系统模型往往能够得到满意的结果,有时候费尽心血建立的复杂模型却难以奏效;一个十分复

杂且在理论上对现实系统刻画更精细的人工神经网络模型往往并不比一个较为简单且在理论上对现实系统刻画相对粗糙的人工神经网络模型更有用。

正如扎德的互克性原理所言:“当系统的复杂性日益增长时,我们作出系统特性的精细而有意义的描述能力将相应降低,直至达到这样一个阈值,一旦超过它,精细性与有意义性将变成两个互相排斥的特性。”互克性原理揭示了片面追求精细化将导致认识结果的可行性和有意义性的降低,追求精细化的复杂模型未必是研究复杂系统的有效手段。信息不完全与精细化复杂模型的矛盾在现实世界中演绎出很多反精细、反复杂现象,导致模型的精细和复杂程度与其实际功效并非正相关。

1.3 系统仿真

1.3.1 系统仿真的定义与特点

“仿真”一词译自英文 simulation,也称“模拟”。从字面上看,“仿真”或“模拟”都是表示“模拟真实世界”的意思。1961 年,摩根斯勒(G. W. Morgenthler)首次对“仿真”一词作了技术性地解释,他认为“仿真”是指在实际系统尚不存在的情况下对于系统或活动本质的复现。

在 1978 年出版的《连续系统仿真》一书中,科恩(Korn)给出了系统仿真的技术性定义:“用能代表所研究的系统的模型做实验”。1982 年,斯普瑞特(Spriet)又对系统仿真的内涵进一步扩充,他把系统仿真定义为“所有支持模型建立与模型分析的活动”。1984 年,奥伦(Oren)建立了系统仿真的基本概念框架:“建模—实验—分析”。

“系统、模型、仿真”三者之间联系密切。系统是研究的对象,模型是系统的抽象,是实际系统的替代物或模仿品,仿真则是基于系统建模和实验分析研究系统的过程。事实上,系统仿真就是通过对替代物或模仿品的实验分析对与之相似的原型系统进行研究的过程。

定义 1.14 通过对替代物或模仿品的实验分析对与之相似的原型系统进行研究的过程称为系统仿真。

系统仿真技术随着计算机技术的发展而迅速发展。现代计算机强大的存储和计算能力使得十分复杂的数值计算由梦想变成现实。蓬勃发展的数字仿真技术推动系统仿真成为一门新兴学科。

系统仿真包含三个基本要素:实际系统、数学模型、计算机。系统仿真过程的实现则要通过三项基本活动:建立模型、实验仿真、结果分析(图 1.3)。

由实际系统抽象到数学模型,称为一次模型化,这一过程的完成需要系统辨识技术和系统建模理论和方法的支撑;由数学模型转换到能够在计算机上运行的仿真系统模型,称为二次模型化,这一过程的完成需要特定计算机系统平台及相应仿真技术的支持。

由于系统仿真算法和支持工具软件的设计、开发都需要依赖计算机完成,同时从事相关研究的又多为计算机领域专家,因此系统仿真工作的侧重点一直是二次模型化,即如何将数学模型转换为仿真系统,成果的表现形式多为仿真算法和工具软件。而对于数学模

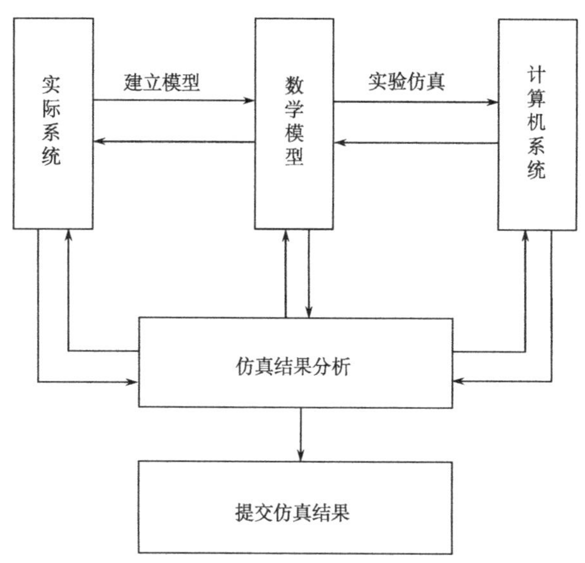

图 1.3 系统仿真过程示意图

型的建立和仿真结果的分析则往往重视不够。这种倾向性在一定程度上影响了系统仿真技术的发展。事实上，一次模型化活动完成的质量必然对二次模型化过程产生直接影响。基于一个不能正确反映系统特性和变化规律的数学模型难以进行有意义的仿真。另外，不重视仿真结果分析，不能正确判断仿真结果的合理性、可信性，更是让系统仿真的意义和价值大打折扣。

系统仿真具有多学科综合的特征，需要数学、系统科学、计算机、人工智能等学科的专家密切配合；系统仿真又是直接面向应用的致用技术，尤其需要熟悉有关实际系统领域知识的专家参与。

系统仿真方法当然也有其局限性。从数学模型的建立到仿真算法的实现，都要依赖于建模者和系统开发人员的认识水平和观测能力。基于完全相同的条件和背景，不同的小组得到的仿真结果不可能完全一致，而对于仿真结果的可信性又缺乏统一的评判标准，因此容易引起人们的质疑。虽然许多实验研究方法也都存在类似的问题，但直观、清晰的建模过程往往更易于为人们所接受。系统仿真的推演过程完全由计算机完成，许多人通常难以直观地理解这一复杂过程，也会导致他们对仿真结果可信性产生疑虑。

1.3.2 系统仿真技术的起源

数学和系统科学的发展不断充实和丰富系统建模理论和方法的宝库；系统工程和控制科学与工程的发展为系统仿真技术提供了十分宽广的应用舞台；计算机的出现和计算机科学与技术的飞速发展为系统建模与仿真技术提供了强有力的工具和手段。

20 世纪 40 年代，系统仿真技术随着电子计算机的出现迅速兴起，早期的系统仿真技术主要是面向航空、航天、电力、冶金、化工等具体工程系统的实际应用。50 年代初期，人们开始使用模拟计算机对连续系统进行仿真，50 年代中期数字仿真技术开始问世。模拟仿真和数字仿真成为系统仿真技术发展的两条不同路径。60 年代初期问世的混合模拟计算机,具有模拟仿真逻辑控制功能,能够解决偏微分方程、差分方程和随机过程等仿真问题。六七十年代,计算机的运算速度不断提高,同时,广泛应用的 CSMP、CSSL、DSL、MIMIC 等数字仿真系统软件又将仿真人员从复杂的程序设计中解脱出来,仿真技术得到快速发展。

20 世纪 70 年代之后,随着计算机技术、计算机网络技术、图形图像处理技术、通信技术、人工智能技术等为代表的信息技术的迅猛发展,多媒体仿真和虚拟现实仿真技术又相继兴起。

多媒体技术的涌现和发展使计算机具备了集成处理多种媒体信息的能力,给计算机仿真技术在可视仿真基础上的进一步发展带来了契机。计算机仿真技术与多媒体技术相结合,将多媒体技术应用到仿真系统之中,我们称其为多媒体仿真。多媒体仿真是使人的感官和思维进入仿真回路的一种手段。它采用不同媒体形态描述不同性质的模型信息,建立反映系统内在运动规律和外在表现形式的多媒体仿真模型,并在多媒体计算机上运行,产生定性、定量相结合的系统动态演变过程,从而获得关于系统的感性和理性认识。多媒体仿真通过将仿真所产生的信息和数据转变成为可被感受的场景、图示和过程(历史的和未来的),以辅助人们进行决策。它充分利用文本、图形、图片、二维/三维动画、影像和声音等多媒体手段,将可视化、临场感、交互、引导结合到一起来产生一种沉浸感,使仿真中的人机交互方式向自然更靠近了一步。

多媒体仿真以其直观、形象、实时的特点,可以应用于很多领域,在科研和生产领域发挥了重要作用。

虚拟现实(virtual reality,VR)仿真技术是继多媒体仿真之后兴起的又一仿真技术,也称为视景仿真技术或灵境技术。虚拟现实是一门崭新的综合性信息技术,它融合了数字图像处理、计算机图形学、人工智能、多媒体技术、传感器技术、网络以及并行处理技术等多个信息技术分支的最新发展成果。为我们创建和体验虚拟世界提供了有力的支持,从而大大推进了计算机技术的发展。

VR 技术的特点在于,由计算机产生一种人为虚拟出来的环境,这种虚拟环境是通过计算机构成的三维空间,或是把其他现实环境编制到计算机中去生成逼真的虚拟环境,借助一些传感器及外部输入输出设备,产生视觉、听觉、触觉等效果,并实时操纵虚拟环境物体的运动,使用户在多种感官上产生一种沉浸于虚拟环境的感觉,让用户误以为是置身于一个真实的环境之中,VR 技术实时的三维空间表现力、人机交互式的操作环境以及给人带来的身临其境的感受,改变了人与计算机之间枯燥、生硬和被动的现状。它不但为人机交互界面开创了新的研究领域,为智能工程的应用提供了新的界面工具,为各类工程的大规模的数据可视化提供了新的描述方法,同时还为人们探索宏观世界和微观世界以及由于种种原因不便于直接观察的事物的运动变化规律提供极大的便利。

虚拟现实技术可以应用于非常多的领域:如军事模拟及训练、汽车驾驶、飞行训练、医学模拟解剖、三维游戏娱乐、三维电影制作、地理信息系统、三维数字化城市仿真、社区规划、数字化校园、虚拟实验室、数字化自然景点漫游等。基于已有的条件,研究虚拟现实系统的实现具有重要的技术价值和经济效益。

1.3.3 系统建模与仿真技术的发展

仿真技术的广泛应用大大促进了仿真技术本身的发展。20世纪90年代之后，计算机技术飞速发展。微处理器性能的提高推动现代仿真技术的全面发展。利用微型计算机和工作站进行复杂系统仿真已经成为现实。面向对象的思想和方法在仿真软件设计中被广泛采用，计算机图形技术的进步使人机交互更为方便、直观。建模与仿真方法学逐步形成并不断发展。现代仿真技术在建模优化分析应用等方面的主要发展方向和研究热点可以概括如下。

1. 改善建模环境

主要包括：①模块化结构化建模技术，即根据不同实际系统的组成对系统进行分解，抽象出基本成分及组合关系，确定各种基本成分及其连接的描述形式，并开发一种非过程编程语言模型，根据应用领域的不同建立相应的模型库，并使它与模型实验模块有机地结合起来。采用这种技术不仅能使仿真软件直接面向领域工程师而且能大大缩短建模时间。②图形建模技术，包括利用鼠标器在计算机屏幕上将模型库中已有的系统元件拼合成系统模型或通过网络将由CAD软件产生的系统图传送给仿真软件等技术。③建模专家系统。包括智能建模前端和模型验证专家系统等。

2. 实现一体化仿真

系统仿真是一个建模—实验—分析—修改模型—再实验—再分析……不断反复的循环过程。为提高仿真效率，一体化仿真将仿真功能软件如建模软件、实验设计软件、仿真执行软件、结果分析软件等集成起来。一体化是20世纪80年代中期仿真软件系统发展的一个趋势。根据一体化的程度可以将一体化分成两个不同的等级：一是不同功能软件通过一个管理软件利用数据转换接口实现一体化；二是重新划分功能块，建立模型库、参数库、实验框架库，然后通过数据库实现一体化。

3. 引入仿真数据库

引入仿真数据库是实现一体化仿真的关键之一。由于仿真中所涉及的"数据"比较复杂，除一般的结构化数据外，还有大量非结构化的数据。如图形、模型算法及实验框架等目前比较流行的关系型数据库，通常只能管理模型目录和算法目录，而模型与算法本身则仍另外存放，很难保证数据的一致性，另外关系数据库查询比较慢。现实需求推动面向仿真的数据库管理系统的研究工作不断开展。

4. 实现仿真结果分析到建模的自动反馈

目前绝大多数仿真软件或模拟器都不能提供这种功能，需要用户自己根据仿真结果作出决策并修改模型。当前研究的重点是离散事件系统如何实现自动反馈，专家系统可能是解决这一问题的途径之一。

5. 基于信息处理的仿真

在传统的仿真软件中，模型通常用程序代码来表示。执行仿真实验则是将程序代码与其他代码如算法连接起来并加以执行。而在基于信息处理的仿真中，模型是以信息链的形式表示并被存放于仿真数据库中。首先根据问题的要求选取各种所需的建模元件，并在主存中重新构造一个数据库的子集，然后跟踪在数据中定义的信息关系以便控制它们，最后将仿真结果存回数据库。

6. 智能仿真技术

智能仿真技术是人工智能与系统仿真技术的综合集成。随着智能建模与仿真技术的发展而出现的各种智能算法、软计算方法如模糊数学、灰色系统、粗糙集理论、人工神经网络、遗传算法等成为研究热点。

7. 分布交互仿真

网络技术、支撑环境技术和组织管理技术的发展使人们能够将分散的仿真设备互联，构成时空耦合的虚拟环境，实现分布交互仿真。特别是随着 Internet 的飞速发展，利用面向 WWW 的程序语言开发离散事件仿真系统、基于 WWW 的仿真建模和 Internet 上仿真成为系统仿真研究的热点领域。

1.4 系统建模与仿真技术的应用

系统建模与仿真技术的突出优点在于能够在一个系统实际运行之前对它的运行性能进行模拟，并在不干扰实际系统的情况下比较各种方案的优劣，为决策提供科学依据。应用系统建模与仿真技术，人们可以用较小的投资大幅度降低决策风险。

应用上的可靠性和经济性以及计算机技术的突飞猛进，推动系统建模与仿真技术的广泛和大规模应用。尤其是对投资大风险大的大型项目，如航空、航天、战略武器系统、计算机集成制造、并行工程等领域，应用效益非常显著。1992 年，美国政府将系统建模与仿真技术确定为影响美国国家安全及繁荣的 22 项关键技术之一。

1.4.1 航空航天领域

由于航空航天领域产品十分复杂且造价昂贵，具有投资大风险大之大型项目的典型特征。人们正是在经历沉痛的失败教训之后才开始认识到系统仿真实验体系的重要性。例如，美国航空宇航局 1958 年进行了四次人造卫星发射，全部以失败而告终；1959 年发射成功率也仅为 57%。通过不断总结经验教训，为有效化解风险，提高项目成功概率，美国航空宇航局逐步建立起一套发射系统仿真实验体系，使发射成功率迅速提高。20 世纪 60 年代发射成功率已达 79%，到 70 年代达到 91%。随着空间发射系统仿真实验体系的逐步完善，美国的空间发射计划失败的情形近年来已经很少发生了。

据测算，飞机研制项目采用系统仿真技术，通常可使研制投入减少 20%左右，同时研制周期缩短 10%以上。

为保证飞行器研制项目从设计到定型生产全过程的经济性、安全性、可靠性，继西方主要发达国家之后，我国航空航天工业也建立了自己的仿真实验机构，并形成了三级仿真实验体系(图 1.4)。

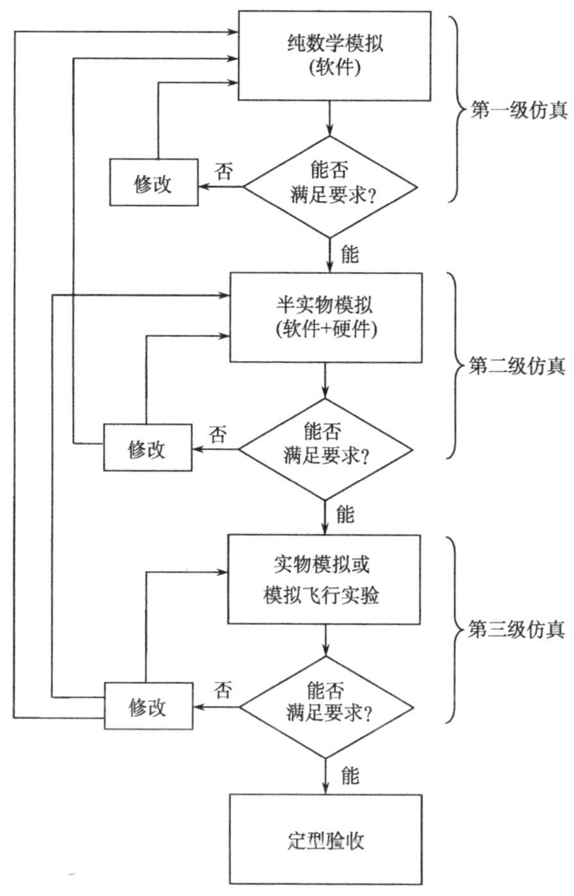

图 1.4 飞行器设计的三级仿真体系

专门用于飞行员训练的模拟驾驶系统和用于宇航员训练的太空飞行仿真模拟器的投入使用使飞行员和宇航员培养的效率得到大大提高。

1.4.2 电力工业

随着单元发电机组容量的不断增加,电力系统成为一个高度复杂的系统,人们对电力系统运行安全性、稳定性的要求也越来越高。因此,电站仿真系统已成为电站建设和运行管理中必不可少的配套装备,同时系统仿真技术也是优化电力系统负荷配置、实现瞬态稳定性控制、确保系统安全运行的主要手段。

1.4.3 原子能工业

能源紧张的局势使得和平利用原子能成为人们缓解能源危机的重要选择。核电站运行的安全性、稳定性、可靠性则是人类和平利用原子能过程中首先要解决的问题。核电站运行仿真系统伴随着核电站的出现而问世,为确保核电站安全运行发挥了重要作用。

1.4.4 石油、化工、冶金工业

由于石油、化工、冶金工业生产过程十分复杂，产品设计、工艺流程规划、生产计划安排、生产过程控制、产品性能分析和质量检验、原材料、产品的物流和库存管理等，涉及的因素众多，系统仿真技术在提高石油、化工、冶金工业生产和管理效率方面发挥了重要作用。

1.4.5 政策仿真

政策仿真是信息时代多学科交叉的产物，已被广泛应用于国家发展政策、地方社会经济政策和企业发展政策制定等。人们通过建模、仿真辅助决策部门完成政策方案的制订和政策效果的评估，起到对历史发展政策进行反思、对现实发展过程进行监测预警、对未来发展前景进行预测分析的功效。

美国、澳大利亚、加拿大、日本、德国等西方国家都曾投入大量资金建立了具有一定规模的仿真系统，对进出口、投资、消费、汇率、利率、能源、环境、就业、住房、技术变化、财政、税收、人口政策、社会福利、农业政策等进行仿真分析，为政府决策提供支持。近年来，我国学者和政府决策咨询机构在政策仿真系统研究开发领域也开展了富有成效的工作。

1.4.6 气候、环境变化

20 世纪 80 年代，国际上兴起了全球变化的研究。该研究把地球的各个部分(大气、水、冰雪、陆地、生物)作为一个整体，研究其中各种过程的相互作用，从而进行包括气候在内的全球环境演变研究。在欧盟科学家研究工作的基础上，联合国成立了一个旨在研究气候变化的科学研究机构——政府间气候变化专门委员会(IPCC)。IPCC 的气象学家通过模型来模拟最近的气候变化时，他们考虑到地球轨道、太阳能量、火山爆发等变化。IPCC 发布的第四次评估报告指出：大部分温度上升，有很大的可能性与人类活动产生的温室气体排放有关。并提出 2℃(相对于 1860 年)是人类可容忍的最高升温。

我国符淙斌院士领导的研究组发展了一个区域环境系统集成模型，成为区域环境变化预测的一个重要工具。该模型初步实现了大气动力过程与辐射过程、化学过程和水文过程的耦合，可以较好地描写季风环境系统中水、土、气的相互关系和模拟东亚季风气候的能力。

1.4.7 经济安全分析

2009 年初，美国国防部在马里兰州米德堡军事基地的战争分析实验室内组织进行了一场模拟经济大战。巨幅电视墙上，经济形势瞬息万变：“朝鲜瓦解、俄罗斯垄断天然气价格、台湾海峡形势危急……”V 形台前，代表美国、俄罗斯、中国、东亚和世界其他国家的 5 队人马，为争夺世界经济主导权展开激烈博弈。

这场模拟的经济大战是美国五角大楼首次举行的以经济安全为主题的军事演习，美国《政治周报》网站 2009 年 4 月 9 日披露了演习的部分内容。据报道，演习计划早在 2008 年 9 月全球金融危机爆发前就已制订，而金融危机的蔓延更凸显这次演习的重要

性。参加演练的包括对冲基金经理、大学专家、投资银行高管等。他们被分成5支队伍，在世界面临经济灾难时模拟各方表现。另外还有一组人担任裁判，评估各方行为的后果。他们的一举一动都被美军和情报人员记录下来详细分析。《政治周报》评论说，对经济战的模拟绝非科幻，它反映出“9·11”事件之后，美军为捍卫美国的世界地位考虑的范围越来越广泛，五角大楼开始运用军事思维研究大国间的经济冲突。五角大楼模拟经济战反映了美国国内一部分人对美国国家经济安全的担忧。

习题与思考题

1. 试述系统定义。
2. 何谓闭环控制系统？
3. 简述系统特性。
4. 试述简单系统和复杂系统、静态系统和动态系统、封闭系统和开放系统。
5. 何谓数学模型？
6. 简述数学模型的建模方法与步骤。
7. 何谓科学的简单性原则？
8. 给出系统仿真的定义并讨论系统、模型、仿真三者的关系。
9. 何谓系统仿真三要素？
10. 简述系统建模与仿真的主要应用。

第2章

系统建模理论与方法

2.1 系统模型及其分类

2.1.1 系统模型概述

系统模型是用来研究系统规律并据以分析其结构、功能的工具。系统模型实质上是关于行为数据的一组指令，其表现形式通常为数学公式、图、表等。系统模型是对实际系统的抽象，是对系统本质的描述，是人们基于对客观世界的认识、分析，经过反复模拟和相似整合过程所得到的结果。

数学公式是系统模型最主要的表示方式，数学模型是人们对系统内在运动规律及其与外部作用关系的抽象，并将抽象的结果用数学公式表示出来。系统数学模型的建立需要按照模型论对输入、输出状态变量及其函数关系进行抽象，这种抽象过程称为理论构造。抽象过程中，必须联系真实系统与建模目标，先提出一个抽象模型对系统进行描述。以此为基础，在系统研究不断深化的过程中，新的细节性因素、特征、联系和参数不断被认识并不断充实进来，使抽象模型不断具体化。最后用数学语言定量地描述系统的内在联系和变化规律，实现实际系统和数学模型间的等效关系。

系统模型的建立首先要求了解所研究对象的实际背景，明确预期目标，根据研究对象的特点，确定刻画该对象系统的状态、特征和变化规律的若干基本变量。这就要求我们查阅大量资料，咨询相关领域专家，进行必要的实地调研、考察，尽可能全面掌握研究对象的各种特征信息。

复杂系统的影响因素通常会有很多，不可能全部反映到一个抽象模型系统中来。根据本书1.2.3节内容，模型构造必须遵从简单性原则，模型的表征形式应尽可能简洁，既能够反映关于原型系统的重要方面，能正确描述实际系统的内在特性和规律，又不至于太复杂。因此，模型作为实际系统的替代物或模仿品，既要基本逼真原型系统，又要包含尽可能少的变量。

在复杂系统研究过程中，通常还需要借助于仿真技术，建立系统仿真模型，在计算机上实现对系统运行行为和演化规律的描述。本章讨论的是系统模型以及系统模型的建立方法，而仿真模型将在后续章节中进行详细讨论。

2.1.2 系统模型的分类

根据一般系统理论的观点，系统可看作一个集合结构。通常按照数学模型的形式和类型进行建模。一方面，数学模型的类型与所讨论系统的特性有关，一般说来，系统有线性与非线性、静态与动态、确定性与随机性、微观与宏观、定常（时不变）与非定常（时变）、集中参数与分布参数之分，故描述系统特性的数学模型必然也有这几种类型的区别；另一方面，数学模型还与研究系统的方法有关，比如有连续模型与离散模型、时域模型与频域模型、输入输出模型与状态空间模型之别，这些模型及对应的表达方程式（表达形式或特征）如表 2.1 所列。

表 2.1 数学模型与表达形式

数学模型	表现形式（方程特征）	数学模型	表现形式（方程特征）
线性	线性方程	集中参数	常微分方程
非线性	非线性方程	分布参数	偏微分方程
静态	联立方程、含有空间变量的偏微分方程	连续	微分方程
动态	含有时间变量的微分方程、差分方程、状态方程	离散	差分方程
		参数	数学表达式（各类方程）
确定性	不含随机变量的各类方程式	非参数	图、表
随机性	含随机变量的各类方程式	时域	状态方程、微分方程、差分方程
微观	微分方程、差分方程、状态方程	频域	频率特性
宏观	联立方程、积分方程	输入输出	传递函数、微分方程
定常（时不变）	不含对时间的系数项的各类方程式	状态空间	状态方程
非定常（时变）	含时间系数的各类方程式		

1. 线性与非线性模型

线性模型是用来描述线性系统的，一般说来，线性模型能满足下列算子运算：

$$\begin{cases}(A_1 + A_2)X = A_1X + A_2X \\ A_1(A_2X) = A_2(A_1X) \\ A_1(X+Y) = A_1X + A_1Y\end{cases} \tag{2.1}$$

式中，X 和 Y 为变量；A_1 和 A_2 为算子。

非线性模型是用来描述非线性系统的，一般不满足叠加原理。例如，气体体积 V 与压强 P、温度 T 之间的关系就是一种非线性模型，即理想气体状态方程：

$$PV = RT \tag{2.2}$$

式中，R 为气体通用常数。

2. 微观与宏观模型

微观与宏观模型的差别在于，前者是研究事物内部微小单元的运动规律，一般用微分方程、差分方程(如流体微元的运动分析)或状态方程表示；后者是研究事物的宏观现象的，一般用联立方程或积分方程模型，如研究流体作用在物体上的力。

3. 集中参数与分布参数模型

集中参数模型所描述的系统动态过程可用常微分方程来描述，典型的如一个集中质量挂在两根质量可以忽略的弹簧上的系统，在低频下工作的由导线组成的电阻、电容和电感电路等。

分布参数系统要用偏微分方程来描述，如一个管路中流体的流动，若各点的速度相同，则此时流体的运动规律可作为集中参数系统来处理，否则，应作为分布参数系统来研究。

4. 定常与非定常模型

系统的输出量不随时间变化而变化，即方程中不含时间变量，该系统模型为定常(时不变)模型，否则为非定常(时变)模型。

5. 动态与静态模型

静态数学模型给出系统处于平衡状态下的各属性之间的关系式，据此便可以求得当任何属性值改变而引起平衡点变化时，模型内部所有属性随之变化的情形。

动态数学模型允许把系统属性值的变化推导为一个时间的函数，在进行求解运算时，按照属性模型的复杂程度可分别采用分析法和数值法。

6. 连续与离散模型

当系统的状态变化主要表现为连续平滑的运动时，称该系统为连续系统，当系统的状态变化主要表现为不连续(离散)的运动时，则称该系统为离散系统，一个真实系统很少表现为完全连续的或完全离散的，而是考虑哪一种形式的变化占优势，即以主要特征为依据来划分系统模型的类型。

还有一类系统，虽然本身是连续的，但仅在指定的离散时间点上利用与变量有关的信息，这种系统称为离散采集系统，或时间离散系统，对于这类系统，要考虑断续采样的影响问题。

7. 确定性与随机性模型

当一个系统的输出(状态和活动)完全可以用它的输入(外作用或干扰)来描述，则这种系统称为确定性系统；若一个系统的输出(状态和活动)是随机的，即对于给定的输入(外作用或干扰)在多种可能的输出，则该系统是随机系统。

8. 参数模型与非参数模型

参数模型即用属性表达式描述的模型,如各种方程;而非参数模型则不是用属性表达式而是用图表示的,如阶跃响应曲线、频率特性。

9. 时域与频域模型

在时间域和频率域内表示的数学模型分别称为时域模型和频域模型,如系统的过渡过程曲线和频率响应曲线。

10. 输入输出模型与状态空间模型

只刻画系统外部特性的数学模型为输入输出模型,如微分方程、传递函数;状态空间模型不仅能描述系统内部状态,而且还能够揭示系统内部状态与外部输入输出之间的联系。

2.2 系统建模的原则

在系统分析中建立能较全面、集中、精确地反映系统的状态、本质特征和变化规律的数学模型是系统建模的关键。事实上,能够直接用数学公式描述的事物是很有限的。因此,在大多数情况下数学模型不可能与实际现象完全吻合。为保证数学模型尽可能逼近实际系统,建立数学模型应遵循以下原则:

(1) 简单性。从实用的观点看,由于在建模过程中忽略了一些次要因素和某些非可测变量的影响,因此,实际的模型已是一个简化了的近似模型。一般而言,在实用的前提下,模型越简单越好。

(2) 清晰性。一个复杂的系统是由许多子系统组成的,因此对应的系统模型也是由许多子模型构成的。在子模型之间除为了研究目的所必需的信息联系外,互相耦合要尽可能少,结构要尽可能清晰。

(3) 相关性。模型中应该只包括系统中与研究目的有关的那些信息。虽然与研究目的无关的信息包括在系统模型中可能不会有很大的危害,但是,因为它会增加模型的复杂性,从而使得在求解模型时增加额外的工作,所以应该把与研究目的无关的信息排除在外。

(4) 准确性。建立系统模型时,应该考虑所收集的、用以建立模型的信息的准确性,包括确认所对应的原理和理论的正确性及其适用范围,同时检验建模过程中针对系统所作的假设的正确性。例如,在建立导弹飞行动力学模型时,应将导弹视为一个刚体而不是一个质点,同时要注意导弹在高超音速运动中的特殊性。如果仅考虑导弹的射程问题,导弹在大气中的运动可以作相应的简化,如果是考虑导弹的命中精度问题,就不能作这样的简化。

(5) 可辨识性。模型结构必须具有可辨识的形式。所谓可辨识性是指系统的模型必须有确定的描述或表示方式,而在这种描述方式下与系统性质有关的参数必须具有可识别的解。若一个模型结构中具有无法估计的参数,则此模型就无实用价值。

(6) 集合性。建立模型还需要进一步考虑的一个因素,是模型的集合性,亦即是否能够把若干个实体组成更大的实体。例如,对防空导弹系统的研究,除了能够研究每枚导弹的发射细节和飞行规律之外还可以综合计算多枚导弹发射时的作战效能。

2.3 系统建模的基本方法概述

2.3.1 层次分析法

在复杂系统中我们常常把复杂问题分解成因素,把这些因素按照支配关系分组形成有序的递阶层次结构,并权衡其各个方面的影响,然后综合人的判断,以决定诸因素相对重要性的先后优劣次序,这就是层次分析法的基本思路。

层次分析法(analytic hierarchy process,AHP)是美国著名运筹学家、匹兹堡大学教授T. L. Saaty于20世纪70年代提出的一种系统分析方法,是一种实用的多准则决策方法。

1. 层次分析法的测度原理

决策是从一组已知方案中选择理想方案的过程,而理想方案一般是在一定准则下通过使效用函数极大化而产生的。对于复杂系统决策模型而言,常常采用相对标度进行比较,统一对有形与无形的、可定量与不可定量的因素进行测度。因此,层次分析法的核心是决策模型中因素的测度化。

2. 层次分析法的递阶层次结构原理

一个复杂的结构问题可通过分解为它的组成部分或因素来解决,即目标、约束准则、子准则、方案等。每一个因素称为元素。按照属性的不同把这些元素分组形成互不相交的层次,上一层次的元素对相邻的下一层次的全部或部分元素起支配作用,形成按层次自上而下的逐层支配关系。具有这种性质的层次称为递阶层次。

在建立递阶层次模型时,常常将问题划分为最高层、中间层和最低层。最高层通常只有一个元素,它是问题的预定目标,表示解决问题的目的,因此也是目标层。中间层是为实现总目标而采取的措施和方案,它可以由若干个层次组成,包括所考虑的准则、子准则,因此也称为准则层。最低层为实现目标可供选择的各种决策方案,用于解决问题的各种途径和方法,也称为方案层。

3. 层次分析法的排序原理

层次分析法的排序问题是指一组元素两两比较、计算元素相对重要性的测度问题。

2.3.2 图解建模法

图解建模法是一种采用点和线组成的、用以描述系统的图形或称图的建模方法。图模型属于结构模型,可以用于描述自然界和人类社会中的大量事物和事物之间的关系。

在建模中采用图论作为工具。按图的性质进行分析，为研究各种系统特别是复杂系统提供了一种有效的方法。

1. 图的概念

如果 V 是一个非空的有限集合，而 E 是 V 中元素的无序对组成的有限集合，则称 $G=(V,E)$ 是一个图，并把 V 的元素称为图的顶点，E 的元素称为图的边。

2. 有向图的概念

如果 V 是一个非空的有限集合，而 E 是 V 中元素的有序对组成的有限集合，则称 $G=(V,E)$ 是一个有向图，并把 V 的元素称为图的顶点，E 的元素称为图的有向边或边。在有向图中，若 $e(u,v)\in E(G)$，则称 u 为 e 的起点或尾，e 为 u 的出边；称 v 为 e 的终点或头，e 为 v 的入边；称 u 为 v 的前趋，v 为 u 的后继。若两条或两条以上的边有相同的头和尾，则这些边称为平行边。

3. 图的赋权

若图 G 的每一条边 e 都对应一个实数 $w(e)$，则称 $w(e)$ 为边 e 的权，并称图 G 为赋权图。有向图上各边赋以权数后，称为有向赋权图。赋权图在实际问题中十分有用，根据不同的实际情况，权数的含意可以各不相同。例如，可用权数代表两地之间道路的长度或行车时间，也可用权数代表一道工序所需的加工时间等。

2.3.3 灰色系统理论

1. 灰色系统的基本概念

灰色系统理论是华中科技大学邓聚龙教授于 1982 年创立的一门新兴学科。

在人们的社会、经济活动或科研活动中，会经常遇到信息不完全的情况。例如，在农业生产中，即使是播种面积、种子、化肥、灌溉等信息完全明确，但由于劳动力技术水平、自然环境、气候条件、市场行情等信息不明确，仍难以准确地预计出产量、产值；再如，生物防治系统，虽然害虫与其天敌之间的关系十分明确，但却往往因人们对害虫与饵料、天敌与别的天敌、某一害虫与别的害虫之间的关联信息了解不够，生物防治难以收到预期效果；价格体系的调整或改革，常常因缺乏民众心理承受力的信息，以及某些商品价格变动对其他商品价格影响的确切信息而举步维艰；在证券市场上，即使最高明的系统分析人员也难以稳操胜券，因为测不准金融政策、利率政策、企业改革、国际市场变化及某些板块价格波动对其他板块的影响的确切信息；一般的社会经济系统，由于其没有明确的“内”、“外”关系，系统本身与系统环境、系统内部与系统外部的边界若明若暗，难以分析输入(投入)对输出(产出)的影响。而同一个经济变量，有的研究者把它视为内生变量，另一些研究者却把它视为外生变量，这是因为缺乏系统结构、系统模型及系统功能信息所致。

综上所述，可以把系统信息不完全的情况分为以下四种：元素(参数)信息不完全、结构信息不完全、边界信息不完全、运行行为信息不完全。

“信息不完全”是“灰”的基本含义。从不同场合、不同角度看，还可以将“灰”的含义加以引申(表 2.2)。

表 2.2 “灰”概念引申

场合＼概念	黑	灰	白
从信息上看	未知	不完全	完全
从表现上看	暗	若明若暗	明
在过程上	新	新旧交替	旧
在性质上	混沌	多种成分	纯
在方法上	否定	扬弃	肯定
在态度上	放纵	宽容	严厉
从结果上	无解	非唯一解	唯一解

2. 灰色系统理论的主要内容

灰色系统理论经过 30 年的发展，现已基本建立起集系统分析、评估、建模、预测、决策、控制、优化技术于一体的一门新兴学科的结构体系。其主要内容包括以灰色代数系统、灰色方程、灰色矩阵等为基础的理论体系，以序列算子和灰色序列生成为基础的方法体系，以灰色关联空间和灰色聚类评估为依托的分析、评价模型体系，以 GM(1,1)为核心的预测模型体系，以多目标加权灰靶决策为标志的决策模型体系，以多方法融合创新为特色的灰色组合模型体系，以灰色规划、灰色投入产出、灰色博弈、灰色控制为主体的优化模型体系。

灰色代数系统、灰色矩阵、灰色方程等是灰色系统理论的基础，从学科体系自身的优美、完善出发，这里有许多问题值得进一步深入研究。

灰色序列算子主要包括缓冲算子(弱化缓冲算子、强化算子)、均值生成算子、级比生成算子、累加生成算子和累减生成算子等。

灰色关联分析包括灰色关联公理和灰色关联度、广义灰色关联度(灰色绝对关联度、灰色相对关联度、灰色综合关联度)、基于相似性视角的灰色关联度、基于接近性视角的灰色关联度和灰色关联序、优势分析等内容。

灰色聚类评估包括灰色变权聚类、灰色定权聚类和基于三角白化权函数(中心点三角白化权函数、端点三角白化权函数)的灰色聚类评估等方面的内容。

灰色预测模型通过灰色序列算子的作用弱化随机性，挖掘潜在的规律，经过差分方程与微分方程之间的互换实现了利用离散的数据序列建立连续的动态微分方程的新飞跃。其中 GM(1,1)模型是得到最普遍应用的核心模型。灰色预测按照其功能和特征可分成数列预测、区间预测、灾变预测、季节灾变预测、波形预测和系统预测等几种类型。

灰色组合模型包括灰色经济计量学模型(G-E)、灰色生产函数模型(G-C-D)、灰色马尔可夫模型(G-M)、灰色粗糙杂合模型等。

灰色决策模型包括多目标加权灰靶决策模型、灰色关联决策模型、灰色聚类决策模型、灰色局势决策模型等。

灰色规划包括灰色线性规划、灰色非线性规划、灰色整数规划和灰色动态规划等。

灰色投入产出则是以灰色投入产出优化模型为核心的方法体系。

灰色博弈模型包括基于纯策略的灰矩阵博弈模型和基于混合策略的灰矩阵博弈模型等。

灰色控制的主要内容包括本征性灰色系统的控制问题和以灰色系统方法为主构成的控制，如灰色关联控制和 GM(1,1)预测控制等。

本书将在第 6 章对常用的灰色预测和灰色决策模型作重点介绍。

2.3.4　系统动力学

系统动力学(system dynamics)是麻省理工学院 J. W. Forrester 教授创立的一门新兴学科。它是一种以反馈控制理论为基础，以数字计算机仿真技术为手段研究复杂系统动态行为的定量方法。它将系统表达为结构与功能的因果关系图示模型，利用反馈、调节和控制原理进一步设计反映系统行为的反馈回路，最终建立系统动态模型。再经过计算机模拟，对系统内部信息反馈过程进行分析，就可以深入了解系统的结构和动态行为特征。系统动力学不是从理想状态出发，而是以现存的系统为前提，通过仿真试验，从多种可能的方案中选择理想的方案，以寻求改善系统的机会和途径。系统动力学主要是分析系统行为的变化趋势，而不在于给定精确的数据。

系统动力学建模的主要环节有：确定流位变量与速率，确定系统构造，建立方程式。建模的具体步骤如下：

(1) 确定系统目标。主要包括预测系统的期望状态、观测系统的特征、弄清系统中的问题所在、描述与问题有关的系统状态、划定问题的范围和边界、选择适当的变量等。

(2) 分析系统中的因果关系。在明确系统目标和系统的问题后，就可根据系统边界诸要素之间的相互关系，描述问题的有关因素、解释各因素间的内在关系、画出因果关系图、隔离和分析反馈环路及它们的作用。

(3) 建立系统动力学模型。建立流图、构造 DYNAMO 语言方程式。所谓建模就是要确定各反馈环中的流位(level)与流率(rate)。

(4) 计算机模拟。将 DYNAMO 语言方程式和原始数据及相关数据(变量)在计算机上进行模拟实验，得出结果，绘制结果曲线图，修改程序(方程式)，调整数据(变量)，进行反复模拟实验。

(5) 分析结果。通过对结果的分析，不仅可发现系统的构造错误和缺陷，而且还可以找出错误和缺陷的原因。根据结果分析，对模型进行必要的修正，然后再进行仿真实验，直至得到满意的结果。

2.4　系统建模的途径与步骤

2.4.1　建模的途径

一般说来，建立数学模型的方法有三类。

1. 分析法

分析法是根据系统的工作原理，运用一些已知的定理、定律和原理(如能量守恒定理、动量守恒定理、热力学原理、牛顿定理、各种电路定理等)，明确系统机理，并据此推导出描述系统的数学模型。这就是理论建模方法。艾什比(Ashby)称其为白箱问题，见图 2.1。

分析法属演绎法，是从一般到特殊的过程，并且将模型看作是从一组前提下经过演绎而得到的结果。此时，试验数据只被用来进一步证实或否定原始的原理。

演绎法存在一定的缺陷。在一定的前提下，按照演绎法，基于一组完整的公理将推导出一个唯一的模型，但人们对前提的选择往往会有争议。演绎法面临的另一个基本问题是实质不同的公理系统可能导致一组非常类似的模型。爱因斯坦曾经遇到过这个问题。牛顿定理与相对论是有区别的，然而，对于当前大多数试验条件而言，二者将导致极其类似的结果。

2. 测试法

系统的动态特性必然表现在变化的输入输出数据中。通过观测系统在人为输入作用下的输出响应，或记录系统的输入输出数据，经过必要的数据处理和数学计算，估计出系统的数学模型，这种方法称为系统辨识，也称实验建模方法。艾什比称其为黑箱问题，见图 2.2。

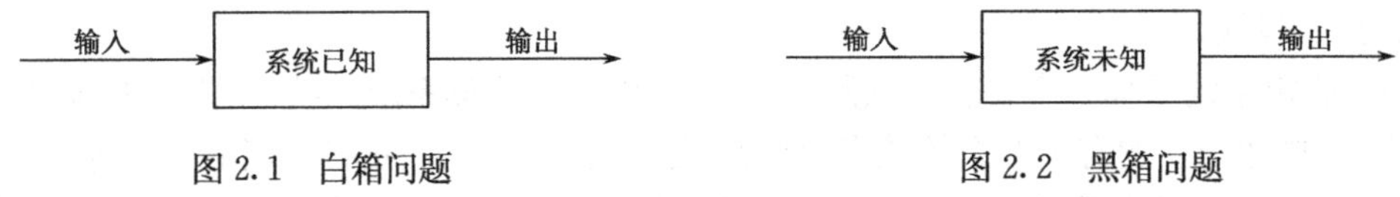

图 2.1　白箱问题　　　　图 2.2　黑箱问题

测试法属归纳法，是从特殊到一般的过程。归纳法是从系统描述分类中最低一级开始的，并试图去推断较高水平的信息。一般来讲，这样的选择不是唯一的。这个问题可以用另外一个观点来表述，有效的数据集合经常是有限的，而且常常是不充分的。事实上，模型所给出的数据在模型结构方面并不是有效的，任何一种表示都是一种对数据的外推。人们争议的问题是：如何附加最少量的信息就能完成这种外推。这个准则虽然是有效的，但是一些特殊问题却很难运用，因为它没有告诉我们如何去获得这些最少量的信息，以及什么时候去获得它们。

3. 综合法

分析法是各门学科大量采用的。但是，它只能用于比较简单的系统，如一些电路、测试系统、过程监测、动量学系统、飞行控制等；而且在建立数学模型的过程中必须作一些假设与简化，否则所建立的数学模型过于复杂，不易求解。测试法无需深入了解系统的机理，但必须设计一个合理的实验，以获得系统的最大信息量，这点往往是非常困难的。因此，两种方法在不同的应用场合各有千秋。实际应用时，两种方法应该是互相补充，而不能互相取代。在有些情况下可以将两种方法结合起来，即运用分析法列出系统的理论数学模型，运用系统辨识法来确定模型中的参数。例如，有些控制系统的运动方程式可以用动力学分析法求出，方程式中的参数可以用系统辨识法通过动态校准实验求得。两种方法结合起来往往可以得到较好的效果，而且所求得的数学模型的物理意义比较明确。艾什比称其为灰箱问题，见图 2.3。

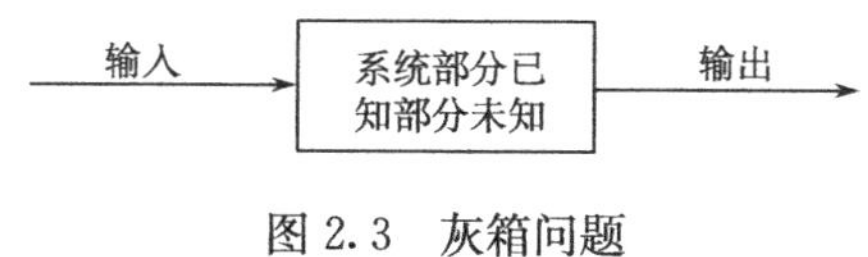

图 2.3　灰箱问题

要获得一个满意的模型是十分不易的。特别是在建模阶段，它会受到客观因素和建模者主观意志的影响，所以必须对所建立的模型进行反复校验，以确保其可信性。

2.4.2　建模的步骤

系统建模的步骤大致可以划分如下。

1. 准备阶段

面临复杂的系统，准备阶段是繁重而琐碎的，我们应弄清问题的复杂背景、建模的目的或目标。进而明确建模的对象、拟解决的主要问题、如何运用模型来解决问题等。首先，对于打算分析的问题和模型，我们要熟悉模型的所属领域，要清楚建模的对象是属于自然科学、社会科学，还是工程技术科学等领域。不同领域的模型都具有各自领域的特点与规律，应当根据具体的问题来寻求建模的方法与技巧。其次，建模是为了说明解决问题，还是为了预测、决策和设计一个新的系统，或者是兼而有之。最后，还要确定模型的实现形式，比如是数学模型还是仿真模型，是定性模型还是定量模型等。

2. 系统认识阶段

首先是系统建模的目标。对优化或决策问题，大都有一个明确的目标，例如，质量最好、产量最高、能耗最少、成本最低、经济效益最好、进度最快等，同时要考虑是建立单目标模型还是建立多目标模型。目标确定之后，要将目标表述为适合于建模的相应形式，通常表示为模型中目标的最大化或最小化。

其次是系统建模的规范。根据模型问题要求和模型的目标，拟定模型的规范，使模型问题规范化。规范化工作包括对象问题有效范围的限定、解决问题的方式和工具要求、最终结果的精度要求及结果形式和使用方面的要求。

再次是系统建模的要素。根据模型目标和模型规范确定所应涉及的各种要素。在要素确定过程中须注意选择真正起作用的因素，删除那些对目标无显著影响的因素。然后进一步明确所选因素的性质和特点，比如是确定性的还是不确定性的，能否进行定量分析等。

最后是系统建模的关系及其限制。建模者需要从模型和模型规范出发，对模型要素之间的各种影响、因果联系进行深入分析、甄别，找出那些重要关系。所有这些关系将把目标与所有要素联系为一个整体，通常用结构模型表达。结构模型可以作为系统分析的基础。按照模型规范,还必须考虑环境、范围和要求对模型的限制作用。此外,要素本身的变化也有一定限度,要素的相互影响作用只能在一定的限度内才有效。因此,建模者需要找出对模型目标、模型要素和模型关系起限制作用的各种局部性和整体性的约束条件。

3. 系统建模阶段

模型是对现实系统的近似,通常需要一种形式化表达。要素原型如何表示为要素变量,要素变量之间的关系如何表示,要素变量与模型目标之间的关系如何表示,约束条件如何表示,以及各个部分的整体性表示,特别是如何进行有关方面的数量表示,这些都是模型形式化问题。

建模是为了解决实际问题,模型的形式要为解决问题服务,要便于使用、便于有效地解决问题。由于建立模型的前期工作大都是从特定角度去考虑问题、分析问题的,立足于全局视角,基于不同角度的分析难免造成某些不必要的交叉和重叠。模型简洁化工作要求建模者把握主次,删繁就简,在有效地反映模型问题、模型目标和模型规范的前提下,使模型具有简明的表示形式。

通常可以用一个略图来定性地描述复杂系统。系统原型往往形态复杂,建模过程中必须首先对原型进行抽象、简化,把那些反映问题本质属性的形态、变量、参数及其关系抽象出来,删除非本质因素,使模型摆脱原型的复杂形态。同时设定系统中的成分和因素,界定系统环境,明确系统的外部条件和约束。对于有若干子系统的系统,通常还要事先确定子系统及子系统之间联系,并正确描述各个子系统的输入输出(I/O)关系。

然后明确区分模型系统中的量,比如哪些是常量,哪些是变量;哪些是已知的量,哪些是未知的量;同时明确各种量的地位、作用及量与量之间的关系,选择恰当的数学工具和建模方法,建立刻画实际问题的数学模型。一般地讲,在能够达到预期目的的前提下,所用的数学工具越简单越好,建模时究竟采用什么方法构造模型则要根据实际问题的性质和模型假设所给出的信息而定。就拿系统建模中的机理分析法和系统辨识法来说,它们是建立数学模型的两种基本方法,机理分析法是在对事物内在机理分析的基础上,利用建模假设所得出的建模信息和前提条件来建立模型;系统辨识法是在系统内在机理不明的情况下根据建模假设或实际观测数据,如系统的输入、输出信息来建立模型。随着计算机科学的发展,计算机模拟有力地促进了数学建模的发展,也成为一种重要的构造模型的基本方法,这些建模方法各有其优点和缺点,在构造模型时,可以同时采用,取长补短,以有效地完成建模任务。

4. 模型求解阶段

模型表示形式的完成不是建模工作的结束,如何利用模型进行计算求解也是一个十分重要的问题。模型求解常常会用到传统的和现代的数学方法。对于复杂系统,常常无法用一般的数学方法求解,计算机模拟仿真是模型求解中最有力的工具之一。其方法是根据已知条件和数据,分析模型的特征和结构,设计或选择求解模型的数学方法和算法,然后编写计算机程序或运用与算法相适应的软件包,借助计算机完成模型求解。

5. 模型分析与检验

依据建模的目的要求，对模型求解的数字结果，或进行稳定性分析，或进行系统参数的灵敏度分析，或进行误差分析等。通过分析，如果不符合要求，可以通过修正或增减建模假设条件，重新建模，直到符合要求。如果模型符合要求，还可以对模型进行评价、预测、优化等方面的分析和探讨。数学模型的建立是为系统分析服务的，因此模型应当能解释系统的客观实际。在模型分析符合要求之后，还必须回到客观实际中去对模型进行检验，检查模型运行结果是否符合客观实际。若模型不合格，则必须修正模型或增减模型假设条件，重新建模，循环往复，不断完善，直到获得满意结果。

2.5 关于模型的有效性

2.5.1 模型的可信度

模型的可信度本身是一个非常复杂的问题，它一方面取决于模型的种类，另一方面又取决于模型的构造过程。根据构建模型的难易程度，通常可以把模型的可信度水平分为以下三种：

(1) 在行为水平上的可信度，模型是否能复现真实系统的行为。

(2) 在状态结构水平上的可信度，即模型能否与真实系统在状态上互相对应，通过这样的模型对未来的行为进行有效的预测。

(3) 在分解结构水平上的可信度，即模型能否表达真实系统内部的工作情况。

有时这些可信度水平又分别称为重复性、重复程度和重构性。查看这些情况的一条可行途径是将每个水平视为一种对真实系统的知识的索取。随着认识水平的提高，这种索取变得更加强烈。

不论在哪一种可信性水平上，都应当充分考虑在整个建模过程中及以后各阶段的可信性。

1. 在演绎中的可信性

演绎分析要求逻辑关系正确、数学过程严谨。在这种条件下，数学表示的可信性将取决于先验知识的可信性。而先验知识的可信性往往寓于正确性和普遍性之中，不易被认可、被接受。比如历史上许多被广泛接受和普遍采用的科学结果，历经几十年，甚至数百年仍然难以形成完全共识。数学模型的可信性还可以从以下两个途径进行分析：

(1) 通过对前提条件正确性的研究来分析模型本身是否可信。

(2) 通过对其他结果的验证来分析信息以及由此得到的模型的可信性。

2. 在归纳中的可信性

首先可以检查归纳程序是否符合逻辑关系正确、数学过程严谨的要求，然后通过对比模型行为与真实系统行为判断模型的可信性。

在检验过程中，可将真实系统视为数据源，通过观测输入输出，获得系统行为数据。真实系统的输入输出关系通常用 R_1 表示。由于有效的实验数据是有限的，即在某一时刻 t，能够观测、记录的数据仅仅是全部潜在的可获得数据的一部分，记作 R_2。

模型本身也是数据 R_1 的来源。在某一时刻 t，模型可信就意味着 $R_1=R_2$。除此之外，还可以通过分析模型数据与真实系统数据的偏离程度来判定可信性。

对于具有某种统计特性的数据，或运用随机过程表示的模型，往往基于模型数据与真实系统数据的偏离程度判定其可信性。人们习惯于运用统计检验方法判断实际系统与模型之间的偏离程度。

3. 在目的方面的可信性

从实践的观点出发，假如运用一个模型能达到预期的目的，那么这个模型就是成功的，可信的。

2.5.2 模型的验证

仿真结果的有效性取决于系统模型的可靠性。因此，模型验证是一个不可或缺的环节，甚至应贯穿于“系统建模—仿真实验”这一过程的始终，直到仿真实验取得满意的结果。

1. 模型验证过程中应注意的问题

进行模型验证应注意以下几个问题：

(1) 模型验证是一个重要环节。也是建模者对所研究问题由感性认识上升到理性认识的一个过程，往往需要多次反复才能完成。

(2) 模型验证过程具有不确定性。由于系统模型是实际系统的一种相似或近似，其相似或近似程度具有一定的不确定性。模型验证与建模者对实际系统的认识与理解程度有关。因此，建模过程不完全具备可重复性，“对于同一个问题，不同的建模者所建的模型可能有所不同”。

(3) 对模型进行全面验证往往是不可能的。尤其是对于一些复杂的系统模型与仿真问题(如社会系统、生态问题、飞行器系统等)，模型验证所需要的大量统计数据难以获得，无法对模型进行全面验证。

2. 模型验证的基本方法

1) 基于机理建模的必要条件法

对于采用机理建模法建立的数学模型，在模型验证过程中主要是检验模型的可信性。所谓必要条件法，就是通过对实际系统的各种特性、规律和现象进行仿真实验，然后根据仿真结果与必要条件的吻合程度来验证系统模型的可信性和有效性。通常，模型验证需要进行实验设计，其实验结果是人们可以判定的，正确的结果是正确的模型所应具备的必要性质。

2）基于实验建模的数理统计法

所谓数理统计法又称为最大概率估计法，它是数理统计学中描述一般随机状态（或过程）发生的可能性大小的一种数学方法。

由于实验建模中所依据的“数据”往往带有一定的随机性与不确定性，因此所得模型的可信性与准确性往往也是不确定的。因此，在实验建模时，应该选取那些概率最大的数据进行建模，以保证所建模型具有较高的可信性。

综上所述，对基于实验建模法建立的系统模型，可通过考察在相同输入条件下，系统模型与实际系统的输出结果在一致性、最大概率性、最小方差性等数理统计特性来综合判断其可信性与准确性。

3）实物模型验证法

对于机电系统、化工过程系统以及工程力学等一类可依据相似原理建立实物模型的仿真问题，应用实物（或半实物）仿真技术能够在一定条件下实现较高精度的模型验证，这种验证有时代价很高。这是为什么在产品开发和飞行器研制过程中，人们总是把实物仿真作为产品定型和批量生产前的最高级仿真实验的原因。

例如，在三峡水利工程设计中，人们对其排沙子系统的设计进行了多年的数值模拟，研究建立了一系列的数学模型来分析排沙系统的动态性能。那么，如何验证这些数学模型以及从中得到的结论的正确性和可信性呢？研究者们最后还是通过在依山傍水的南京市郊建立一个比例为 1∶100 的实物系统验证了理论分析与设计的正确性和有效性，为三峡工程排沙子系统建设提供了科学依据。

习题与思考题

1. 试述数学模型的类型有哪些，各有什么特点？
2. 建立数学模型应遵循哪些原则？
3. 以系统的观点对自己熟悉的事物进行分析（如系统的组成要素及其相互关系、系统的边界、系统与环境的相互作用、系统的初始状态等）。
4. 说明造成辨识模型与实际过程之间存在误差的原因，并举例阐述应如何正确评价一个辨识模型的精度。
5. 试述模型验证的基本方法。

第3章

系统仿真方法与技术

3.1 系统仿真技术的分类

可以从不同的角度对仿真加以分类。比较典型的分类方法是:根据仿真系统的结构和实现手段分类;根据仿真所采用的计算机类型分类;根据仿真时钟与实际时钟的比例关系分类;根据系统模型的特性分类。

3.1.1 根据仿真系统的结构和实现手段分类

根据仿真系统的结构和实现手段不同可分为以下几大类,即物理仿真、数学仿真、半实物仿真、人在回路中仿真、软件在回路中仿真。

(1) 物理仿真。按照真实系统的物理性质构造系统的物理模型,并在物理模型上进行试验的过程称为物理仿真。物理仿真的优点是直观、形象。在计算机出现以前,基本上是物理仿真。物理仿真的缺点是模型改变困难、试验限制多、投资较大。

(2) 数学仿真。对实际系统进行抽象,并将其特性用数学关系加以描述而得到系统的数学模型,对数学模型进行试验的过程称为数学仿真。计算机技术的发展为数学仿真创造了环境,使得数学仿真变得方便、灵活、经济。数学仿真的缺点是受限于系统建模技术,即系统的数学模型不易建立。

(3) 半实物仿真。半实物仿真又称物理-数学仿真,准确称谓是硬件(实物)在回路(hardware in the loop)仿真,这种仿真方法是将数学模型与物理模型甚至实物联合起来进行试验。对系统中比较简单的部分或对其规律比较清楚的部分建立数学模型,并在计算机上加以实现;而对比较复杂的部分或对其规律尚不十分清楚的系统,其数学模型的建立比较困难,则采用物理模型或实物。仿真时将两者连接起来完成整个系统的试验。

(4) 人在回路仿真。人在回路仿真是操作人员、飞行员或航天员在系统回路中进行操纵的仿真试验。这种仿真试验将对象实体的动态特性通过建立数学模型、编程在计算机上运行,此外要求有模拟生成人的感觉环境的各种物理效应设备,包括视觉、听觉、触觉、动感等人能感觉的物理环境的模拟生成。由于操作人员在回路中,人在回路仿真系统必须实时运行。

(5) 软件在回路仿真。软件在回路仿真又称为嵌入式仿真,这里所指的软件是实物上的专用软件。控制系统、导航系统和制导系统广泛采用数字计算机、通过软件进行控制、导航和制导的运算,软件的规模越来越大,功能越来越强,许多设计思想和核心技术都反映在应用软件中,因此软件在系统中的测试愈显重要。这种仿真试验将系统用计算机与仿真计算机通过接口对接,进行系统试验。接口的作用是将不同格式的数字信息进行转换。软件在回路中仿真一般情况下要求实时运行。

3.1.2 根据仿真所采用的计算机类型分类

根据所采用的仿真计算机类型也可将仿真分为三类:模拟计算机仿真、数字计算机仿真和数字模拟混合仿真。模拟计算机是20世纪50年代出现的,由运算放大器组成的模拟计算装置包括运算器、控制器、模拟结果输出设备和电源等。模拟计算机的基本运算部件为加(减)法器、积分器、乘法器、函数器和其他非线性部件。这些运算部件的输入输出变量都是随时间连续变化的模拟量电压,故称为模拟计算机。

模拟计算机仿真是以相似原理为基础的,实际系统中的物理量,如距离、速度、角度和质量等都用按一定比例变换的电压来表示,实际系统某一物理量随时间变化的动态关系和模拟计算机上与该物理量对应的电压随时间的变化关系是相似的。因此,原系统的数学方程和模拟计算机上的排题方程是相似的。只要原系统能用微分方程、代数方程(或逻辑方程)描述,可以在模拟计算机上求解。

模拟计算机仿真具有以下特点:

(1) 能快速求解微分方程。模拟计算机运行时各运算器是并行工作的,模拟计算机的解题速度与原系统的复杂程度无关。

(2) 可以灵活设置仿真试验的时间标尺。模拟计算机仿真既可以进行实时仿真,也可以进行非实时仿真。

(3) 易于和实物相连接。模拟计算机仿真是用直流电压表示被仿真的物理量,因此和连续运动的实物系统连接时一般不需要模拟信号到数字信号(A/D)、数字信号到模拟信号(D/A)转换装置。

(4) 模拟计算机仿真的精度由于受到电路元件精度的制约和易受外界干扰,所以一般低于数字计算机仿真,且逻辑控制功能较差,自动化程度也较低。

数字计算机仿真是将系统数学模型用计算机程序加以实现,通过运行程序来得到数学模型的解,从而达到系统仿真的目的。数字计算机的基本组成是存储器、运算器、控制器和外围设备等。由于数字计算机只能对数码进行操作,因此任何动态系统在数字计算机上进行仿真时,都必须将原系统变换成能在数字计算机上进行数值计算的离散时间模型。故数字计算机仿真需要研究各种仿真算法,这是数字计算机仿真与模拟计算机仿真的最基本的差别。

数字计算机仿真的特点如下:

(1) 数值计算的延迟。任何数值计算都有计算时间的延迟,其延迟的大小与计算机本身的存取速度、运算器的解算速度、所求解问题本身的复杂程度及使用的算法有关。

(2) 仿真模型的数字化。数字计算机对仿真问题进行计算时采用数值计算,仿真模型必须是离散模型,如果原始数学模型是连续模型,则必须转换成适合数字计算机求解的仿真模型,因此需要研究各种仿真算法。

(3) 计算精度高。特别是在工作量很大时,与模拟计算机相比更显其优越性。

(4) 实现实时仿真比模拟仿真困难。对复杂的快速动态系统进行实时仿真时,对数字计算机本身的计算速度、存取速度等要求高。

(5) 利用数字计算机进行半实物仿真时需要有 A/D、D/A 转换装置与连续运动的实物连接。

本质上,模拟计算机仿真是一种并行仿真,即仿真时代表模型的各部件是并发执行的。早期的数字计算机仿真则是一种串行仿真,因为计算机只有一个中央处理器(CPU),计算机指令只能逐条执行。为了发挥模拟计算机并行计算和数字计算机强大的存储记忆及控制功能,以实现大型复杂系统的高速仿真,20 世纪 60~70 年代,在数字计算机技术还处于较低水平时,产生了数字模拟混合仿真,即将系统模型分为两部分,其中一部分在模拟计算机上运行,另一部分在数字计算机上运行,两个计算机之间利用 A/D、D/A 转换装置交换信息。

混合仿真系统的特点如下:

(1) 数字模拟混合仿真系统可以充分发挥模拟仿真和数字仿真的特点。

(2) 仿真任务同时在模拟计算机和数字计算机上执行,这就存在按什么原则分配模拟计算机和数字计算机的计算任务的问题:一般是模拟计算机承担精度要求不高的快速计算任务;数字计算机则承担高精度、逻辑控制复杂的慢速计算任务。

(3) 数字模拟混合仿真的误差包括模拟计算机误差、数字计算机误差和接口操作转换误差,这些误差在仿真中均应予以考虑。

(4) 一般数字模拟混合仿真需要专门的混合仿真语言来控制仿真任务的完成。

随着数字计算机技术的发展,其计算速度和并行处理能力的提高,模拟计算机仿真和数字模拟混合仿真已逐步被全数字计算机仿真取代。因此,今天的计算机仿真一般指的就是数字计算机仿真。

3.1.3 根据仿真时钟与实际时钟的比例关系分类

实际动态系统的时间基称为实际时钟。而系统仿真时模型所采用的时钟称为仿真时钟。根据仿真时钟与实际时钟的比例关系,系统仿真分类如下:

(1) 实时仿真。即仿真时钟与实际时钟完全一致,也就是模型仿真的速度与实际系统运行的速度相同。当被仿真的系统中存在物理模型或实物时,必须进行实时仿真,如各种训练仿真器就是这样,因此有时也称为在线仿真。

(2) 亚实时仿真。即仿真时钟慢于实际时钟,也就是模型仿真的速度小于实际系统运行的速度。对仿真速度要求不苛刻的情况一般采用亚实时仿真,如大多数系统离线研究与分析,因此有时也称为离线仿真。

(3) 超实时仿真。即仿真时钟快于实际时钟,也就是模型仿真的速度大于实际系统运行的速度。如大气环流的仿真、交通系统的仿真、生物进化(宇宙起源)的仿真等。

3.1.4　根据系统模型的特性分类

仿真基于模型，模型的特性直接影响着仿真的实现。从仿真实现的角度来看，系统模型特性可分为两大类，即连续系统和离散事件系统。由于这两类系统固有运动规律的不同，因而描述其运动规律的模型形式就有很大的差别。相应地，系统仿真技术也分为两大类，即连续系统仿真和离散事件系统仿真。

(1) 连续系统仿真。连续系统是指系统状态随时间连续变化的系统，连续系统的模型按其数学描述可分为：①集中参数系统模型。一般用常微分方程(组)描述，如各种电路系统、机械动力学系统、生态系统等。②分布参数系统模型。一般用偏微分方程(组)描述，如各种物理和工程领域内的"场"问题。

需要说明的是，离散时间变化模型中的差分方程可归类为连续系统仿真范畴。原因在于，当用数字仿真技术对连续系统仿真时，其原有的连续形式的模型必须进行离散化处理，并最终也变成差分模型。

(2) 离散事件系统仿真。离散事件系统是指系统状态在某些随机时间点上发生离散变化的系统。它与连续系统的主要区别在于：状态变化发生在随机时间点上。这种引起状态变化的行为称为"事件"，因而这类系统是由事件驱动的；而且，"事件"往往发生在随机时间点上，也称为随机事件，因而离散事件系统一般都具有随机特性；系统的状态变量往往是离散变化的。例如，电话交换台系统，顾客呼号状态可以用"到达"或"无到达"描述，交换台状态则要么处于"忙"状态，要么处于"闲"状态；系统的动态特性很难用人们所熟悉的数学方程形式(如微分方程或差分方程等)加以描述，一般只能借助于活动图或流程图，这样，无法得到系统动态过程的解析表达式。对这类系统的研究与分析的主要目标系统行为的统计性能而不是行为的点轨迹。

3.2　系统仿真的一般过程

系统仿真的一般步骤可用图3.1来描述。

仿真是基于模型的活动，首先要针对实际系统建立其模型。建模与形式化的任务是：根据研究和分析的目的，确定模型的边界，因为任何一个模型都只能反映实际系统的某一部分或某一方面，也就是说，一个模型只是实际系统的有限映象。另外，为了使模型具有可信性，必须具备对系统的先验知识及必要的试验数据。特别是，还必须对模型进行形式化处理，以得到计算机仿真所要求的数学描述。模型可信性检验是建模阶段的最后一步，也是必不可少的一步。只有可信的模型才能作为仿真的基础。

仿真建模是仿真过程的第二步。其主要任务是：根据系统的特点和仿真的要求选择合适的算法，当采用该算法建立仿真模型时，其计算的稳定性、计算精度、计算速度应能满足仿真的需要。

第三步是程序设计，即将仿真模型用计算机能执行的程序来描述。程序中还要包括仿真实验的要求，如仿真运行参数、控制参数、输出要求等。早期的仿真往往采用高级语言编程，随着仿真技术的发展，一大批适用不同需要的仿真语言被研制出来，大大减轻了程序设计的工作量。

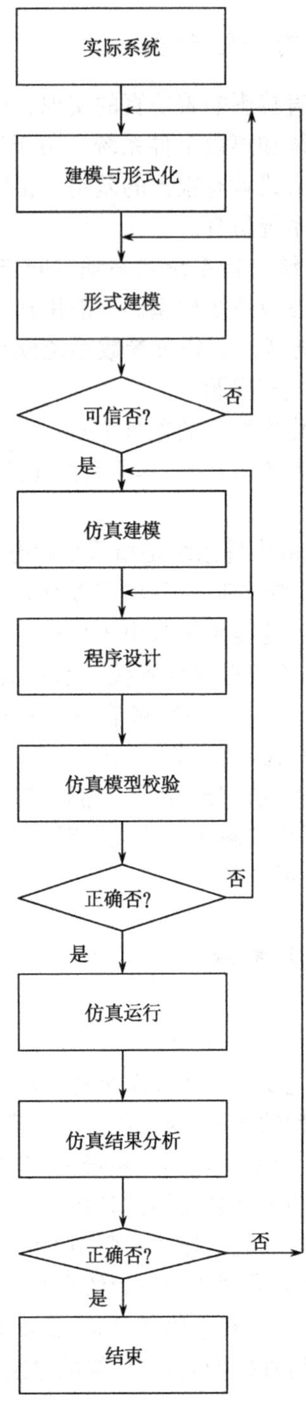

图 3.1 仿真的一般步骤

程序检验一般是不可缺少的。一方面是程序调试,更重要的是要检验所选仿真算法的合理性。这是仿真过程的第四步。

有了正确的仿真模型，就可以对模型进行实验，这是实实在在的仿真活动。它根据仿真的目的对模型进行多方面的实验，相应地得到模型的输出，这是第五步。

仿真过程的第六步是要对仿真输出进行分析。以往，输出分析的方法学未能引起人们的足够重视。实际上，输出分析在仿真活动中占有十分重要的地位，特别是，对离散事件系统来说，其输出分析甚至决定着仿真的有效性。输出分析既是对模型数据的处理(以便对系统性能作出评价)，同时也是对模型的可信性进行检验。

上面，我们仅仅对仿真过程的主要步骤进行了简要说明。在实际的仿真时，上述每一个步骤往往需要多次反复和迭代。

3.3 系统仿真技术的应用

仿真技术作为一门独立的学科已经有50多年的发展历史，它不仅用于航空、航天、各种武器系统的研制部门，而且已经广泛应用于电力、交通运输、通信、化工、核能各个领域。特别是，近20年来，随着系统工程与科学的迅速发展，仿真技术已从传统的工程领域扩展到非工程领域，因而在社会经济系统、环境生态系统、能源系统、生物医药系统、教育训练系统也得到了广泛的应用。仿真技术正是从其广泛的应用中获得了日益强大的生命力，而仿真技术的发展反过来使其得到愈来愈广泛的应用。

在系统的规划、设计、运行、分析及改造的各个阶段，仿真技术都可以发挥重要作用。随着人类所研究的对象规模日益庞大，结构日益复杂，仅仅依靠人的经验及传统技术难于满足越来越高的要求，基于现代计算机及其网络的仿真技术，不但能提高效率，缩短研究开发周期，减少训练时间，不受环境及气候限制，而且对保证安全、节约开支、提高质量尤其具有突出的功效。

3.3.1 仿真技术在系统设计中的应用

系统设计是一项复杂的任务，计算机辅助设计及仿真技术为系统设计提供了强有力的工具。一个较为复杂的系统，其设计过程一般要经历可行性论证、初步设计、详细设计、实施等若干阶段。在每个阶段，仿真技术均可提供强有力的技术支持。在可行性论证阶段，可以根据系统设计的目标及边界条件，对各种方案进行定量比较，发现不同方案的优缺点，做到“心中有数”，真正了解方案为什么“可行”或“不可行”，为系统设计打下坚实的基础。在系统设计阶段，设计人员可以利用仿真技术建立或完善系统模型，进行模型实验、模型简化并进行优化设计，因而国内外开发的许多计算机辅助设计软件大都包含仿真子包。

系统设计中经常涉及新的设备、部件或控制装置，此时，可以利用仿真技术进行分系统实验，即一部分采用实际部件，另一部分采用模型。这样，既可避免由新子系统投入可能造成的对原系统的破坏或影响，又可大大缩短开工周期，提高系统投入的一次成功率。例如，我国陡河电站25万kW发电机组的安装，由于事先在电厂仿真系统上已进行了细致的分系统实验，对全部自动装置的参数都做了整定，在实际机组安装完毕的同时，自动装置也全部调试完成，很快地投入了运行。而按一般程序，机组安装完后，现场调试自动装置的参数，周期大约需要一年。

随着科学技术的发展，系统的规模日趋庞大，系统的结构日益复杂，系统设计方案的正确性与合理性检验越来越困难，结果给系统的实施带来了巨大的风险。例如，从 20 世纪 80 年代出现的计算机集成制造系统(CIMS)，它要实现企业在计算机网络及数据库的支持下，从市场预测、产品设计、生产计划、库存控制、成本控制、制造加工到销售服务全部过程的集成优化。显然，这是一件十分困难的任务，仅仅依靠人的经验难以达到预期的效果。因此，仿真技术成为设计这类系统的不可缺少的工具。例如，美国在研究设计 AMRF(advanced manufacturing research facility)过程中，广泛采用了仿真技术，并开发了专用仿真系统 HCSE(hierarchical control system emulator)以用于 AMRF 的递阶控制系统的设计、开发、调试及测试。

3.3.2 仿真技术在系统分析中的应用

要对系统进行分析就必须对系统进行试验，通过试验来了解系统的结构及其内部发生的活动，从而达到对系统的正确评价。有两种试验方案：一种是直接在真实系统上进行，如飞机试飞、轮船试航、汽车试车等。通过试验，发现设计或制造中的技术或工艺问题，以便在正式投产前或投入运行前加以改正。另一种试验是按实际系统构造模型，对模型进行仿真试验，即仿真分析。尽管在真实系统上进行试验在许多情况下仍然是必不可少的，但是由于下述原因，仿真试验与分析越来越普遍地被采用。

(1) 在真实系统上试验会破坏系统的正常运行。

(2) 由于实际系统中的各种客观条件的限制，难以按预期的要求改变参数，或者得不到所需要的试验条件。

(3) 在实际系统上进行试验时，很难保证每一次的操作条件都相同，因而难以对试验结果的优劣做出正确的判断和评价。

(4) 无法复原。

(5) 试验时间太长、费用太大或者有危险等。

3.3.3 仿真在教育与训练中的应用

一般来说，凡是需要有一个或一组熟练人员进行操作、控制、管理与决策的实际系统，都需要对这些人员进行训练、教育与培养。早期的培训大都在实际系统或设备上进行的。随着系统规模的加大、复杂程度的提高，特别是造价日益昂贵，训练时因操作不当引起破坏而带来的损失大大增加，因此，提高系统运行的安全性事关重大。以发电厂为例，美国能源管理局的报告认为，电厂的可靠性可以通过改进设计和加强维护来改善，但只能占提高可靠性的 20%～30%，其余要依靠提高运行人员的素质来提高，可见，人员训练对这类系统的重要性。为了解决这些问题，需要有这样的系统，它能模拟实际系统的工作状况和运行环境，又可避免采用实际系统时可能带来的危险性及高昂的代价，这就是训练仿真系统。

训练仿真系统是利用计算机并通过运动设备、操纵设备、显示设备、仪器仪表等复现所模拟的对象行为，并产生与之适应的环境，从而成为训练操纵、控制或管理这类对象的人员的系统。

根据模拟对象、训练目的，可将训练仿真系统分为三大类：

(1) 载体操纵型。这是与运载工具有关的仿真系统,包括航空、航天、航海、地面运载工具,以训练驾驶员的操纵技术为主要目的。

(2) 过程控制型。用于训练各种工厂(如电厂、化工厂、核电站、电力网等)的运行操作人员。

(3) 博弈决策型。用于企业管理人员(厂长、经理)、交通管制人员(火车调度、航空管制、港口管制、城市交通指挥等)和军事指挥人员(空战、海战、电子战等)的训练。

我国在研制各类训练仿真系统方面已经取得了不少成果,如用于飞机起落训练的飞行仿真器、用于舰船进出港训练的船舶操纵训练仿真器、用于电厂运行人员训练的电厂训练仿真器,以及用于海战训练的海军战术训练仿真器。

近年来,分布交互式训练仿真系统得到广泛的注意。这类系统将分布在不同地点、业已存在的各种不同类型的训练仿真系统,通过计算机网络进行集成,从而实现更大规模的综合训练。典型的是美国 SIMNET,它将分布在美国和德国 11 个城市的 260 个地面装甲车辆仿真器和飞行模拟器集成起来,形成一个广域战场,进行多兵种合成训练。事实上,在 1989 年的海湾战争准备中,美国采用了该系统进行与伊拉克的地面战斗的准备。

3.3.4 仿真在产品开发及制造过程中的应用

进入 20 世纪 90 年代以来,"虚拟产品开发"(virtual product development)技术引起了人们的广泛关注,近几年来,人们又进一步提出了虚拟制造(virtual manufacturing)的概念。

虚拟制造是实际制造过程在计算机上的本质实现,即采用计算机仿真与虚拟现实技术,在计算机上群组协同工作,在计算机上建立产品的三维全数字化模型,"在计算机上制造"产生许多"软"样机,从而,在设计阶段,就可以对所设计的零件甚至整机进行可制造性分析,这包括加工过程的工艺分析、铸造过程的热力学分析、运动部件的运动学分析以及整机的动力学分析等,甚至包括加工时间、加工费用、加工精度分析等。设计人员或用户甚至可"进入"虚拟的制造环境检验其设计、加工、装配和操作,而不依赖于传统的原型样机的反复修改。这样使得产品开发走出主要依赖于经验的狭小天地,发展到了全方位预报的新阶段。图 3.2 简要表示了虚拟制造与实际制造的联系与区别。可以说,虚拟制造

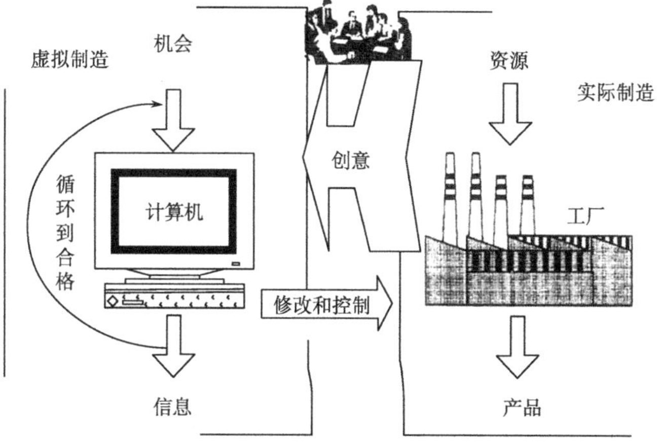

图 3.2 虚拟制造与实际制造

就是实际制造在计算机上的本质实现，是仿真技术以制造过程为对象的全方位的应用。

典型的例子有波音 777，其整机设计、部件测试、整机装配以及各种环境下的试飞均是在计算机上完成的，其开发周期从过去 8 年缩短到 5 年。又如 Perot System Team 利用 Dench Robotics 开发的 QUEST 及 IGRIP 设计与实施一条生产线，在所有设备订货之前，对生产线的运动学、动力学、加工能力等各方面进行了分析与比较，使生产线的实施周期从传统的 24 个月缩短到 9.5 个月。Chrysler 公司与 IBM 合作开发的虚拟制造环境用于其新型车的研制，在样车生产之前，发现其定位系统的控制及其他许多设计缺陷，缩短了研制周期。

3.3.5 仿真技术在 CIMS 中的应用

以计算机集成制造系统(computer integrated manufacturing system，CIMS)为例，进一步说明仿真技术在系统生命周期的四个阶段，即需求分析、系统设计、系统实施与运行维护中的应用。

1. CIMS 的需求分析仿真

CIMS 需求分析阶段的主要任务是在系统分析的基础上进行需求定义，确定系统的功能模型，该阶段要进行系统效益-费用分析。由于此时实际系统并不存在，可以根据不同功能模型建立不同的系统动态模型，以比较不同方案的优劣。尽管在此阶段系统的模型粒度比较粗糙，但仍可为设计人员提供不同方案下系统效益-费用的定量评价。

2. CIMS 的系统设计仿真

系统设计阶段需要确定系统的结构，如系统中网络结构、数据库结构以及生产系统的物理布局等。通过建立设计对象的模型，仿真实际上是未来系统的数字样机，它能对未来系统的操作进行描述(如操作逻辑、时序、位置等)。数字样机在计算机上运行，模拟在不同结构或不同参数下系统的行为，从而可对未来系统的行为进行“预见”，发现设计方案中的薄弱环节。例如，物料储运系统中运输路径规划是否合理、仓库容量设置是否适中、货物存放与进出规则如何选择等，均可通过仿真加以确定。

3. CIMS 的系统实施仿真测试

CIMS 的系统实施是一个分步实现的过程，仿真是子系统测试和整个系统测试不可缺少的工具。仿真提供模拟环境，并建立与已经实现的物理系统连接的接口。在仿真环境下给定各种条件，测试被测系统的性能。这些条件可以根据需要自由地进行定义，从而保证了测试的完备性。

4. CIMS 的运行维护的仿真支持

系统投入运行时，难免产生意想不到的问题或缺陷，仿真可成为实际系统分析器，即在计算机上重构发生问题的环境(模型)，通过运行模型重现所发生的问题，从而在模型上去寻找发生问题的原因，为解决实际系统的问题提供可靠的依据和途径，而不必担心对实际系统造成危害或影响。

在正常运行时，仿真可为决策提供支持环境。CIMS 中存在诸多决策点，如物料需求计划的确认、订货与交货计划的制订、生产计划的可行性分析、作业计划调度等。仿真软件可与实际系统并发运行，或嵌入到有关模块中。此时，仿真可视为实际系统的预测器，为决策提供准确而详细的数据和决策依据。仿真技术之所以得到迅速发展，其根本的动力来自应用，而仿真技术的广泛应用又反过来促进了仿真技术的进一步发展。

3.4 系统仿真技术的特点

(1) 安全性。仿真技术在应用上的安全性一直是被重用的最主要的原因，所以航空、航天、武器系统过去曾经是仿真技术应用的最主要领域，一直到现在仍然占据着很高的比例；20 世纪 60 年代以后，核电站及潜艇等也由于安全性的原因，广泛采用仿真技术来设计这类系统及培训这类系统的人员。

(2) 经济性。仿真技术在应用上的经济性也是被采用的十分重要的因素，几乎所有大型的发展项目，如“阿波罗”登月计划、战略防御系统、计算机集成制造系统都十分重视仿真技术的应用。这是因为，这些项目投资极大，有相当的风险，而仿真技术的应用可以较小的技资换取风险上的大幅降低。

(3) 可重复性。由于计算机仿真运行的是系统的模型，在模型确定的情况下，稳定系统的输入条件，可以复现某一仿真过程，这样可以在稳定试验条件下对系统进行重复的研究，也可以通过过程复现培养受训人员的反应处理能力，提高训练效果，如飞行模拟器、电厂仿真器训练中的故障功能设置。

习题与思考题

1. 试述系统仿真的定义。
2. 何谓系统仿真的三个基本活动？
3. 试述系统仿真技术的分类。
4. 试述各类仿真计算机的特点。
5. 系统仿真依据仿真始终与实际始终的比例关系该如何分类？
6. 系统仿真依据系统模型的特性的分类有哪些？
7. 简述系统仿真的一般步骤。
8. 根据模拟对象、训练目的可将训练仿真系统分为几类？
9. 系统仿真技术的特点有哪些？

第4章

连续系统建模与仿真技术

连续系统是指系统的状态变量随着时间连续变化的系统，可以通过常微分方程或偏微分方程来描述。本章介绍连续系统的建模技术，包括微分方程建模和分布系统建模，在此基础上介绍了微分方程的求解方法和基于MATLAB的数值仿真方法。

4.1 连续系统的数学建模方法

常用的连续系统数学模型有：微分方程模型、传递函数模型、状态空间模型。本书主要介绍微分(包括偏微分)方程建模方法，微分方程是系统最基本的数学模型。在自然界里，许多系统，不管是机械的、电气的、液压的、气动的，还是热力的系统都可以通过微分方程来描述。由微分方程可以导出系统传递函数、差分方程和状态方程等多种数学模型。因此，怎样建立系统的微分方程是建模技术中的重要内容。系统的微分方程可以通过反映具体系统内在运动规律的物理学定理来获得。例如，机械系统的牛顿定理、能量守恒定律，电学系统中的欧姆定理、基尔霍夫定律，流体方面的N-S方程及其他一些物理学基本定律等。这些物理学定律是建立系统微分方程的基础。用物理学基本定理建立系统的微分方程(即机理建模法)是微分方程建模法中的最重要的一种方法。

4.1.1 微分方程建模方法

微分方程建模方法是研究函数变化规律的有力的工具，在科技、工程、经济管理、生态、环境、人口、交通等各个领域中有着广泛的应用。微分方程模型建立常常有如下步骤：

(1) 翻译或转化。在实际问题中，有许多表示导数的常用词，如速率、增长(在生物学以及人口问题研究中)、衰变(在放射性问题中)以及边际(在经济学中)等。

(2) 建立瞬时表达式。根据自变量有微小改变 Δt 时因变量的增量 ΔW，建立起在 Δt 时段上的增量表达式，令 $\Delta t\to 0$，即得到$\frac{\mathrm{d}W}{\mathrm{d}t}$的表达式。

(3) 配备物理单位。在建模中应注意每一项采用同样的物理单位。

(4) 确定条件。这些条件是关于系统在某一特定时期或边界上的信息，它们独立于微分方程而成立，用以确定有关的常数。为了完整充分地给出问题的数学陈述，应将这些给定的条件和微分方程一起给出。

建立微分方程模型较常用的有下列两种方法：

(1) 按变化规律直接列方程。利用人们熟悉的力学、数学、物理、化学等学科中的规律，如牛顿第二定律、放射性物质的放射规律等，对某些实际问题直接列出微分方程。

(2) 模拟近似法。在生物、经济等学科中，许多现象所满足的规律并不很清楚，而且现象也相当复杂，因而需要根据实际资料或大量的实验数据，提出各种假设，在一定的假设下，给出实际现象所满足的规律，然后利用适当的数学方法得出微分方程。

建立微分方程模型只是解决问题的第一步，通常需要求出方程的解来说明实际现象，并加以检验。如果能得到解析形式的解固然是便于分析和应用的，但大多数微分方程求不出其解析解的，因此研究其稳定性和数值解法也是十分重要的手段。

例 4.1 Logistic 人口模型。

在人口自然增长的过程中，人口增长率与人口总数成正比。现在对此进行分析，该假定条件比较简单，因而数学模型也比较简单。此模型设计涉及如下变量：

t 表示时间(变量)，P 表示人口数(依赖于时间)，k 表示人口增长率与人口数之间的比例常数(参数)，参数 k 称为单位增长率。人口数关于时间的增长率是人口数 P 关于时间变量 t 的导数$\frac{\mathrm{d}P}{\mathrm{d}t}$，与人口数成正比描述为 kP，因而得如下微分方程：

$$\frac{\mathrm{d}P}{\mathrm{d}t}=kP$$

因为资源是有限的，人口不能无限制地增长，为了改进上述人口模型，作如下假定：

(1) 当人口数很小时，增长率与人口数成正比；

(2) 当人口数很大，达到资源和环境不能承受时，人口数开始减少，即增长率为负的。

沿用模型中的量，t 表示时间(变量)，P 表示人口数(依赖于时间)，k 表示人口增长率与人口数之间的比例常数(当人口数很小时)。此外，由资源和环境所限，引入另外的参量 N，称为最大承载量(carrying capacity)，用以表示自然资源与环境条件所能容纳的最大人口数。因此，在假定条件下，当 $P(t)<N$ 时，人口是增加的；当 $P(t)>N$ 时，人口是减少的；当 P 较小时，$\frac{\mathrm{d}P}{\mathrm{d}t}\approx kP$。

为了使模型尽可能简单，要添加一定的量 X，使得$\frac{\mathrm{d}P}{\mathrm{d}t}=k\cdot X\cdot P$ 满足假定条件。当 P 较小时，X 接近 1；但当 $P(\mathrm{t})>N$ 时，$X<0$。取 $X=1-\frac{P}{N}$，则满足条件。此时模型变为

$$\frac{\mathrm{d}P}{\mathrm{d}t}=k\left(1-\frac{P}{N}\right)P$$

称为具有增长率 k 和最大承载量 N 的 Logistic 人口模型，该模型由荷兰生物学家 Verhulst 在 1838 年提出。

例 4.2 捕食-食饵模型。

在自然界中，任何生物种群都不会孤立地生存。当两种不同生物种群相互影响时，就

会产生十分有趣的数学模型。

假设一个生态圈内有两种不同的动物，其中一种动物(如狐狸，称为捕食者)捕食另外一种动物(如野兔，称为食饵)。设 t 时刻野兔的数量为 $R(t)$，而狐狸的数量为 $F(t)$。假设野兔所需的食物很丰富，它们本身的竞争并不激烈，如果不存在捕食者狐狸，则野兔的增加应该遵循指数增长率 $\frac{\mathrm{d}R}{\mathrm{d}t}=\alpha R$($\alpha>0$ 为某常数，表示自身单位增长率)。但因狐狸的存在，致使其增长率降低。设单位时间内狐狸与野兔相遇的次数为 βFR($\beta>0$ 为某个常数)。因此，$\frac{\mathrm{d}R}{\mathrm{d}t}=\alpha R-\beta FR$。

狐狸自身的减少率(因缺少野兔为食物)同它们当时的数目 F 成正比，即 $\frac{\mathrm{d}F}{\mathrm{d}t}=-\gamma F$ ($\gamma>0$为某常数)，而单位时间内狐狸的出生成活数同它们本身的数量及食物野兔的数量成正比，即 δFR($\delta>0$ 为某个常数，反映野兔对狐狸的供养能力)，于是得到

$$\begin{cases}\dfrac{\mathrm{d}R}{\mathrm{d}t}=\alpha R-\beta RF\\[2mm]\dfrac{\mathrm{d}F}{\mathrm{d}t}=-\gamma F+\delta FR\end{cases}\tag{4.1}$$

式中，α,β,γ 与 δ 为参数；t 为自变量；R,F 为因变量。因为在方程组(4.1)中，包含两个因变量及其一阶导数，因而方程组(4.1)称为一阶二维微分方程组。

如果食饵的食物捕食不是十分丰富，则它们自身的竞争非常激烈，即使不存在捕食者，它们的增长也遵循 Logistic 增长规律，即 $\frac{\mathrm{d}R}{\mathrm{d}t}=\alpha R\left(1-\frac{R}{N}\right)$(其中 $N>0$ 为环境最大承载量)，这样得到一种改进的捕食-食饵模型

$$\begin{cases}\dfrac{\mathrm{d}R}{\mathrm{d}t}=\alpha R\left(1-\dfrac{R}{N}\right)-\beta RF\\[2mm]\dfrac{\mathrm{d}F}{\mathrm{d}t}=-\gamma F+\delta FR\end{cases}\tag{4.2}$$

式中，$\alpha,\beta,\gamma,\delta$ 与 N 均为参数。

例 4.3 机械平移系统。

设有一个弹簧-质量-阻尼器系统，如图 4.1 所示。阻尼器是一种产生黏性摩擦或阻尼的装置。它由活塞和充满油液的缸体组成，活塞杆与缸体之间的任何相对运动都将受到油液的阻滞，因为这时油液必须从活塞的一端经过活塞周围的间隙(或通过活塞上的专用小孔)而流到活塞的另一端。阻尼器主要用来吸收系统的能量，被阻尼器吸收的能量转变为热量而散失掉，而阻尼器本身不储藏任何动能或热能。

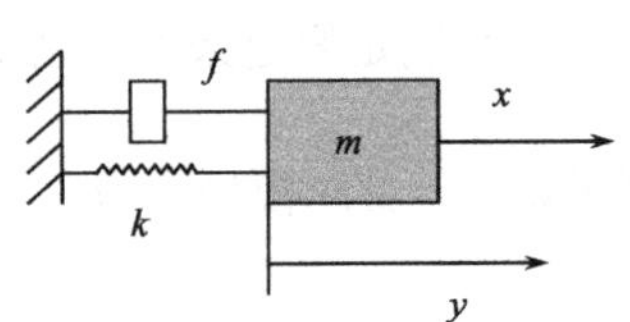

图 4.1 弹簧-质量-阻尼器系统

记系统的输入量为外力 x，输出量为质量 m 的位移 y。我们的目标是求系统输出量 y 与输入量 x 之间所满足的关系式，即系统的微分方程。

根据牛顿第二定律有

$$m\frac{\mathrm{d}^2 y}{\mathrm{d}t^2}=x-x_1-x_2 \tag{4.3}$$

式中，x_1 为阻尼器的阻尼力；x_2 为弹性力。

x_1 和 x_2 为中间变量，必须找出它们与系统有关参数之间的关系，这样才能消去它们。设阻尼器的阻尼系数为 f，弹簧为线性弹簧，其弹性系数为 k，则有

$$x_1=f\frac{\mathrm{d}y}{\mathrm{d}t},\quad x_2=ky$$

将以上二式代入式(4.3)整理后得出系统的微分方程

$$m\frac{\mathrm{d}^2 y}{\mathrm{d}t^2}+f\frac{\mathrm{d}y}{\mathrm{d}t}+ky=x \tag{4.4}$$

这是一个线性常系数二阶微分方程。

4.1.2　分布参数建模方法

所谓分布参数系统是指系统的状态变量、控制变量和被控制变量不仅是时间的函数，而且是空间坐标的函数。因此，系统的模型可表示为偏微分方程、积分方程或是偏微分-积分方程。实际中，通常是用偏微分方程所描述的系统。

许多自由干扰的分布参数系统的动态性质可用如下形式的偏微分方程组来描述

$$\frac{\partial Q_i(x,t)}{\partial t}=h_i[Q_1(x,t),\cdots,Q_N(x,t),u_{D(1)}(x,t),\cdots,u_{D(r)}(x,t)]$$

$$(t>0,x\in D,i=1,2,\cdots,N) \tag{4.5}$$

式中，h_i 为空间变量的微分算子，其参数可能依赖于 x 和 t；D 为状态空间。

例 4.4　人口控制问题建模。

人口控制问题是一个典型的分布参数系统的例子。人口发展的控制问题，是世界许多国家最紧迫需要解决的问题之一。为了控制人口，必须正确预测其发展，所以要进行定量计算，需要建立它的定量宏观模型。下面我们介绍一种用分布参数系统建立的模型，一个带有边界控制的偏微分方程。

定义所研究地区(国家)在 t 时刻(年代)所有年龄小于 r 岁的人口总数为人口函数，并记为 $F(r,t)$，可见 $F(r,t)\geqslant 0$，如果用 $N(t)$表示所研究的地区在 t 时刻的人口总数，记 r_{m} 为人类所能活到的最高年龄，则有

$$\begin{cases}F(0,t)=0\\F(r_{\mathrm{m}},t)=F(\infty,t)=N(t)\end{cases} \tag{4.6}$$

由定义，$F(r,t)$是 r、t 的阶梯函数，而且 $F(r,t)$是 r 的递增函数。当人口总数很大时，我们不妨设 $F(r,t)$是 r、t 的连续函数，我们还进一步假设偏导数$\frac{\partial F}{\partial r}$，$\frac{\partial F}{\partial t}$也是 r、t 的连续函数。

令 $p(r,t)=\frac{\partial F}{\partial r}$，称为人口年龄密度函数。由于 $F(r,t)$是 r 的递增函数，故

$$p(r,t)=\frac{\partial F}{\partial r}\geqslant 0 \tag{4.7}$$

可见

$$F(r,t)=\int_0^r p(\xi,t)\mathrm{d}\xi - F(0,t)=\int_0^r p(\xi,t)\mathrm{d}\xi \tag{4.8}$$

由于 $r\geqslant r_m$ 时，$F(r,t)=N(t)$，故得

$$p(r_m,t)=0 \tag{4.9}$$

我们定义相对死亡率函数 $\mu(r,t)$ 为

$$\mu(r,t)=\lim_{\Delta t\to 0}\frac{\text{年龄在}[r,r+\Delta r]\text{内单位时间死亡人数}}{\text{年龄在}[r,r+\Delta r]\text{内活着人数}} \tag{4.10}$$

如果用 $M(r,t)$ 表示在 t 时刻单位时间内按年龄死亡密度函数，则年龄在 $[r,r+\Delta r]$ 区间内，单位时间死亡的人数为 $M(r,t)\Delta r$。这时在此年龄区间内活着的人数为 $p(r,t)\Delta r$，故得

$$\mu(r,t)=\lim_{\Delta t\to 0}\frac{M(r,t)\Delta r}{p(r,t)\Delta r}=\frac{M(r,t)}{p(r,t)} \tag{4.11}$$

即

$$M(r,t)=\mu(r,t)p(r,t) \tag{4.12}$$

现在来导出人口发展方程，暂不考虑各种不确定的因素，只考虑自然生死过程。

由 $p(r,t)$ 的定义，在 t 时刻，年龄在 $[r,r+\Delta r]$ 区间内的人数为 $p(r,t)\Delta r$。当时间过了 Δt 年之后，即在 $(t+\Delta t)$ 时刻，活着的人的年龄同时增加了 $\Delta r'=\Delta t$ 岁，即活着的人都变成在 $(t+\Delta t)$ 时刻，年龄在 $[(r+\Delta r'),(r+\Delta r')+\Delta r]$ 区间的人，其总数应为 $p(r+\Delta r',t+\Delta t)\Delta r$，所以，在这段时期死去的人数为

$$M(r,t)\Delta r\Delta t=p(r,t)\Delta r-p(r+\Delta r',t+\Delta t)\Delta r \tag{4.13}$$

另一方面，由式(4.12)可知这段时期死去的人数应为

$$M(r,t)\Delta r\Delta t=\mu(r,t)p(r,t)\Delta r\Delta t \tag{4.14}$$

即得

$$p(r,t)\Delta r-p(r+\Delta r',t+\Delta t)\Delta r=\mu(r,t)p(r,t)\Delta r\Delta t \tag{4.15}$$

因为

$$\begin{aligned}&p(r+\Delta r',t+\Delta t)\Delta r-p(r,t)\Delta r\\&=\{[p(r+\Delta r',t+\Delta t)-p(r,t+\Delta t)]+[p(r,t+\Delta t)-p(r,t)]\}\Delta r\end{aligned} \tag{4.16}$$

则代入式(4.15)得

$$\frac{p(r+\Delta r',t+\Delta t)-p(r,t+\Delta t)}{\Delta t}+\frac{p(r,t+\Delta t)-p(r,t)}{\Delta t}=-\mu(r,t)p(r,t) \tag{4.17}$$

由 $\Delta r'=\Delta t$，令 $\Delta t\to 0$，得

$$\frac{\partial p(r,t)}{\partial r}+\frac{\partial p(r,t)}{\partial t}=-\mu(r,t)p(r,t) \tag{4.18}$$

这就是仅考虑自然的生死过程的人口发展过程。影响人口发展过程还有各种随机因素，如移民、战争和自然灾害等。用 $f(r,t)p(r,t)\Delta r\Delta t$ 表示在 $[t,t+\Delta t]$ 区间内而年龄在 $[r,r+\Delta r]$ 内因各种随机因素而引起的人口扰动总数，这时式(4.18)变为

$$\frac{\partial p}{\partial r}+\frac{\partial p}{\partial t}=-\mu(r,t)p(r,t)+f(r,t) \tag{4.19}$$

这是考虑到随机因素的人口发展方程式，称 $f(r,t)$ 为相对扰动密度函数。

为了由式(4.18)或式(4.19)确定人口发展过程，还须补充附加初值条件和边界条件。如果由统计数据知道在 $t=0$ 时刻的人口密度分布为 $p_0(r)$，则式(4.18)或式(4.19)的初值条件为

$$p(r,0)=p_0(r) \tag{4.20}$$

假设函数 $\varphi(t)$ 表示 t 时刻单位时间内的初生婴儿总数，称为人口出生率，由式(4.9)我们得出式(4.18)或式(4.19)的边界条件为

$$p(0,t)=\varphi(t),\quad p(r_{\mathrm{m}},t)=0 \tag{4.21}$$

综合式(4.19)、式(4.20)、式(4.21)，可得出人口发展过程的运动方程与边界条件为

$$\begin{cases}\dfrac{\partial p}{\partial r}+\dfrac{\partial p}{\partial t}=-\mu(r,t)p(r,t)+f(r,t)\\ p(r,0)=p_0(r)\\ p(0,t)=\varphi(t),p(r_{\mathrm{m}},t)=0\end{cases} \tag{4.22}$$

控制人口发展主要是通过控制人口出生率 $\varphi(t)$ 来实现，所以式(4.22)是一个带边界控制的分布参数系统。

4.2　常(偏)微分方程的数值求解

一阶微分方程的初值问题为

$$\begin{cases}\dfrac{\mathrm{d}y}{\mathrm{d}x}=f(x,y)\\ y(x_0)=y_0\end{cases} \tag{4.23}$$

寻求微分方程初值问题(4.23)的数值解，就是求解函数 $y=y(x)$ 在一系列离散点 $x_i(i=1,2,\cdots,n)$ 上的精确值 $y(x_1),y(x_2),\cdots,y(x_n)$ 的近似值 $y_1,y_2,\cdots,y_n$。在使用数值解法求解微分方程初值问题时，一般是按以下步骤：

(1) 引入点列$\{x_i\}$，其中 $x_i=x_{i-1}+h_i,i=1,2,\cdots$。其中 h_i 称为步长，一般取步长为定值 $h_i=h,x_i=x_0+ih,i=1,2,\cdots$。

(2) 寻求数值解的方法，即寻求由 y_{i-1} 计算出 $y_i(i=1,2,\cdots,n)$ 的递推公式。

(3) 利用(2)中的格式逐步求解出近似解 $y_1,y_2,\cdots,y_n$。

求常微分方程数值解主要方法有以下几种。

4.2.1　欧拉法

设一阶微分方程，重写为

$$\frac{\mathrm{d}y}{\mathrm{d}t}=f(t,y)$$

初始条件

$$y(t_0)=y_0$$

在$[t_k,t_{k+1}]$区间上积分，由

$$y_{k+1}=y_k+\int_{t_k}^{t_{k+1}}f(t,y)\mathrm{d}t \tag{4.24}$$

得到

$$y_{k+1}-y_k=\int_{t_k}^{t_{k+1}}f(t,y)\mathrm{d}t$$

又由导数定义知

$$\frac{\mathrm{d}y}{\mathrm{d}t}=\lim_{\Delta t\to 0}\frac{y(t+\Delta t)-y(t)}{\Delta t}$$

在 $t=t_k$ 时刻，取 $h=\Delta t=t_{k+1}-t_k$，则显然 $y_{k+1}=y(t+\Delta t)$，$y_k=y(t)$。设 h 足够小，使得

$$\frac{\mathrm{d}y}{\mathrm{d}t}=f(t_k,y_k)\approx\frac{y_{k+1}-y_k}{h} \tag{4.25}$$

成立，于是，由式(4.25)得

$$y_{k+1}-y_k=hf(t_k,y_k) \tag{4.26}$$

与式(4.24)比较，$hf(t_k,y_k)$部分近似代替了积分部分，即

$$\int_{t_k}^{t_{k+1}}f(t,y)\mathrm{d}t\approx hf(t_k,y_k) \tag{4.27}$$

其几何意义是把 $f(t,y)$在$[t_k,t_{k+1}]$区间内的曲边梯形面积用矩形面积近似代替(图 4.2)。

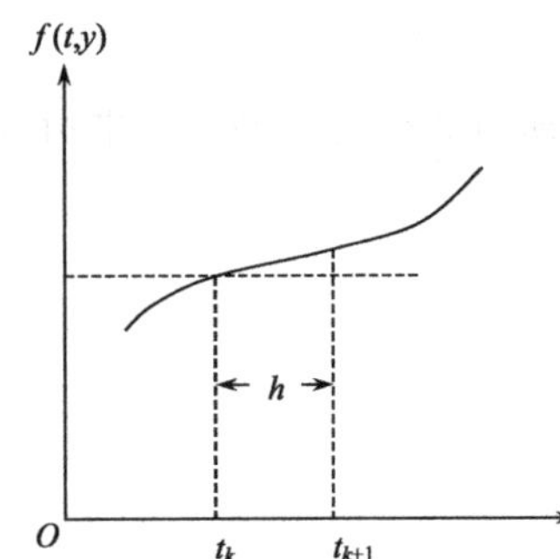

图 4.2　欧拉法的几何意义

当 h 很小时，如果认为造成的误差是允许的，式(4.24)就可近似表达为

$$y_{k+1}=y_k+hf(t_k,y_k) \tag{4.28}$$

取 $k=0,1,2,\cdots,N$。即可从 t_0 开始，逐点递推求得 t_1 时的 $y_1,\cdots,t_N$ 的 y_N，称其为欧拉(Euler)递推公式。这也就是最简单的数值积分求解递推算法。

4.2.2　龙格-库塔法

龙格-库塔(Runge-Kutta)法的一般形式是

$$y_{k+1}=y_k+h\varphi(x_i,y_i,h) \tag{4.29}$$

式中，函数 $\varphi(x,y,h)$具有下列形式：

$$\varphi(x,y,h)=\sum_{r=1}^{p}\lambda_r k_r \tag{4.30}$$

$$k_1=f(x,y),\quad k_r=f\left(x+a_r h,y+h\sum_{s=1}^{r-1}b_{rs}k_s\right),\quad r=2,\cdots,p \tag{4.31}$$

式中，λ_r，a_r，b_{rs}等均为常数；$p\geqslant 1$ 为整数。

从几何意义看，欧拉法是用斜率 $f(x_i,y_i)$ 逼近，而龙格-库塔法则可以看成用 p 个斜率 $k_r=f(x_r,y_r)$ 的一种加权平均逼近，因此能够提高计算的精度，式(4.30)用到了 p 个 k_r，称为 p 阶的显式龙格-库塔法。

对于差商 $\dfrac{y(x_{i+1})-y(x_i)}{h}$，由微分中值定理，可得

$$\frac{y(x_{i+1})-y(x_i)}{h}=y'(x_i+\theta h),\quad 0<\theta<1$$

由于 $y'=f(x,y)$，于是

$$y(x_{i+1})=y(x_i)+hf(x_i+\theta h,y(x_i+\theta h)) \tag{4.32}$$

称 $f(x_i+\theta h,y(x_i+\theta h))$ 为区间 (x_i,x_{i+1}) 上的平均斜率，记作 k^*，因此只要给出平均斜率的一种算法，再由式(4.32)就可以得到求解微分方程的一种数值计算公式。根据欧拉法，在确定平均斜率时，多取几个点的斜率值，然后加权平均得到的值作为 k^* 的近似值，就有可能构造出精度更高的数值计算公式，这就是构造龙格-库塔法的基本思想。

4.2.3　亚当姆斯法

将微分方程 $y=f(t,y)$ 在 $[t_n,t_{n+1}]$ 区间上积分可得

$$y_{k+1}=y_k+\int_{t_n}^{t_{n+1}}f(\tau,y)\mathrm{d}\tau \tag{4.33}$$

若已经求得 $t_n,t_{n-1},\cdots,t_{n-k}$ 等 $k+1$ 个时间点处的数据 $f_n,f_{n-1},\cdots,f_{n-k}$，则可利用插值原理构造区间 $[t_n,t_{n+1}]$ 上的插值多项式 $P(t)$ 来逼近 $f(t,y)$，由于构造插值多项式所用的时间点在区间 $[t_n,t_{n+1}]$ 之外，故此时用的是外推方法。积分项 $\int_{t_n}^{t_{n+1}}f(\tau,y)\mathrm{d}\tau$ 的近似值 $\int_{t_n}^{t_{n+1}}P(\tau)\mathrm{d}\tau$ 可写为

$$\int_{t_n}^{t_{n+1}}f(t,y)\mathrm{d}t\approx\int_{t_n}^{t_{n+1}}P(\tau)\mathrm{d}\tau=h\sum_{i=0}^{k}\beta_{ki}f_{n-i} \tag{4.34}$$

根据式(4.33)和式(4.34)可直接写出 y_{n+1} 的递推公式

$$y_{n+1}=y_n+h\sum_{i=0}^{k}\beta_{ki}f_{n-i} \tag{4.35}$$

式中，参数 β_{ki} 与 k 有关，其部分数值如表 4.1 所示。

表 4.1　亚当姆斯显式公式的 β_{ki} 系数表

k	β_{k0}	β_{k1}	β_{k2}	β_{k3}	β_{k4}	方法的阶数
0	1	0	0	0	0	1
1	3/2	−1/2	0	0	0	2
2	23/12	−16/12	5/12	0	0	3
3	55/24	−59/24	37/24	−9/24	0	4
4	1901/720	−2774/720	2616/720	−1274/720	251/720	5

式(4.35)就是亚当姆斯外推公式的一般形式，它是 $k+1$ 步法，又称亚当姆斯显式公式。

当 $k=0$ 时，式(4.35)就是欧拉公式。

当 $k=1$ 时，得到二步法公式为

$$y_{n+1}=y_n+\frac{h}{2}(3f_n-f_{n-1}) \tag{4.36}$$

其截断误差为

$$R_{n+1}=\frac{5}{12}h^3y^{(3)}(\xi) \tag{4.37}$$

当 $k=3$ 时，得到四步法公式为

$$y_{n+1}=y_n+\frac{h}{24}(55f_n-59f_{n-1}+37f_{n-2}-9f_{n-3}) \tag{4.38}$$

其截断误差为

$$R_{n+1}=\frac{251}{720}h^5y^{(5)}(\xi) \tag{4.39}$$

式(4.38)就是常用的亚当姆斯四步显式公式，是由前面 4 个点上的数值来计算下一点的值，其精度为 4 阶。

由上可见，亚当姆斯显式公式是 $k+1$ 步外推公式，由于其局部截断误差为 $O(h^{k+2})$，故为 $k+1$ 阶精度。

若已经得到 $t_{n+1},t_n,t_{n-1},\cdots,t_{n-k+1}$ 等 $k+1$ 个时间点处的数据 $f_{n+1},f_n,f_{n-1},\cdots,f_{n-k+1}$，则可利用插值原理构造区间 $[t_n,t_{n+1}]$ 上的插值多项式 $P(t)$ 来逼近 $f(t,y)$，此时用的方法是内插法。直接给出递推公式为

$$y_{n+1}=y_n+h\sum_{i=0}^{k}\beta_{ki}^{*}f_{n-i+1} \tag{4.40}$$

式中，参数 β_{ki}^{*} 与 k 有关，其部分数值如表 4.2 所示。

表 4.2 亚当姆斯隐式公式的 β_{ki}^{*} 系数表

k	β_{k0}^{*}	β_{k1}^{*}	β_{k2}^{*}	β_{k3}^{*}	β_{k4}^{*}	方法的阶数
0	1	0	0	0	0	1
1	1/2	1/2	0	0	0	2
2	5/12	8/12	−1/12	0	0	3
3	9/241	19/24	−5/24	1/24	0	4
4	251/720	646/720	−264/720	106/720	−19/720	5

式(4.40)就是亚当姆斯内推公式的一般形式，它是 $k+1$ 步法，又称亚当姆斯隐式公式。

当 $k=1$ 时，得到二步法公式为

$$y_{n+1}=y_n+\frac{h}{2}(f_{n+1}+f_n) \tag{4.41}$$

其截断误差为

$$R_{n+1}=-\frac{1}{12}h^3y^{(3)}(\xi) \tag{4.42}$$

当 $k=3$ 时,得到四步法公式为

$$y_{n+1}=y_n+\frac{h}{24}(9f_{n+1}+19f_n-5f_{n-1}+f_{n-2}) \tag{4.43}$$

其截断误差为

$$R_{n+1}=-\frac{19}{720}h^5y^{(5)}(\xi) \tag{4.44}$$

由上可见,亚当姆斯隐式公式的局部截断误差为 $O(h^{k+2})$,故也为 $k+1$ 阶精度。

4.2.4 差分解法

用于偏微分方程(PDE)求解的数值方法已有很多,其中最早采用的一种方法是有限差分法。对分布参数系统进行仿真,核心问题就是对偏微分方程进行数值求解。差分解法是常用的方法之一,它是在时间与空间两个方面将变量离散化,进而得到一组代数方程,然后利用已给出的初始条件及边界条件逐个求解,则可将任一时刻、任一空间位置上的系统中的状态变量的值全部计算出来。现以扩散方程为例,介绍差分解法的基本原理。

设有一条长为 l 的细棒,其侧面是绝缘的,$t=0$ 时,温度分布为 $\varphi(x)$。今将它两端分别接近于温度为 $u_1(t)$ 及 $u_2(t)$ 的物体上,试计算在不同的时刻,棒上各点处的温度。

这个问题的数学模型可以用下式来描述:

$$\frac{\partial}{\partial x}\left(\frac{1}{D}\frac{\partial P}{\partial x}\right)=E_P\frac{\partial P}{\partial t} \tag{4.45}$$

式中,E_P 为单位长度的储能能力。

为了解此方程,首先给出边界条件及初始条件。假定 $0\leqslant x\leqslant l,0\leqslant t\leqslant T$,则

$$\begin{cases}u(x,0)=\varphi(x)\\u(0,t)=u_1(t)\\u(l,t)=u_2(t)\end{cases} \tag{4.46}$$

差分解法的具体步骤如下:

(1) 取时间变量 t 的步长为 τ,将整个时间分为 N 份。取空间变量 x 步长为 h,将整个长度分为 M 份。在 x-t 平面上构成一个矩形网格,有

$$\begin{cases}u_{m-1,n}=u((m-1)h,n\tau)\\u_{m,n}=u(mh,n\tau)\\u_{m,n+1}=u(mh,(n+1)\tau)\\u_{m+1,n}=u((m+1)h,n\tau)\end{cases} \tag{4.47}$$

(2) 以差分代替微分,即令

$$\left.\frac{\partial u}{\partial t}\right|_{\substack{x=mh\\t=n\tau}}\approx\frac{u_{m,n+1}-u_{m,n}}{\tau} \tag{4.48}$$

$$\left.\frac{\partial^2 u}{\partial t^2}\right|_{\substack{x=mh\\t=n\tau}} \approx \frac{u_{m+1,n}-2u_{m,n}+u_{m-1,n}}{h^2} \tag{4.49}$$

(3) 将上述两式代入$\frac{\partial u}{\partial t}-b\frac{\partial^2 u}{\partial x^2}=0$,则得

$$\frac{u_{m,n+1}-u_{m,n}}{\tau}=\frac{u_{m+1,n}-2u_{m,n}+u_{m-1,n}}{h^2} \tag{4.50}$$

即

$$u_{m,n+1}=ru_{m+1,n}+(1-2r)u_{m,n}+ru_{m-1,n} \quad (m=1,2,\cdots,M-1;n=0,1,\cdots,N-1) \tag{4.51}$$

式中,$r=\frac{b\tau}{h^2}$。

(4) 从 $t=0$ 开始解算(即从第 1 列开始解算),$u_{0,0}$ 及 $u_{M,0}$ 可由边界条件来确定,而中间各点 $u_{m,0}(m=1,2,\cdots,M-1)$则可由初始条件来确定,即

$$\begin{cases}u_{0,0}=u_1(0)\\u_{M,0}=u_2(0)\\u_{m,0}=\varphi(m,h)\end{cases}$$

(5) 然后计算第 2 列($n=1$)上各点之值,计算时,两端仅由边界条件来决定,而中间各点由式(4.51)来计算,比如

$$u_{m,1}=ru_{m+1,0}+(1-2r)u_{m,0}+ru_{m-1,n} \quad (m=1,2,\cdots,M-1;n=0,1,\cdots,N-1)$$

(6) 计算第 3 列($n=2$)上的各点值,直到 $n=N$ 为止。

4.3 基于 MATLAB 进行数值仿真

4.3.1 基于 MATLAB 的微分方程解析解

求微分方程(组)的解析解命令:dsolve('方程 1','方程 2',…,'方程 n','初始条件','自变量')。在表达微分方程时,用字母 D 表示求微分,D2、D3 等表示求高阶微分。任何 D 后所跟的字母为因变量,自变量可以指定或由系统规则选定为缺省。

初始条件用'y(a)=b'来表示。如,微分方程$\frac{\mathrm{d}^2 y}{\mathrm{d}x^2}=0$ 应表达为 D2y=0。

例 4.5 求$\frac{\mathrm{d}u}{\mathrm{d}t}=1+u^2$ 的通解。

解 输入命令:dsolve('Du=1+u^2','t')

结果为

u=tan(t+C1)

例 4.6 求微分方程的特解。

$$\begin{cases}\frac{\mathrm{d}^2 y}{\mathrm{d}x^2}+4\frac{\mathrm{d}y}{\mathrm{d}x}+29y=0\\y(0)=0,y'(0)=15\end{cases}$$

解　输入命令：y=dsolve('D2y+4 * Dy+29 * y=0','y(0)=0,Dy(0)=15','x')

结果为

y=3 * exp(-2 * x) * sin(5 * x)

例 4.7　求微分方程组的通解。

$$\begin{cases}\dfrac{dx}{dt}=2x-3y+3z\\[2mm]\dfrac{dy}{dt}=4x-5y+3z\\[2mm]\dfrac{dz}{dt}=4x-4y+2z\end{cases}$$

解　输入命令：

```
[x,y,z]=dsolve('Dx=2*x-3*y+3*z','Dy=4*x-5*y+3*z','Dz=4*x-4*y+2*z','t');
```

结果为

```
x=C2*exp(-t)+C3*exp(2*t)
y=C2*exp(-t)+C3*exp(2*t)+exp(-2*t)*C1
z=C3*exp(2*t)+exp(-2*t)*C1
```

4.3.2　基于 MATLAB 的微分方程数值解

复杂的微分方程很难得出解析解。对初值问题，一般是要求得到解在若干个点上满足规定精确度的近似值，或者得到一个满足精确度要求的便于计算的表达式。因此，研究常微分方程的数值解法是十分必要的。

对于常微分方程 $\begin{cases}y'=f(x,y)\\y(x_0)=y_0\end{cases}$，其数值解是指由初始点 x_0 开始的若干离散的 x 值处，即对 $x_0<x_1<x_2<\cdots<x_n$，求出准确值 $y(x_1),y(x_2),\cdots,y(x_n)$ 的对应近似值 $y_1,y_2,\cdots,y_n$。

数值解的求解模块如下：[t,x]=solver('f',ts,x_0,options)，其中，solver 表示采用的求解方式，常用的有 ode15s，ode23 和 ode45 等；'f'表示待分析微分方程的形式；ts 表示变量的初值和终值；x_0 表示微分方程的初值；options 用于设定误差。

比如，[t,y]=ode23(@vdp1,[0 20],[2 0])；plot(t,y(:,1))，结果如图 4.3 所示。

在解 n 个未知函数的方程组时，x_0 和 x 均为 n 维向量，m 文件中的待解方程组应以 x 的分量形式写成。使用 MATLAB 软件求数值解时，高阶微分方程必须等价地变换成一阶微分方程组。

例 4.8　$\begin{cases}\dfrac{d^2x}{dt^2}-1000(1-x^2)\dfrac{dx}{dt}-x=0\\x(0)=2;x'(0)=0\end{cases}$

解　令 $y_1=x,y_2=y_1'$，则微分方程变为一阶微分方程组：

$$\begin{cases}y'_1=y_2\\y'_2=1000(1-y_1^2)y_2-y_1\\y_1(0)=2,y_2(0)=0\end{cases}$$

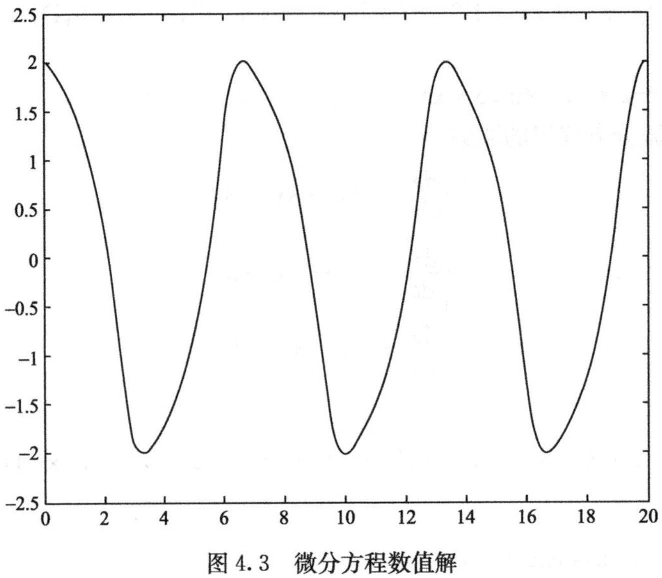

图 4.3 微分方程数值解

(1)建立 m 文件 vdp1000.m 如下：

```
function dy = vdp1000(t,y)
dy = zeros(2,1);
dy(1) = y(2);
dy(2) = 1000 * (1 - y(1)^2) * y(2) - y(1);
```

(2) 取 $t_0=0, t_f=3000$,输入命令：

```
[T,Y] = ode15s('vdp1000',[0 3000],[2 0]);
plot(T,Y(:,1),'-')
```

结果如图 4.4 所示。

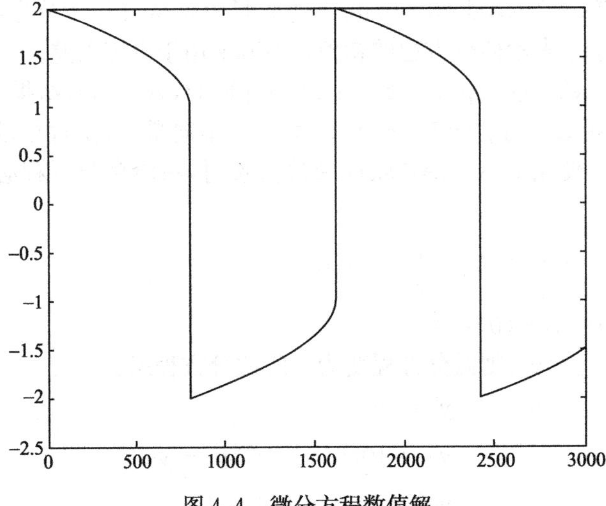

图 4.4 微分方程数值解

4.4 连续系统建模与仿真的实例分析

4.4.1 导弹运行轨迹仿真

设位于坐标原点的甲舰向位于 x 轴上点 $A(1,0)$ 处的乙舰发射导弹，导弹头始终对准乙舰。如果乙舰以最大的速度 v_0(是常数)沿平行于 y 轴的直线行驶，导弹的速度是 $5v_0$，求导弹运行的曲线方程，并求乙舰行驶多远时，导弹将它击中?

解 设导弹在 t 时刻的位置为 $P(x(t),y(t))$，乙舰位于 $Q(1,v_0t)$。

由于导弹头始终对准乙舰，故此时直线 PQ 就是导弹的轨迹曲线弧 OP 在点 P 处的切线，有 $y'=\frac{v_0t-y}{1-x}$，即

$$v_0t=(1-x)y'+y \tag{4.52}$$

又根据题意，弧 OP 的长度为 $|AQ|$ 的 5 倍，即

$$\int_0^x\sqrt{1+y'^2}\mathrm{d}x=5v_0t \tag{4.53}$$

由式(4.52)和式(4.53)消去 t 整理得模型：

$$(1-x)y''=\frac{1}{5}\sqrt{1+y'^2} \tag{4.54}$$

初值条件为 $y(0)=0,y'(0)=0$。

令 $y_1=y,y_2=y_1'$，将方程(4.54)化为一阶微分方程组。

$$(1-x)y''=\frac{1}{5}\sqrt{1+y^2}\quad\Rightarrow\quad\begin{cases}y_1'=y_2\\ y_2'=\frac{1}{5}\sqrt{1+y_1^2}/(1-x)\end{cases}$$

建立 m 文件 eq1.m：

```
Function dy = eq1(x,y)
    dy = zeros(2,1);
    dy(1) = y(2);
    dy(2) = 1/5 * sqrt(1 + y(1)^2)/(1 - x);
```

取 $x_0=0,x_f=0.9999$，建立主程序 ff6.m 如下：

```
x0 = 0,xf = 0.9999
[x,y] = ode15s('eq1',[x0 xf],[0 0]);
plot(x,y(:,1),'b.')
hold on
y = 0:0.01:2;
plot(1,y,'b*')
```

结果如图 4.5 所示。

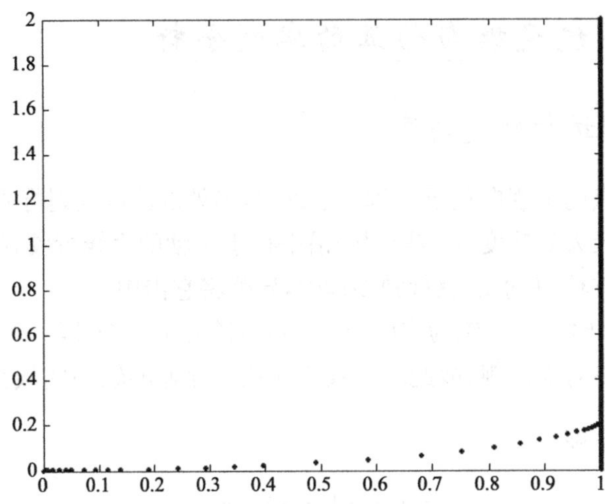

图 4.5 导弹运行轨迹模拟结果

由图 4.5 发现，导弹大致在(1,0.2)处击中乙舰。

4.4.2 慢跑者与狗的仿真

一个慢跑者在平面上沿椭圆以恒定的速率 $v=1$ 跑步，设椭圆方程为 $x=10+20\cos t$，$y=20+15\sin t$。突然有一只狗攻击他。这只狗从原点出发，以恒定速率 w 跑向慢跑者，狗的运动方向始终指向慢跑者。分别求出 $w=20$，$w=5$ 时狗的运动轨迹。

1. 模型建立

设时刻 t 慢跑者的坐标为$(X(t),Y(t))$，狗的坐标为$(x(t),y(t))$。

则 $X=10+20\cos t$，$Y=20+15\sin t$，狗从(0,0)出发，建立狗的运动轨迹的参数方程：

$$\begin{cases}\dfrac{dx}{dt}=\dfrac{w}{\sqrt{(10+20\cos t-x)^2+(20+15\sin t-y)^2}}(10+20\cos t-x)\\[2ex]\dfrac{dy}{dt}=\dfrac{w}{\sqrt{(10+20\cos t-x)^2+(20+15\sin t-y)^2}}(20+15\sin t-y)\\[2ex]x(0)=0,y(0)=0\end{cases}$$

2. 模型求解

1) $w=20$ 时

建立 m 文件 eq3.m 如下：

```
function dy = eq3(t,y)
dy = zeros(2,1);
dy(1) = 20 * (10 + 20 * cos(t) - y(1))/sqrt
        ((10 + 20 * cos(t) - y(1))^2 + (20 + 15 * sin(t) - y(2))^2);
```

```
dy(2) = 20 * (20 + 15 * sin(t) - y(2))/sqrt
        ((10 + 20 * cos(t) - y(1))^2 + (20 + 15 * sin(t) - y(2))^2);
```

取 $t_0=0$，$t_f=10$，建立主程序 chase3.m 如下：

```
t0 = 0;tf = 10;
[t,y] = ode45('eq3',[t0 tf],[0 0]);
T = 0:0.1:2 * pi;
X = 10 + 20 * cos(T);
Y = 20 + 15 * sin(T);
plot(X,Y,'-')
hold on
plot(y(:,1),y(:,2),'*')
```

结果如图 4.6 所示。

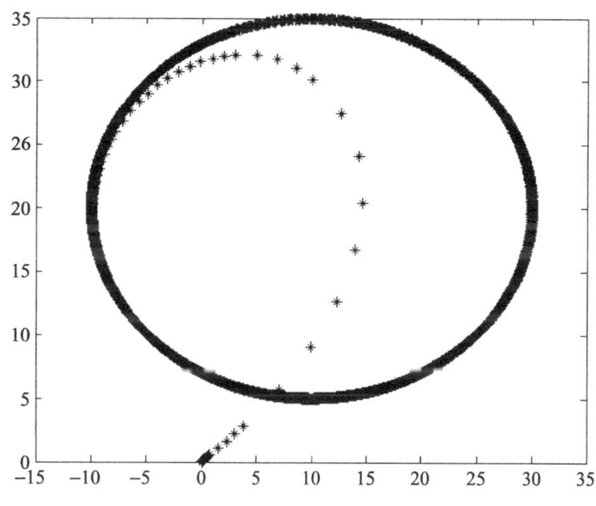

图 4.6　$w=20$，$t_f=10$ 时狗的运动轨迹

在 chase3.m，不断修改 t_f 的值，分别取 $t_f=5,2.5,3.5,\cdots$，直到 3.15 时，狗刚好追上慢跑者。t_f 取 5 时，结果如图 4.7 所示。

t_f 取 3.15 时，结果如图 4.8 所示。

2) $w=5$ 时

建立 m 文件 eq4.m 如下：

```
function dy = eq4(t,y)
dy = zeros(2,1);
dy(1) = 5 * (10 + 20 * cos(t) - y(1))/sqrt
      ((10 + 20 * cos(t) - y(1))^2 + (20 + 15 * sin(t) - y(2))^2);
dy(2) = 5 * (20 + 15 * sin(t) - y(2))/sqrt
        ((10 + 20 * cos(t) -    y(1))^2 + (20 + 15 * sin(t) - y(2))^2);
```

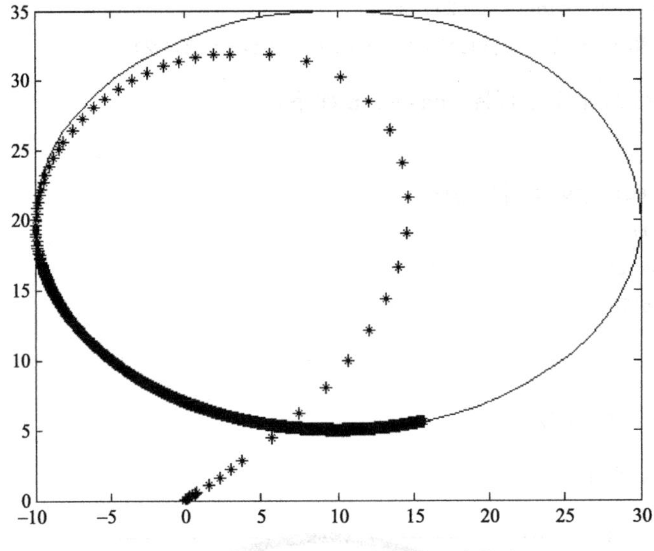

图 4.7 $w=20, t_f=5$ 时狗的运动轨迹

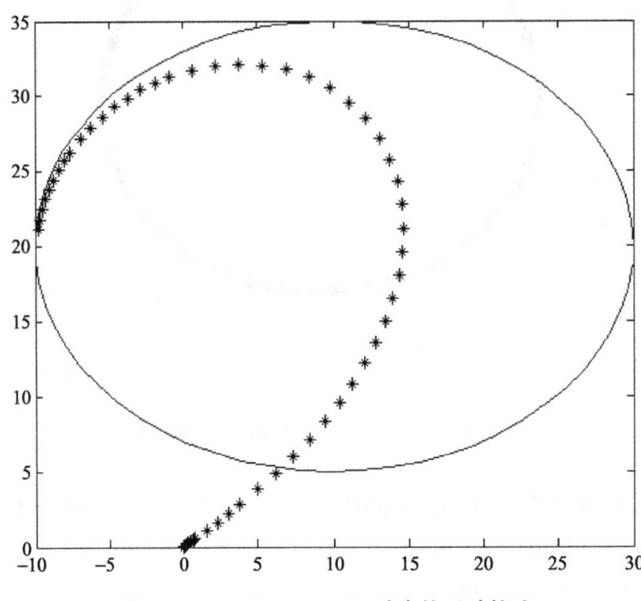

图 4.8 $w=20, t_f=3.15$ 时狗的运动轨迹

取 $t_0=0, t_f=10$，建立主程序 chase4.m 如下：

```
t0 = 0;tf = 10;
[t,y] = ode45('eq4',[t0 tf],[0 0]);
T = 0:0.1:2 * pi;
X = 10 + 20 * cos(T);
Y = 20 + 15 * sin(T);
plot(X,Y,'-')
```

```
hold on
plot(y(:,1),y(:,2),'*')
```

在 chase4. m,不断修改 t_f 的值,分别取 $t_f=20,40,80,\cdots$,可以看出,狗永远追不上慢跑者。

$t_f=5$ 时,结果如图 4. 9 所示。

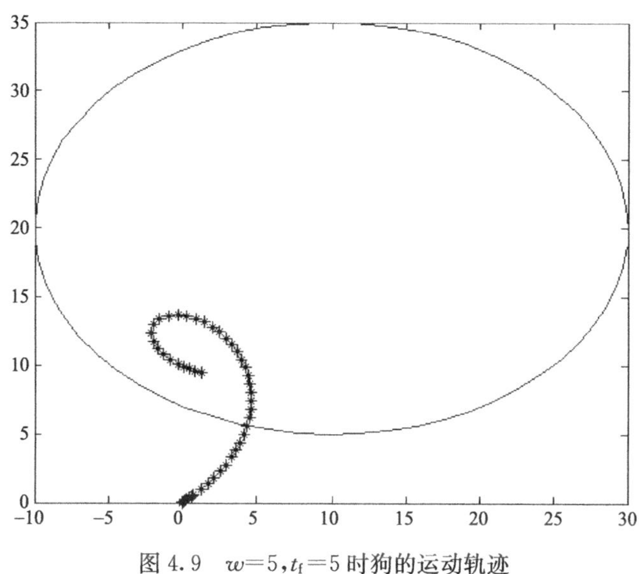

图 4. 9　$w=5,t_f=5$ 时狗的运动轨迹

$t_f=10$ 时,结果如图 4. 10 所示。

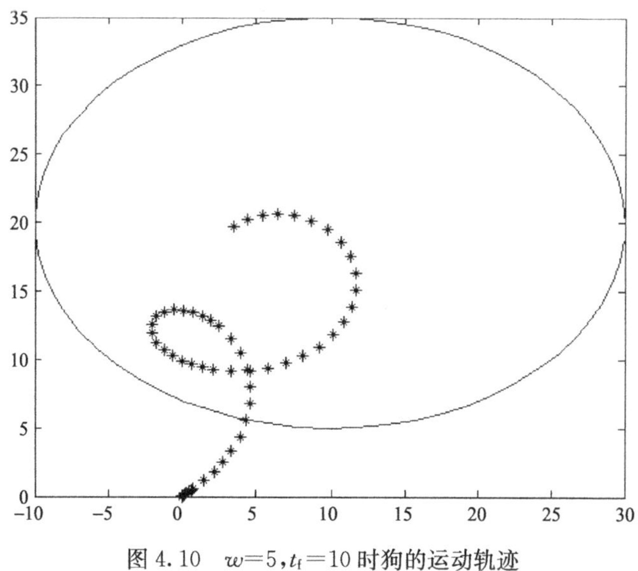

图 4. 10　$w=5,t_f=10$ 时狗的运动轨迹

$t_f=50$ 时,结果如图 4. 11 所示。

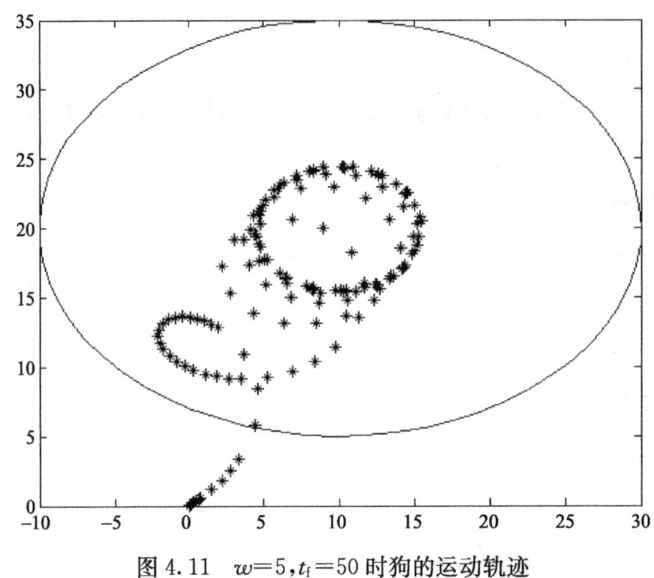

图 4.11 $w=5, t_f=50$ 时狗的运动轨迹

4.4.3 地中海鲨鱼数量仿真

意大利生物学家 Ancona 曾致力于鱼类种群相互制约关系的研究，他从第一次世界大战期间，地中海各港口捕获的几种鱼类捕获量百分比的资料中，发现鲨鱼等的比例有明显增加(表 4.3)，而供其捕食的食用鱼的百分比却明显下降。显然战争使捕鱼量下降，食用鱼增加，鲨鱼等也随之增加，但为何鲨鱼的比例大幅增加呢?

表 4.3 鱼类捕获量中鲨鱼所占百分比

年代	1914	1915	1916	1917	1918
百分比/%	11.9	21.4	22.1	21.2	36.4
年代	1919	1920	1921	1922	1923
百分比/%	27.3	16.0	15.9	14.8	19.7

他无法解释这个现象，于是求助于著名的意大利数学家 V. Volterra，希望建立一个食饵-捕食系统的数学模型，定量地回答这个问题。

1. 符号说明

$x_1(t)$为食饵在 t 时刻的数量；$x_2(t)$为捕食者在 t 时刻的数量；r_1 为食饵独立生存时的增长率；r_2 为捕食者独自存在时的死亡率；λ_1 为捕食者掠取食饵的能力；λ_2 为食饵对捕食者的供养能力；e 为捕获能力系数。

2. 基本假设

(1) 食饵由于捕食者的存在使增长率降低，假设降低的程度与捕食者数量成正比。

(2) 捕食者由于食饵为它提供食物的作用使其死亡率降低或使之增长，假定增长的程度与食饵数量成正比。

3. 模型建立与求解

1）模型(一)不考虑人工捕获

$$\begin{cases}\dfrac{\mathrm{d}x_1}{\mathrm{d}t}=x_1(r_1-\lambda_1 x_2)\\ \dfrac{\mathrm{d}x_2}{\mathrm{d}t}=x_2(-r_2+\lambda_2 x_1)\end{cases}$$

该模型反映了在没有人工捕获的自然环境中食饵与捕食者之间的制约关系，没有考虑食饵和捕食者自身的阻滞作用，是 Volterra 提出的最简单的模型。针对一组具体的数据用 MATLAB 软件进行计算。设食饵和捕食者的初始数量分别为 $x_1(0)=x_{10}$，$x_2(0)=x_{20}$，对于数据 $r_1=1$，$\lambda_1=0.1$，$r_2=0.5$，$\lambda_2=0.02$，$x_{10}=25$，$x_{20}=2$，t 的终值经试验后确定为 15，即模型为

$$\begin{cases}x_1'=x_1(1-0.1x_2)\\ x_2'=x_2(-0.5+0.02x_1)\\ x_1(0)=25,x_2(0)=2\end{cases}$$

首先，建立 m 文件 shier. m 如下：

```
Function dx = shier (t,x)
dx = zeros(2,1);
dx(1) = x(1) * (1 - 0.1 * x(2));
dx(2) = x(2) * ( - 0.5 + 0.02 * x(1));
```

其次，建立主程序 shark. m 如下：

```
[t,x] = ode45('shier',[0 15],[25 2]);
plot(t,x(:,1),'-',t,x(:,2),'*')
```

结果如图 4.12 所示。

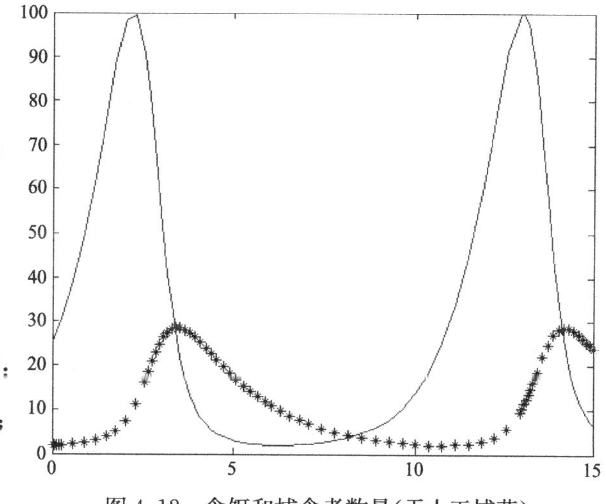

图 4.12　食饵和捕食者数量(无人工捕获)

2）模型(二)考虑人工捕获

设表示捕获能力的系数为 e，相当于食饵的自然增长率由 r_1 降为 r_1-e，捕食者的死亡率由 r_2 增为 r_2+e

$$\begin{cases}\dfrac{\mathrm{d}x_1}{\mathrm{d}t}=x_1[(r_1-e)-\lambda_1 x_2]\\ \dfrac{\mathrm{d}x_2}{\mathrm{d}t}=x_2[-(r_2+e)+\lambda_2 x_1]\end{cases}$$

仍取 $r_1=1$，$\lambda_1=0.1$，$r_2=0.5$，$\lambda_2=0.02$，$x_1(0)=25$，$x_2(0)=2$。

设战前捕获能力系数 $e=0.3$，战争中降为 $e=0.1$，则战前与战争中的模型分别为

$$\begin{cases}\dfrac{\mathrm{d}x_1}{\mathrm{d}t}=x_1(0.7-0.1x_2)\\ \dfrac{\mathrm{d}x_2}{\mathrm{d}t}=x_2(-0.8+0.02x_1),\\ x_1(0)=25,x_2(0)=2\end{cases}\qquad \begin{cases}\dfrac{\mathrm{d}x_1}{\mathrm{d}t}=x_1(0.9-0.1x_2)\\ \dfrac{\mathrm{d}x_2}{\mathrm{d}t}=x_2(-0.6+0.02x_1)\\ x_1(0)=25,x_2(0)=2\end{cases}$$

结果如图 4.13 所示。

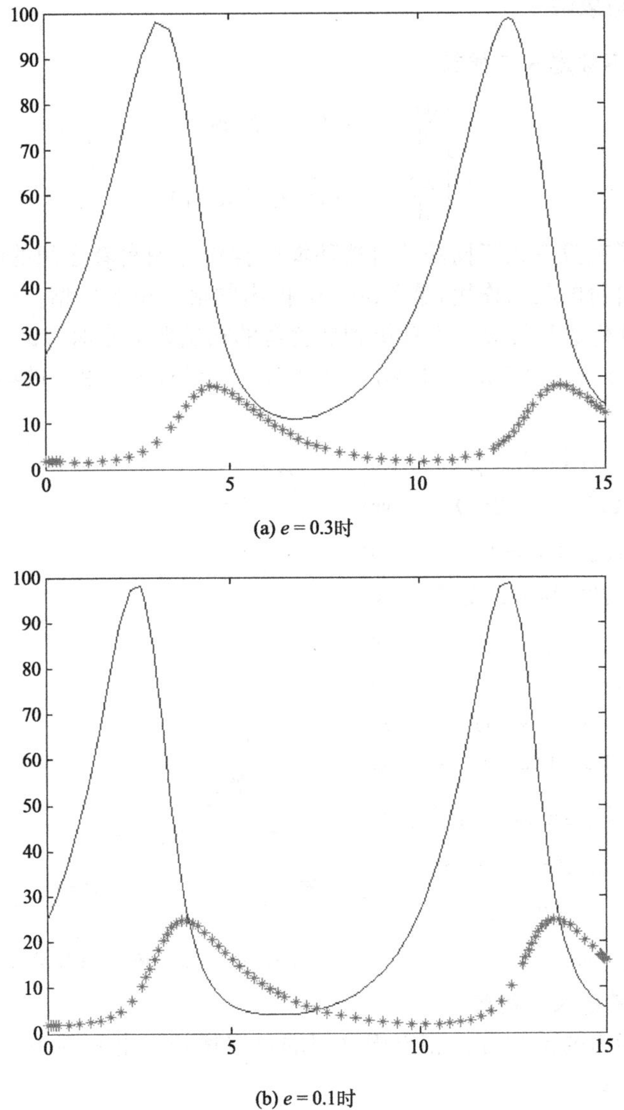

(a) $e=0.3$时

(b) $e=0.1$时

图 4.13 食饵和捕食者数量(有人工捕获)

对比图 4.13(a),(b)发现,战争中鲨鱼的数量有了提升。捕获能力高时,鱼饵的数量超过鲨鱼的数量;捕获能力降低时,鲨鱼数量反而增加。

习题与思考题

1. 试述连续系统仿真的定义。
2. 简要说明微分方程仿真的步骤。

3. 试说明常(偏)微分方程的数值求解一般步骤以及几种主要方法。

4. 简要说明微分方程数值求解几种主要方法的异同。

5. 试举一个连续系统仿真的例子,并利用微分方程进行建模(如例 4.2)。

6. 试用 MATLAB 求解下列微分方程的解析解。

$$\begin{cases} 2\dfrac{d^2y}{dx^2}+5\dfrac{dy}{dx}+10y=0 \\ y(1)=2, y'(2)=8 \end{cases}$$

7. 试用 MATLAB 求解下列微分方程的数值解。

$$\begin{cases} 2\dfrac{d^2m}{dt^2}-(1+x^2)\dfrac{dm}{dt}-4m=0 \\ m(2)=1, m'(1)=2 \end{cases}$$

8. 设位于坐标原点的装甲坦克向位于 y 轴上点(2,0)处的物资运输卡车发射炮弹,弹头始终对准卡车。如果卡车以最快的速度 v(为常数)沿平行于 x 轴的直线行驶,炮弹的速度是 $4v$,求炮弹飞行的曲线方程,并求出卡车行驶多远时,炮弹能将其击中?

9. 小明在操场上沿椭圆以恒定的速度 $v_1=2$ 慢跑,设椭圆的方程为 $x=10+20\cos t$,$y=20+5\sin t$。小刚骑自行车追赶小明,并从原点出发,以恒定的速度 v_2 向小明靠近,小刚的运动方向始终指向小明。分别求出 $w=20$,$w=10$ 时,小刚的运动轨迹。用 MATLAB 进行系统仿真,并给出轨迹图。

第 5 章

离散事件系统建模与仿真

5.1 引言

对离散事件动态系统(discrete event dynamic system,DEDS)的研究最早可以追溯到对排队现象和排队网络系统的研究。排队论、网络分析、计划审查和调度排序等方法所面对的研究对象都可归入 DEDS 的范畴。但是,近年来 DEDS 所以受到人们的充分重视,并被认为是系统与控制理论领域的一个前沿方向,一个重要原因就是当今一大批高技术发展的需要和推动的结果。

随着信息处理技术、计算机技术和机器人技术等的发展完善和广泛应用,在通信、制造、交通管理、军事指挥等领域相继出现了一批反映技术发展方向的人造系统,其典型例子如柔性生产线或装配线、大规模计算机和通信网络、空中或机场交通管理系统、军事指挥中的 C3I 系统等,在这类人造系统中,对系统行为进程起决定作用的是一批离散事件,而不是连续变量,所遵循的是一些复杂的人为规则,而不是物理学定律或广义物理学定律。正是基于对这类人造系统行为和性能研究的需要,推动着离散事件态系统理论的形成和发展。

离散事件动态系统的称谓,最早是由哈佛大学何毓琦(Y. C. Ho)教授在 1980 年前后引入的,概指上面提到如柔性生产线或装配线、计算机和通信网络、交通管理系统等一类人造系统,以区别于此前已得到广泛研究的连续变量动态系统。

5.2 离散事件系统描述

5.2.1 离散事件

构成离散事件动态系统的基本要素是离散事件。DEDS 行为随时间的演化过程就是离散事件复杂相互影响的结果。粗略地说,离散事件是指 DEDS 中发生的离散时刻的事件。所谓事件则是 DEDS 状态发生变动的一个行动或情况。

在不同学科里，对事件的限定范围和重要程度规定是不同的。在社会科学中，事件通常是指历史上或社会上所发生的不平常的大事情，许多事情虽然也或多或少会产生一些影响，但通常并不被归属于事件的范畴。工程科学如计算机科学中，凡是一种情况或一种活动的发生都可称为一个事件。较之前面的定义，这个定义在限定范围上显然要宽得多。对 DEDS 事件的含义比较近于后者。

和离散时间连续变量动态系统不同，DEDS 中离散事件的发生时刻通常是异步的。离散事件的发生时刻，取决于这一时刻前系统行为的演化过程。柔性生产线中的“工件到达机床”和“工件回工完成”，通信网络中的“信号到达网络”和“信息传递结束”，就是离散事件的一些典型例子。在 DEDS 中，一个离散事件的发生，在驱动系统状态产生跃变的同时，还会按照系统的运行规则在系统其他部分触发新的离散事件，从而形成离散事件驱动下系统状态的演化过程。柔性生产线中工件沿加工机床的持续加工过程，通信网络中信息沿传输设施的持续传递和变换过程，就是离散事件复杂交互影响下所形成的 DEDS 行为演化过程的一些例子。

归纳上面的分析可以看出，DEDS 中的离散事件具有三个基本特征。其一，离散事件是导致 DEDS 状态发生跃变和触发新离散事件的唯一因素，也即离散事件是驱动系统状态演化的基本因素；其二，离散事件的发生时刻是异步的和非约定的，即发生时刻由且只由演化过程所决定；其三，离散事件是研究 DEDS 的主体，对 DEDS 的分析归结为确定离散事件交互影响所导致的系统状态的演化过程，对 DEDS 的控制归结为禁止不期望事件的发生或使事件按期望的时序发生。

5.2.2 离散事件动态系统

严格地讲，对于离散事件动态系统，至今还没有一个具有概括性和普适性并被一致认同的定义。简单地说，DEDS 是由离散事件驱动，并由离散事件按照一定运行规则相互作用，来导致状态演化的人造动态系统。这个定义显示出，DEDS 具有两个基本的特点。第一，DEDS 的系统属性表现为离散事件驱动，而这也正是其取名为离散事件动态系统的原因所在。第二，DEDS 的人造属性表现为基于人为的运行规则，而这也正是其能覆盖一大批高技术中的人造系统的原因所在。

在 DEDS，系统的状态由一批号码和离散变量所表征，且只能在离散事件驱动下和在异步离散瞬时发生跳跃式变化。对于柔性生产线，系统状态由等待在每个加工中心的工作号码、作业单、每个加工中主的忙闲状况和开始加工的时刻等所表征。DEDS 的动态性的一方面体现为“离散事件的发生驱动系统状态的跃变”，另一方面体现为“系统状态的跃变触发新离散事件的发生”，由此形成错综复杂的交互作用。对于实际的 DEDS，系统参数的微小变动，都将可能引起离散事件发生时序的改变，从而导致不同的系统状态演化模式。对于确定性的 DEDS，在确定性运动行为规则和确定性系统参数下，由事件驱动的系统状态深化模式也是确定性的。

概而言之，相比于连续变量动态系统（CVDS），离散事件动态系统有着如下的一些特点。

(1) 不同于 CVDS，DEDS 的状态只能在离散时间点上发生跃变，在 DEDS 中，状态演化是由事件驱动的，即仅在驱动事件发生的瞬时，状态才能出现跃变，其他时刻则保持不变。这是一种固有的不连续属性，与CVDS中时间离散化有着本质区别。CVDS中的时间离散化是依靠引入采样装置而人为加以实现的，不管是采用"同步"还是采用"异步"离散化，变量跃变时刻总是事先确知的。就物理本质而言，时间离散化后的CVDS仍具有连续属性。

(2) 不同于CVDS，DEDS的状态变化具有异步性和并发性。DEDS中，由系统固有离散性决定，演化过程中状态发生跃变时刻呈现异步性，在时间轴上状态跃变时刻是异步地排列的。此外，一个离散事件的发生，可能会使状态变化呈现出并发性，导致一些乃至全部状态变量的突变。

(3) 实际DEDS的状态变化往往呈现出不确定性。DEDS中，离散事件同时受时系统内部和外部因素的约束，这些因素严格地说总是会包含某种不确定性，由此导致系统状态变化呈现了不确定性。从这个意义上说，在对DEDS的建模和分析中，这种随机因素是不应回避的。但对某些DEDS如柔性生产或装配线等，在引入一些假设时，常可将系统按确定性情况加以处理，而通过研究其在参数摄动下的行为来考虑不确定性对系统的影响。

(4) 不同于CVDS，由于DEDS服从的是人为的逻辑规则，而不是物理学定律(如牛顿运动定律、电路定律等)及其衍生物，这就决定了DEDS通常不能采用传统的微分方程或差分方程来描述。这表明，比之可用微分方程或差分方程描述的CVDS，DEDS的建模和分析更为复杂。事实上，现今对DEDS提出的各种模型，无论在形式的简明性上还是在计算的可行性上，都远不及作为CVDS一般模型的微分方程或差分方程。

5.2.3 离散事件动态系统示例

在离散事件动态系统的实际背景中，作为先进制造系统的重要组成部分的柔性生产线或称柔性制造系统，简称为FMS(flexible manufacturing systems)，是最具典型性和重要性的一个例子。

柔性制造系统是综合计算机数控技术、机器人技术和计算硬件技术的一类先进加工系统。FMS能够按所要求的工件品种混合比来同时加工多种不同工件，能适应小批量多品种加工任务，对加工过程中的频繁切换具有高度灵活性。在被称为21世纪自动化工厂模式的计算机集成制造系统，或习惯地称为CIMS(computer integrated manufacturing systems)中，柔性制造系统是不可缺少的底层单元。

通常，柔性制造系统的组成可用图5.1表示。一个典型的柔性制造系统，需要包括如下的四个基本组成部分。

(1) 由不同类型机床组成的加工中心。加工中心是FMS实施加工的主体。在加工中心，配备有多达几十种不同功能的刀具，可对工件进行多种类型的加工。加工中心中，对于不同工件及其不同类型的加工，从刀具的选择到加工工艺的确定都由计算机程序决定和控制，且程序的调用更加方便和灵活，因而具有很好的柔性。再由于刀具转换完善设施，可使刀具转换时间做到很小，从而使加工中心的加工过程具有很高效率。

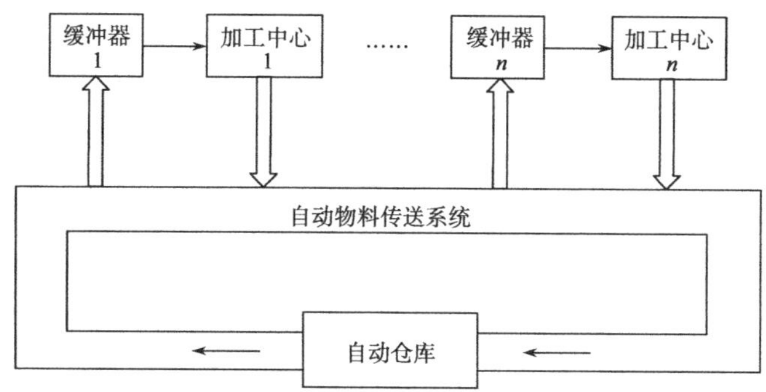

图5.1 柔性制造系统的示意图

(2) 物料自动传送系统。传送系统是FMS的加工过程得以不间断地运行的一个保障系统。在FMS中,物料自动传送的常用方式是,采用由计算机控制且以一定速度按指定路径巡驶的物料小车。待加工的工件通过自动小车输送到相应加工中心的缓冲区,加工完毕的工件通过自动小车输送到自动立体仓库。工件在自动小车、缓冲区、加工中心之间的传递,采用由设置在相应地点的各人机械手来执行。

(3) 计算机控制单元。控制单元作为FMS加工过程的控制中心,其基本功能包括:对工件流向的控制、对加工任务的调度、对运行状态的监控、对物料小车的分配等。通常,计算机控制单元配备有种类齐全功能丰富的软件,以保证整个FMS能均衡协调查地运行,并能按照期望的性能指标要求来实施对系统的实时控制。

(4) 分布于各个加工中心前的缓冲区。缓冲区的功能是存放暂时不能进入加工中心的待加工的工件。设置缓冲区的目的,是改善由于各个加工中心在作业时间上的不同而造成的物流不均衡,避免可能出现的阻塞现象。阻塞现象的出现,会使一个或一些加工中心因阻塞而停工,导致生产率降低。缓冲区容量的大小,需兼顾系统的高效性和经济性要求,可事前通过理论分析或计算机仿真来加以确定。

柔性制造系统是一个典型的离散事件动态系统。在FMS中,各个加工中心对各类工件的加工活动构成系统的状态,由工件和加工中心组成系统的资源,资源的投入或释放构成系统的离散事件。表征系统加工活动的状态的跃变,由待加工工件的到达(投入)和机床的完成加工(释放)等事件所驱动。显然,状态演化过程中,状态跃变时刻将呈现出异步性,而系统演化则由离散事件错综复杂的相互作用所决定。当FMS的基本参数(如加工中心对各种工作的作业时间、物料小车的运行速度、工件的加工特性等)为固定不变时,FMS中的事件可以认为是确定性的,整个FMS可表征为一个确定性DEDS。如果FMS的基本参数(机床作业时间、小车运行速度等)受内部和外部因素影响而具有不确定性时,FMS中的事件在本质上是随机性的,FMS相应地需要采用随机DEDS来描述。

基于FMS的DEDS模型,可用来确定待加工工件的排序,分析加工过程的加工节奏,避免FMS出现阻塞现象,优化配置各个缓冲区的容量,以及优化系统的生产率等。

5.3 常用离散事件系统建模

5.3.1 排队服务系统的数学建模

排队系统必须经过三个环节，即到达、排队等候处理（服务）、离去。如图 5.2 所示为单服务员排队系统模型。

离去的顾客

服务员

服务中的顾客

排队的顾客

到达的顾客

图 5.2 单服务员排队系统模型

下面介绍一些在排队系统中通常会遇到概念。

1. 排队系统的输入过程分类

(1) 按照顾客相继到达时间间隔可分为确定型和随机型；

随机型到达采用概率分布来描述，最常用的是泊松到达。若采用平稳泊松过程描述，则有：在$(t,t+s)$内到达的顾客数 k 的概率为

$$P\{N(t+S)-N(t)=k\}=\frac{\mathrm{e}^{-\lambda s}(\lambda s)^k}{k!}$$

式中，$N(t)$为在$(0,t)$区间内到达顾客的个数；$t\geqslant 0$；$s\geqslant 0$；$k=0,1,2,\cdots$；λ 为到达率。

若顾客到达满足平稳泊松过程，则到达时间间隔服从指数分布，其密度函数为

$$f(t)=\lambda\mathrm{e}^{-\lambda t}=\frac{1}{\beta}\mathrm{e}^{-1/\beta}$$

式中，$\beta=1/\lambda$ 为到达时间间隔的均值。

(2) 按照顾客到达系统的方式可以逐个或成批。

(3) 按照顾客到达系统可以是独立的或相关的，输入过程可以是平稳的、马氏的、齐次的。

2. 排队系统的排队规则

(1) 先到先服务。顾客按照到达次序接收服务。

(2) 后到先服务。例如，乘坐电梯时，顾客总是后进先出的。仓库中堆放的大件物品也是如此。在情报系统中，最后到达的信息往往是更有价值的，因而常常采用后到先服务的规则。

(3) 随机服务。当服务台空闲时，从等待的顾客中随机选取一名顾客进行服务，而不管到达的先后次序。

(4) 优先权服务。例如，医院中急诊病人优先得到治疗。

(5) 多个服务台。当顾客到达时，可按照某种规则在每个服务台前排成一队。可以是：第 1 名，$n+1$ 名，$2n+1$ 名，…顾客排入第一个队。第 2 名，$n+2$ 名，$2n+2$ 名，…顾客排入第二个队，以此类推。又可以是：所有顾客排成一个公共的队，每当有一个服务台空闲时，队首的顾客进入服务。也可以是：排成 n 个队，当某个顾客到达时，以概率 P_i 排入

第 i 队 $\left(\sum_{i=1}^{n} P_i = 1\right)$。

3. 排队系统的服务机构

(1) 系统可以以一个窗口或多个窗口为顾客进行服务；

(2) 各窗口的服务时间可以是确定型或随机型。若服务时间为随机型的，且顾客在系统内逗留的时间均值 $W_s = W_q + t$。

4. 排队系统的性能指标

一般情况下，我们都是用以下三个指标来评价排队系统的性能：

(1) 顾客在系统内的平均等待时间；

(2) 系统的平均队长；

(3) 服务利用率。

5.3.2 库存系统的数学建模

离散事件系统研究的另一大类系统是库存系统，它不仅包括一般意义下的库存系统，如商品、器材的管理，银行现金管理，水库库存水量的管理等，还包括像人才储备及管理这样广义的库存系统。

1. 库存系统的基本概念

在库存系统中，库存量的变化是由两个方面的因素引起的。首先是顾客的需求，由于满足了需求，库存量不断减少；然后，为保证供应就需要补充库存，称为订货。如同排队系统中的到达与服务一样，需求与订货是库存系统的两个最基本的概念，正是由于需求与订货的不断发生，库存量才呈现动态变化。

根据需求与订货的规律，可将库存系统分为两大类：确定型库存系统和随机型库存系统。

在确定型库存系统中，需求量、需求发生时间是确定性的，订货与订货发生时间是确定性的，而且从订货到货物入库的时间都是确定性的，对这种库存系统，可以解析地进行研究。

随机型库存系统则比确定型库存系统复杂得多。首先，需求发生时间可能是随机的，每次需求量也可能是随机的；另外，订货时间及订货量也可能是随机的，即使它们是确定的，从订货到货物入库的时间也可能是随机的。

研究库存系统的目的一般是要确定或比较各种库存策略，它包括在不同的需求情况下何时订货，订多少货为宜等。

评价库存策略的优劣一般用费用高低来衡量，最常考虑的费用包括以下几个方面：

(1) 保管费。包括仓库，设备、人力、货物保存，损坏变质等支出费用，一般可折算成每件每日费用或每件每月费用等。

(2) 订货费。包括货物本身的费用、订货手续费和运输费等。

(3) 缺货损失费。由于货物不足造成供不应求,错过销售机会或停工待料等造成损失。

2. 确定型库存系统

设库存的初始水平为 Q_0,单位时间的需求量是常值,年订货量 D 为常值。如果认为订货无滞后,即一旦订货,所订货物即到达。采用安全库存策略,即不出现缺货,订货的策略是:用完后即重新定货物,每次订货量 Q 与初始水平 Q_0 相同。这是库存系统中最简单的情况,可以用图 5.3 来描述。图中,T 为订货周期,$T=12/N$;N 为订货次数 $N=D/Q$。订货点发生在订货周期的结束时刻,无须考虑提前期。

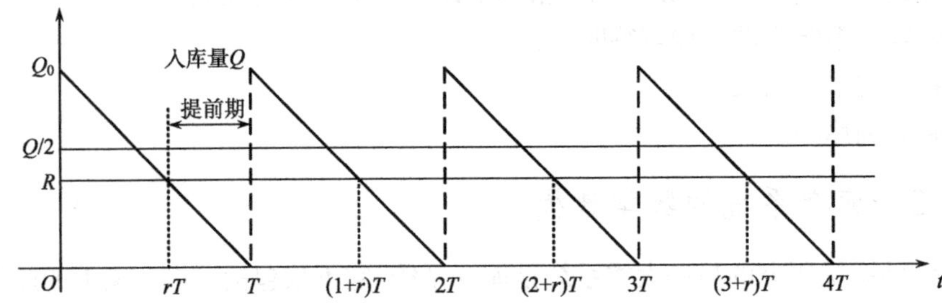

图 5.3 最简单的确定型库存系统

设每次订货费用为 C_0,每件货物的保管费 C_1,则不难计算出总费用 C 为

$$C=\frac{D}{Q}C_0+\frac{Q}{2}C_1$$

按总费用最小原则,$\mathrm{d}C/\mathrm{d}Q=0$,由上式可计算得到最佳定货量 Q^* 为

$$Q^*=\sqrt{2DC_0/C_1}$$

如果考虑订货滞后,对货物到达滞后时间确定的库存系统来说,如果从订货点开始一段时间内,一方面按一定进度入库(设 r_1 为订货每天入库的数量),另一方面按生产需要出库(设 r_2 为订货在入库期内每天出库的数量,$r_2<r_1$),直到最大库存量 Q_M 为止,设其他参数不变,则可确定最佳订货量 Q^* 和最小总费用 C。

因为订货入库时间为 Q/r_1,所以最大库存量为

$$Q_M=Q-Qr_2/r_1$$

平均库存量为 $Q_M/2$,因此,保管费为

$$QC_1(1-r_2/r_1)/2$$

库存费用为

$$\frac{D}{Q}C_0+QC_1(1-r_2/r_1)/2$$

此时,这类库存问题可以归结为

$$\min C=\frac{D}{Q}C_0+QC_1(1-r_2/r_1)/2$$

通过求解可得最佳订货量为

$$Q^* = \sqrt{2DC_0/[(1-r_2/r_1)C_1]}$$

最小总费用为

$$C = \sqrt{2DC_0/[(1-r_2/r_1)C_1]}$$

上面讨论的是采用安全库存订货策略。如果在某一提前期下所订货物不能在 $nT(n=1,2,\cdots)$ 时刻到达，则可能出现两种情况：一是发生缺货；二是库存加大。若允许缺货，设在一个周期内不缺货时间的百分比为 a，则此种情况下(考虑了提前期)的库存模型可用图 5.4 表示，由图不难计算出平均缺货量 Q_q、平均库存量 $\overline{Q}$ 及总费用 C 分别为

$$Q_q = (1-a)Q \cdot (1-a)T/(2T) = 0.5(1-a)^2 Q$$

$$\overline{Q} = aQ \cdot aT/(2T) = 0.5a^2 Q$$

$$C = C_0\frac{D}{Q} + C_1 \cdot \frac{1}{2}a^2 Q + C_2 \cdot \frac{1}{2}(1-a)^2 Q$$

式中，C_2 为每件缺货引起的损失费。

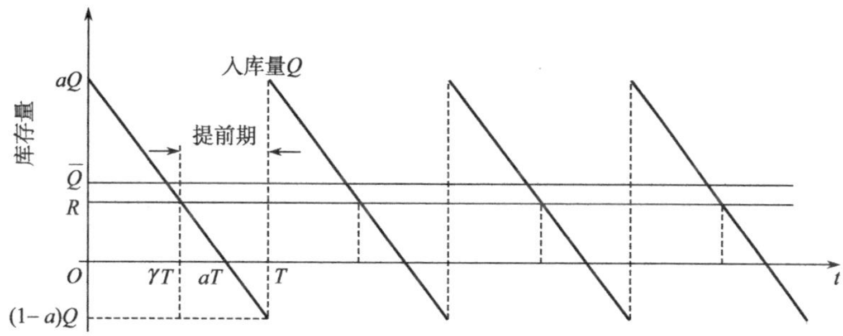

图 5.4　允许缺货的确定性库存系统

按最小总费用原则，首先确定最佳订货时间，即

$$\frac{\partial C}{\partial Q} = 0, \quad a^* = \frac{C_2}{C_1 + C_2}$$

再由最佳时间 a^*T 点订货，确定最优订货量，即

$$\frac{\partial C}{\partial Q} = 0, \quad Q = \sqrt{\frac{2DC_0}{C_1}}\sqrt{\frac{C_1 + C_2}{C_2}} = \sqrt{\frac{2DC_0}{C_1}}\sqrt{\frac{1}{a}} > \sqrt{\frac{2DC_0}{C_1}}$$

从而，最小总费用为

$$C = \sqrt{2DC_0C_1}\sqrt{\frac{C_2}{C_1 + C_2}} < \sqrt{2DC_0C_1}$$

可见，允许缺货时的最小总费用比不允许缺货时的最小总费用小，而每次订货量要变化加大。

确定型库存系统都假设单位时间的需求量为常数，而实践中会遇到需求量是随时间变化的，下面就讨论这类问题。

设某个工程，在第一个月至第 N 个月内需要某种物料，其数量是变化的，设第 i 个月的需求量为 b_i，自行生产的产量为 x_i，最大生产能力为 p_i，月末的库存量为 y_i，最大的库存量为 v，单位产品的生产费用为 C_0，库存费用为 C_1，那么，应如何安排各月的生产量和库存量，才能使总费用 F 最省？

因为总费用为

$$F = \sum_{i=1}^{N}(C_0 x_i + C_1 y_i)$$

约束条件为

(1) 各月的产量、库存量与需求量之间的约束条件：

$$y_i = y_{i-1} + x_i - b_i, \quad i = 1,2,\cdots,N$$

式中，y_0 为第一个月开始时的库存量，可设 $y_0=0$。

(2) 库存量约束及不发生缺货条件：

$$v \geqslant y_i \geqslant 0, \quad i = 1,2,\cdots,N$$

(3) 生产能力约束条件：

$$p_i \geqslant x_i \geqslant 0, \quad i = 1,2,\cdots,N$$

所以变需求量的确定型库存问题归结为求解如下的 LP 问题：

$$\min F = \sum_{i=1}^{N}(C_0 x_i + C_1 Y_i)$$

$$\text{s.t.}\begin{cases} y_i = y_{i-1} + x_i - b_i \\ v \geqslant y_i \geqslant 0 \\ p_i \geqslant x_i \geqslant 0 \\ y_0 = 0 \end{cases}$$

变需求量的库存问题也可以归结为动态规划问题来求解。

3. 随机型库存系统

在大多数情况下，库存模型中的参数不是固定不变的常量，比如某种商品在一天的销量就不是确定的，通过历史资料的统计可以得出它服从一定的分布率，针对这样的参数我们应当采用随机变量描述。

1) 单周期随机库存模型

A. 模型的基本假设

(1) 在整个需求期内只订购一次货物，订购量为 Q，订购费和初始库存量均为 0，每单位产品的购价(成本)为 C。

(2) 需求量 X 为一连续型随机变量，其概率密度为 $f(x)$。当货物售出时，每单位产品的售价为 U。

(3) 需求期结束时，没有卖出的货物不存储而折价卖出，单位售价为 $V(V<U)$，试求订购量 Q，以求期望利润最大。

B. 模型的求解

在解决上述问题时，若需求量 $X=x$ 为确定时，其售出货物数取决于需求量 x 和订购量 Q，即售出货物数为

$$\begin{cases} x, x \leqslant Q \\ Q, X > Q \end{cases}$$

则此时利润 F 为需求量 x 和订购量 Q 的函数

$$F(Q.x) = \begin{cases} Ux + V(Q-x) - C, & Qx \leqslant Q \\ UQ - CQ, & x > Q \end{cases}$$

但实际上 X 为随机变量，故对于给定的 Q，其期望利润为

$$\begin{aligned} E[F(Q)] &= \int_0^Q [Ux + V(Q-x) - CQ] f(x)\mathrm{d}x + \int_Q^\infty (UQ - CQ) f(x)\mathrm{d}x \\ &= \int_0^Q [(U-V)x + VQ] f(x)\mathrm{d}x + \int_Q^\infty UQ f(x)\mathrm{d}x - CQ \\ &= (U-C)Q - (U-V)\int_0^Q (Q-x) f(x)\mathrm{d}x \end{aligned}$$

为求最优订购量 Q，对上式求关于 Q 的一阶和二阶导数，可得

$$\frac{\mathrm{d}E[F(Q)]}{\mathrm{d}Q} = (U-C) - (U-V)\int_0^Q f(x)\mathrm{d}x = 0$$

可转化为

$$\int_0^Q f(x)\mathrm{d}x = \frac{U-C}{U-V}, \quad \frac{\mathrm{d}E[F(Q)]}{\mathrm{d}Q} = -(U-C)f(Q) < 0$$

综合上述两式，表明 Q 具有最大的期望利润。

2) 多周期随机库存模型

多周期随机库存模型是考虑了时间因素的随机动态存储模型，它与单周期库存模型的不同之处在于每个周期的期末库存对下一周期仍然有用。多周期库存模型常常有连续性盘点和周期性盘点两种检测方式，定购策略常常采用(s,S)策略，s 为订货点，S 为库存水平。在滞后时间间隔内，由于外界仍然有需求，库存量将继续下降，甚至可能缺货，对于缺货情形有两种处理方式：缺货预约处理方式和缺货不供应处理方式。

这里我们考虑周期性盘点的检测，采用缺货不供应处理方式来分析多周期随机库存模型。

A. 模型的基本假设

(1) 周期性盘点，采用(s,S)策略，每次定购费为 K，每单位产品的购价为 C，其滞后时间为 0。

(2) 在每个周期内的需求量 X 为离散型随机变量，其概率分布列为 $P(X=i)=p_i(i=0,1,\cdots)$，单件货物的保管费为 h。

(3) 在每个周期内，若发生缺货，采用缺货不供应处理方式，但需注意缺货损失，单件缺货损失费为 π。故所耗费的总费用应包括订货费、存储保管费和缺货损失费。

B. 模型的求解

设订货量为 Z,则订货费为

$$C(Z)=\begin{cases}K+CZ, & Z>0\\0, & Z=0\end{cases}$$

式中,K 为定购费用;C 为货物单价。

设订货量与原有库存量之和为 y,单价保管费用为 h,由于需求量 X 是随机变量,因此保管费用也是随机变量。设保管费用为 $H(y,X)$,则

$$H(y,X)=\begin{cases}0. & X\geqslant y\\h(y-X), & X<y\end{cases}$$

保管费用的期望值为

$$EH(y,X)=\sum_{i=0}^{y}h(y-i)p_i$$

缺货损失费用也是个随机变量,设缺货损失费用为 $P(y,X)$,则

$$P(y,X)=\begin{cases}\pi(X-y), & X>y\\0, & X\leqslant y\end{cases}$$

缺货损失费用的期望值为

$$EP(y,X)=\sum_{i=y+1}^{\infty}\pi(i-y)p_i$$

记

$$L(y)=EH(x,Y)+EP(y,X)$$

考虑采用(i,y)策略,于是当初始库存为 i 时,总费用函数为

$$g(y|i)=\begin{cases}L(y), & y=i\\K+C(y-i)+L(y), & y>i\end{cases}$$

使 $g(y|i)$达到最小的 y 便是最优库存水平。

令

$$f(i)=\min_{y\geqslant i}g(y|i)=\min\begin{cases}L(i)\\K-Ci+\min[Cy+L(y)]\end{cases}$$

先来求最优存储策略中的库存水平 S,我们可以假设上式中的最小值不等于 $L(i)$,否则因 $y=i$ 就不需要订货了,于是问题变为求 y 使 $Cy+L(y)$达到极小。

先证明$(Cy+L(y))$为凸函数。C_y 是线性的,显然是凸函数,下面考虑 $L(y)$。

$$\begin{aligned}L(y+1)-L(y)&=\sum_{i=0}^{y+1}h(y+1-i)p_i+\sum_{i=y+2}^{\infty}\pi(i-y-1)p_i-\sum_{i=0}^{y}h(y-i)p-\sum_{i=y+1}^{\infty}\pi(i-y)p_i\\&=(h+\pi)\sum_{i=0}^{y}p_i-\pi\end{aligned}$$

同理

$$L(y)-L(y-1)=(h+\pi)\sum_{i=0}^{y-1}p_i-\pi$$

故

$$L(y+1)-L(y)\geqslant L(y)-L(y-1)$$

或有

$$L(y)\leqslant\frac{L(y+1)+L(y-1)}{2}$$

所以，$L(y)$也为凸函数，凸函数之和仍然为凸函数，故$(C_yL(y))$为凸函数，应存在一个全局极小值。

设 $y=S$ 是$(C_y+L(y))$的极小值点，即

$$\min_y[Cy+L(y)]=CS+L(S)$$

则必有

$$C(S+1)+L(S+1)\geqslant CS+L(S)$$

即

$$L(S+1)-L(S)\geqslant -C$$

由前面证明可知

$$L(S+1)-L(S)=(h+\pi)\sum_{i=0}^{S}p_i-\pi$$

故有

$$(h+\pi)\sum_{i=0}^{S}p_i\geqslant\pi-C$$

或

$$\sum_{i=0}^{S}p_i\geqslant\frac{\pi-C}{h+\pi}$$

因而库存水平 S 应取满足上述不等式的最小正整数。

下面再来求订货点 S，由于在(s,S)策略意义下，当初始库存量 $i=s$ 时，由假设应不订货，可得 $y=s$，此时，总费用为 $L(s)$，$L(s)$应小于 $y=S$ 时总费用 $K+C(S-s)+L(S)$，此时订货量为$(S-s)$，即 $L(s)\leqslant K+C(S-s)+L(S)$。当初始库存量 $i<s$ 时应订货，上面不等式中，若取 $s=s-1$，则不等式将反号。因此，最佳订货点 s 是使上面不等式成立的最小正整数。

5.4　离散事件系统仿真

5.4.1　离散事件系统仿真的基本策略

1. 事件调度法

事件调度法(event scheduling)最早出现在 1963 年兰德公司的 Markowitz 等推出的

SIMSCPRIPT 语言的早期版中。我们前面已经提到，离散事件系统的一个基本概念是事件，事件的发生引起系统状态的变化。事件调度法以事件为分析系统的基本单元，通过定义事件及每个事件发生对系统状态的变化，按时间顺序确定并执行每个事件发生时有关的逻辑关系并策划新的事件来驱动模型的运行，这就是事件调度的基本思想。

按事件调度法作为仿真策略建立仿真模型时，所有事件均放在事件表中。模型中设有一个时间控制模块，该模块从事件表中选择具有最早发生时间的事件，并将仿真时钟置为该事件发生的时间，再调用与该事件对应的事件处理模块，更新系统状态，策划未来将要发生的事件，该事件处理完后返回时间控制模块。这样，事件的选择与处理不断地进行，直到仿真终止的条件产生为止。

事件调度的仿真过程如下。

(1) 初始化：①置仿真的开始时间 t_0 和结束时间 t_f；②置各实体的初始状态；③事件表初始化。

(2) 置仿真时钟 TIME$=t_0$。

(3) 如果 TIME$\geqslant t_f$，转至(4)，否则，在操作事件表中取出发生时间最早的事件 E；将仿真事件推进到此事件的发生时间，即置 TIME$=T_E$。

{case 根据事件 E 的类型：

$E\in E_1$：执行 E_1 的事件处理模块；

$E\in E_2$：执行 E_2 的事件处理模块；

……

$E\in E_n$：执行 E_n 的事件处理模块；

Endcase}；

更新系统状态，策划新的事件，修改整个事件表；

重复执行第(3)步。

(4) 仿真结束。事件调度法第(3)步体现出仿真时钟的推进机制，即将仿真时钟推进到下一最早事件的发生时刻，就是我们在前面提到的下次事件时间推进机制。在算法中，还应规定具有相同发生时间的事件的先后处理顺序。

确定了仿真策略之后，仅仅是明确了仿真模型的算法。在进行仿真程序设计之前还需完成对仿真模型的详细设计，这是在仿真策略的指导之下进行的。进行仿真模型设计时，还要考虑计算机实现的可行性和可移植性。

不管是采用哪一种仿真策略，仿真模型都可分为三个层次进行设计：

第一层——总控程序；

第二层——基本模型单元的处理程序；

第三层——公共子程序(如随机数发生器)。

仿真模型的最高层是它的总控程序(或称执行机制)。仿真模型的总控程序负责安排下一事件的发生时间，并确保在下一事件发生的时候完成正确的操作。也就是说第一层对第二层实施控制。采用此仿真平台编程实现仿真模型时，总控程序已隐含在仿真语言的执行机制中；但是，如果仿真程序设计语言采用 C/C++等计算机通用语言，用户就要自己编写一段仿真模型的总控程序。

仿真模型的第二层是基本模型单元的处理程序，描述了事件与实体状态之间的影响关系及实体间的相互作用关系，是建模者所关心的主要内容。采用不同的仿真策略时，仿真模型的第二层具有不同的构造，也就是说组成仿真模型的基本单元各不相同。在事件调度法中，仿真模型的基本模型单元是事件处理例程(Routine)，因此其第二层由一系列事件处理例程组成。进行仿真程序设计时，事件处理例程被设计成相对独立的程序段，它们的执行受总控程序控制，并且这些程序段之间的交互也是由总控制程序控制的。

仿真模型的第三层是一组供第一层和第二层使用的公共子程序，用于生成随机变量、产生仿真结果报告、收集统计数据等用途。

根据事件调度法建立的仿真模型称为面向事件的仿真模型。对于面向事件的仿真模型，总控制程序必须完成三项工作：

(1) 时间扫描。确定下事件发生时间并将仿真时钟推进到该时刻。

(2) 事件辨识。正确地辨识当前要发生的事件。

(3) 事件执行。正确地执行当前发生的事件。

面向事件仿真模型的总控程序使用事件表(event list)来完成上述任务。事件表可以想象为一个记录将来事件的“笔记”，在仿真运行中，事件的记录不断被列入或移出事件表。举例来说，在单服务台排队服务系统中，顾客的到达可能会导致一个服务开始事件的记录被列入事件表。每一事件记录至少应由两部分组成：第一是事件的发生时间；第二是事件的标识(event identifier)。有时，事件记录中还会有参与事件的实体名称等信息。

面向事件仿真模型总控程序的算法结构如下。

(1) 时间扫描：①扫描事件表，确定下一事件发生时间；②推进仿真时钟至下一事件发生时间；③从事件表中产生当前事件表(current event list，CEL)，CEL 中包含了所有当前发生事件的事件记录。

(2) 事件执行。依序安排 CEL 中的各个事件的发生，调用相应的事件例程。某一事件一旦发生，将其事件记录从当前事件表中移出。

上述两个步骤反复进行，直到仿真结束。

显然，如果仿真模型很复杂，那么事件表中可能会存放很多事件。因此，总控程序的设计人员需要使用表处理技术来减少事件表扫描和操作所占用的时间，包括检索、存取等操作时间。常用的事件表处理技术有顺序分配法和链表分配法。

面向事件仿真模型的第二层由事件例程组成，所谓事件例程是描述事件发生后所要完成的一组操作的处理程序，其中包括对将来事件的安排。如果某一事件例程中安排了将来事件，就要将该事件的记录添加到事件表中。

2. 活动扫描法

从上一部分的讨论可以看出，事件调度法仿真时钟的推进仅仅依据“下一个最早发生事件”的准则，而该事件发生条件的测试则必须在该事件处理程序内部去处理。如果条件满足，该事件发生，而如果条件不满足的话，则推迟或取消该事件发生。因此，从本质上来说，事件调度法是一种预定事件发生时间的策略。这样，仿真模型中必须预定系统中最先发生的事件，以启动仿真进程。在每一类事件处理子程序中，除了要修改系统的有关状态外,还要预定本类事件的下一事件将要发生的时间。这种策略对于活动持续时间的确定性较强的系统是比较方便的。事件的发生不仅与时间有关,而且还与其他条件有关,即事件只有满足某些条件时才会发生的情况下,采用事件调度法策略将会显示出这种策略的弱点。原因在于这类系统的活动持续时间是不确定的,因而无法预定活动的开始或终止时间。

活动扫描法(activity scanning)最早出现在 1962 年 Buxton 和 Laski 发布 CSL 语言中。活动扫描法与活动周期图模型有较好的对应关系。以活动为分析系统的基本单元,认为仿真系统在运行的每一个时刻都由若干活动构成。每一活动对应一个活动处理模块,处理与活动相关的事件。活动与实体有关,主动实体可以主动产生活动,如排队服务系统中的顾客,它的到达产生排队活动或服务活动;被动实体本身不能产生活动,只有在主动实体的作用下才产生状态变化,如排队服务系统中的服务员。

活动的激发与终止都是由事件引起的,活动周期图中的任一活动都可以由开始和结束两个事件表示,每一事件都有相应的活动处理。处理中的操作能否进行取决于一定的测试条件,该条件一般与时间和系统的状态有关,而且时间条件须优先考虑。确定事件的发生时间事先可以确定,因此其活动处理的测试条件只与时间有关;条件事件的处理测试条件与系统状态有关。一个实体可以有几个活动处理;协同活动的活动处理只归属于参与的一个实体(一般为永久实体)。在活动扫描法中,除了设计系统仿真全局时钟外,每一个实体都带有标志自身时钟值的时间元(time-cell)。时间元的取值由所属实体的下一确定时间刷新。

每一个进入系统的主动实体都处于某种活动的状态,活动扫描法在每个事件发生时,扫描系统,检验哪些活动可以激发,哪些活动继续保持,哪些活动可以终止。活动的激发与终止都会策划新的事件。活动的发生必须满足一定的条件,其中活动发生的时间是优先级最高条件,即首先应判断该活动的发生时间是否满足,然后再判断其他条件。

活动扫描法的基本思想是:用各实体时间元的最小值推进仿真时钟;将仿真时钟推进到一个新的时刻点,按优先顺序执行可激活实体的活动处理,使测试通过的事件得以发生并改变系统的状态和安排相关确定事件的发生时间。因此与事件调度法中的事件处理模块相当,活动处理是活动扫描法的基本处理单元。

活动扫描法的仿真过程如下。

(1) 初始化:①置仿真的开始时间 t_0 和结束时间 t_f;②置各实体的初始状态;③置各实体时间元 time-cell[i]的初值 $i=1,2,\cdots,m$,m 是实体个数。

(2) 置仿真时间 TIME=t_0。

(3) 如果 TIME$\geqslant t_f$ 转至(4),否则执行活动处理扫描(假设当前有 n 个活动处理):

for j=1 to n(优先序从高到低)

　　处理模块 A_j 隶属于实体 E_{mi};

　　if (time-cell[i]$\leqslant$TIME) then 执行活动处理 A_j;

　　若 A_j 中安排了 E_{mi} 的下事件则刷新 time-cell[i];

endfor

推进仿真时钟 TIME=min{time-cell[i] | time-cell[i] $\geqslant$TIME};

重复执行第(3)步。

(4) 仿真结束。

从上面的仿真算法可知,活动扫描法要求在某一仿真时刻点上要对所有当前(time-cell[i]=TIME)可能发生的和过去(time-cell[i]<TIME)应该发生的事件反复进行扫描,直到确认已没有可能发生的事件时才推进仿真时钟。

根据活动扫描法建立的仿真模型称为面向活动的仿真模型。在面向活动的仿真模型中,处于仿真模型第二层的每个活动处理例程都由两部分构成:

(1) 探测头。测试是否执行活动例程中操作的判断条件。

(2) 动作序列。活动例程所要完成的具体操作,只有测试条件通过后才被执行。

总控程序的主要任务是进行时间扫描,以确定仿真时钟的下一时刻。根据活动扫描仿真策略,下一时刻是由下一最早发生的确定事件决定的。在面向事件的仿真模型中,时间扫描是通过事件表完成的。而在面向活动的仿真模型中,时间扫描是通过时间元完成的。所谓时间元就是各个实体的局部时钟,而系统仿真时钟是全局时钟。

时间元的取值方法有以下两种。

(1) 绝对时间法。

将时间元的时钟值设定为相应实体的确定事件发生时刻。此时,时间扫描算法如下:

```
for i = 1 to m
     if(time - cell[i]≤TIME)then
          if(time - cell[i]<MIN)then
               MIN = time - cell[i]
          endif
     endif
endfor
TIME = MIN
```

(2) 相对时间法。

将时间元的时钟值设定为相应实体确定事件发生的时间间隔。此时时间扫描算法如下:

```
for i = 1 to m
     if(time - cell[i]>0)then
          if(time - cell[i]<MIN)then
               MIN = time - cell[i]
          endif
     endif
endfor
TIME = TIME + MIN
for i = 1 to m
     time - cell[i] = time - cell[i] - MIN
endfor
```

本小节前面给出的活动扫描法的仿真过程中采用的是绝对时间法。

与面向事件仿真模型不同，面向活动仿真模型中在进行时间扫描时虽然也可采用表的方法，但表处理的结果仅仅是求出最小的时间值，而无需确定当前要发生的事件。因此，时间元表中只要存放时间值即可，与事件表相比。其结构及处理过程要简单很多。

面向活动仿真模型总控程序的算法结构包括：①时间扫描；②活动例程扫描。

考虑到事件对状态的影响，活动例程扫描要反复进行。虽然对于简单系统这种不断循环从头搜索的过程是多余的，但这是处理条件事件的需要。时间元中最新时间值的计算在活动例程中完成。

由于活动扫描法将确定事件和条件事件的活动同等对待，都要通过反复扫描来执行，因此效率较低。1963 年，Tocher 借鉴事件调度法的某些思想，对活动扫描法进行了改进，提出了三段扫描法(three phase，TP)。三段扫描法兼有活动扫描法简单和事件调度高效的优点，因此被广泛采用，并逐步取代了最初的活动扫描法。

同活动扫描法一样，三段扫描法的基本模型单元也是活动处理，但是在三段扫描法中，活动被分为两类：

B 类活动——描述确定事件的活动处理，在某一排定时刻必然会被执行。也称确定活动处理。“B”源于英文 bound，表示可明确预知活动的起始时间，该活动将在界定时间范围内发生。

C 类活动——描述条件事件的活动处理，在协同活动开始(满足状态条件)或满足其他特定条件时被执行。也称条件活动处理或合作活动处理。“C”源于英文 condition，表示该类活动的发生和结束是有条件的，其发生时间是不可预知的。

显然，B 类活动处理像事件调度法中的事件处理一样可以在排定时刻直接执行，只有 C 类活动处理才需扫描执行。在这种仿真策略下，仿真过程不断地执行一个三阶段的循环，以实现活动的平行性，同时防止死锁，这种仿真过程的三个阶段描述如下：

A 阶段。该阶段找到下一最早发生的事件，并把时钟推进到该事件预期发生的事件。

B 阶段。执行所有的预期在此时刻发生的 B 类活动处理(确定发生的活动)。

C 阶段。该阶段尝试执行所有 C 类活动(这类活动的发生与否取决于资源和实体的状态，而这些状态可能在 B 阶段已发生改变)。

这三个阶段不断循环直至仿真结束。

实现上述算法的一个简单办法是，给每个实体都分配一个含有三项内容的记录，第一项是实体的时间元，标明实体发生状态化的确切时间；第二项是该时间所要执行的一个 B 类活动例程或等待测试的一个 C 类活动例程的标号，C 类例程带有特殊标志；第三项给出实体上次所完成的活动例程标志；同样，C 类例程也带有特殊标志。

时间扫描时，总控程序检查实体记录格式中的第二项内容是否为 B 类，若是则比较其时间元的值，从中找到一个最小值作为仿真时钟的未来值。然后，产生一个时间元值等于仿真时钟未来值的实体名表，表中的实体在下一事件发生时必定要改变状态。在将仿真时钟推进到其未来值时，总控程序将实体名表与实全记录相匹配，调用当前时刻执行的 B 类活动例程。B 阶段调用完成后，再对 C 类活动例程进行扫描。

3. 进程交互法

事件调度法和活动扫描法的基本模型单元是事件处理和活动处理，这些处理都是针对事件而建立的；而且在事件调度法和活动扫描法策略中，各个处理都是独立存在的。

进程交互法(process interaction)的基本模型单元是进程，进程与处理的概念有着本质的区别，它是针对某类实体的生命周期而建立的，因此一个进程中要处理实体流动中发生的所有事件(包括确定事件和条件事件)。为了说明进程交互法的基本思想，我们以单服务台排队服务系统作为例子。顾客的生命周期可用下述进程描述：①顾客到达；②排队等待，直到位于队首；③进入服务通道；④停留于服务通道之中，直到接受服务完毕离去。这一进程可用图 5.5 表示，图中符号“ * ”或“ + ”标定的是进程的复活点。

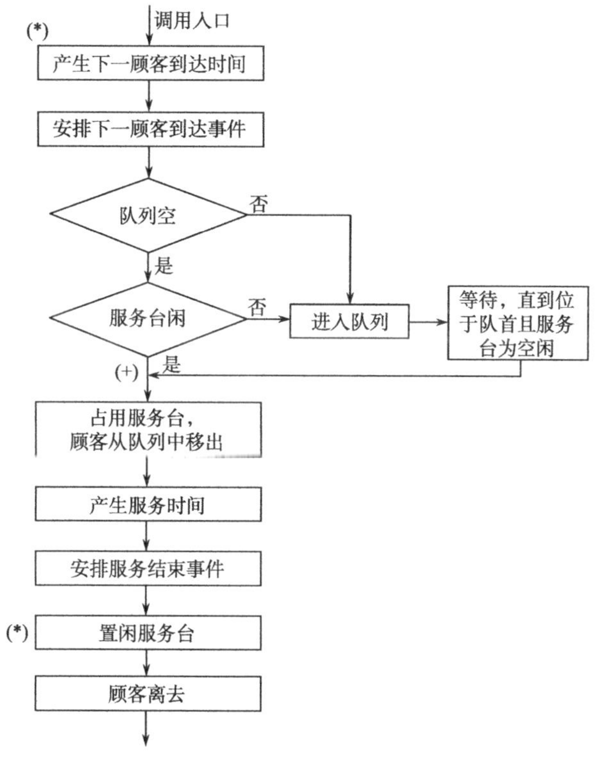

图 5.5　固定步长时间推进机制原理框图

进程交互法的设计特点是为每一个实体建立一个进程，该进程反映某一个动态实体从产生开始到结束为止的全部活动。这里为之建立进程的实体一般是指临时实体(如顾客)，当然为之建立的进程中还要包含与这个临时实体有交互的其他实体(如服务员，但是服务员的实体不会仅包含在一个进程中，它为多个进程所共享)。图 5.6 给出了顾客排队这一进程运行的时间，这里假设有两个服务员，排队线只有一条的情形。由于顾客的到达时间和服务员对事物处理的时间均有随机性，在运行中可能出现多个进程并存的情形。图中，符号“△”表示一个顾客产生的时刻，也是相应进程 i 开始运行的时刻；符号“□”表示某顾客离去的时刻，也是相应进程 i 撤销的时刻；符号“×”表示排队顾客开始接受服务的时刻（若顾客从产生的时刻起立即开始接受服务，这类时刻仍用符号“△”表示）；虚线表示进程的排队时间；波纹线表示顾客得到服务的时间。

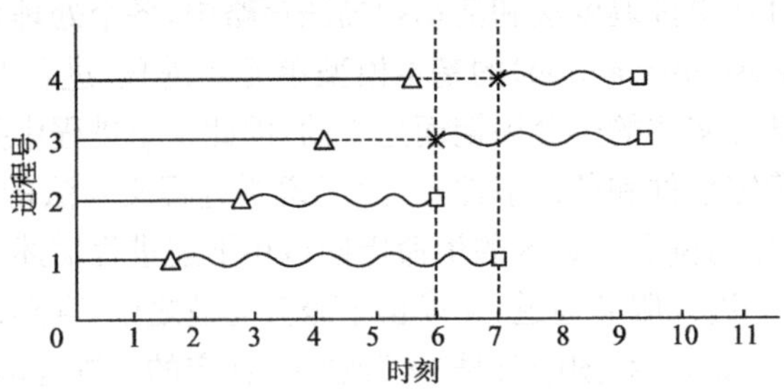

图 5.6　排队系统的事件发生与时钟推进关系

进程交互法中实体的进程需要不断推进，直到某些延迟发生后才会暂时锁住。一般需要考虑两种延迟的作用：

(1) 无条件延迟。在无条件延迟，实体停留在进程中的某一点上不再向前移动，直到确定的延迟期满。例如，顾客停留在服务通道中直到服务完成。

(2) 条件延迟。条件延迟期的长短与系统的状态有关，事先无法确定。条件延迟发生后，实体停留在进程中的某一点，直到某些条件得以满足后才能继续向前移动。例如，队列中的顾客一直在排队，等到服务台空闲而且自己处于队首时方能离开队列接受服务。

进程中的复活点表示延迟结束后实体所到达的位置，即进程继续推进的起点。在单服务台排队系统中，顾客进程的复活点与事件存在对应的关系。

在使用进程交互仿真策略时，不一定对所有各类实体都进行程描述。例如，单服务台排队系统的例子中，只需给出顾客（临时实体）的进程就可以描述所有事件的处理流程。这体现了进程交互法的一种建模观点，即将系统的演进过程归结为临时实体产生、等待和被永久实体处理的过程。最早发布于 1961 年的 GPSS 语言，是由 IBM 公司的 Cordon 等研制的一种采用进程交互法的仿真语言，它就采用了上述建模观点。也有一些进程交互型仿真语言，如挪威的 Dahl 等提出的 SIMULA 语言，临时实体和永久实体都可建立进程。

进程交互法的基本思想是，通过所有进程时间值最小的无条件延迟复活点来推进仿真时钟；当时钟推进到一个新的时刻点后，如果某一实体在进程中解锁，就将该实体从当前复点一直推进到下一次延迟发生为止。这种仿真策略的过程如下。

(1) 初始化：①置仿真的开始时间 t_0 和结束时间 t_f；②置各进程中每一实体的实始复活点及相应的时间值 $T[i,j]$$(i=1,2,\cdots,m)$，$(j=1,2,\cdots,n[i])$，其中 m 为进程数，$n[i]$ 为第 i 个进程中的实体个数。

(2) 推进仿真时钟 TMIE=min{$T[i,j]$，j 处于无条件延迟}。

(3) 如果 TIME≥t，则转至(4)，否则执行如下过程：

```
for i = 1 to m(优先序从高到低)
    for j = 1 to n
```

```
        if(T[i,j] = TIME)then
            从当前复活点开始推进实体 j 的进程 i,直至下一次延迟发生为止;
            如果下一延迟是无条件延迟,则设置实体 j 在进程 i 中复活时间为 T[i,j];
        endif
        if(T[i,j]<TIME)then
            if(实体 j 在进程 i 中延迟结束条件满足)then
                从当前复活点开始推进实体 j 的进程 i,直至下一延迟发生为止;
                if(下一延迟是无条件延迟)then
                    {设置 j 在 i 中的复活时间 T[i,j]};
                endif
                退出当前循环,重新开始扫描。
            endif
        endif
    endfor
```

返回到(2)

(4) 仿真结束。

进程交互法仿真策略中,在初始化过程的第②步,初始状态处于条件延迟的实体的复活时间置为 t_0。

进程交互法兼有事件调度法和活动扫描法的特点,但其算法比两者更为复杂。根据进程交互法建立的仿真模型称为面向进程的仿真模型。面向进程仿真模型总控程序设计的最简单方法是采用两个事件表:未来事件表(future event list,FEL)和当前整个年表(current event list,CEL)

FEL 中的实体需要满足两个条件:

(1) 实体的进程被锁住;

(2) 被锁实体的复活时间是已知的。

为了方便,FEL 中除存放实体名外,还存放实体的复活时间及复活点位置。CEL 含有以下两类实体的记录:

(1) 进程被锁而复活时间等于当前仿真时钟值的实体;

(2) 进程被锁且只有当某些条件满足时方能解锁的实体。

从另一方面理解,FEL 存放的是处于无条件延迟的实体记录;CEL 存放的或者是当前可以解锁的无条件延迟的实体记录,或者是处于条件延迟的实体记录。

面向进程仿真模型的总控程序包含三个步骤:

(1) 将来事件表扫描。从 FEL 的实体记录中检出复活时间最小的实体,并将仿真时钟推进到该实体的复活时间。

(2) 移动记录。将 FEL 当前时间复活的实体记录移至 CEL 中。

(3) 当前事件表扫描。如果可能的话,将 CEL 中的实体进程从其复活点开始尽量向前推进,直到进程被锁住。如果锁住进程的是一个无条件延迟,则在 FEL 中为对应的实体建立一个新的记录,记录中应含有复活点及其时间值;否则,在 CEL 中为该实体建立一个含有复活点的新记录,记录中应含有复活点及其时间值;否则,在 CEL 中为该实体建立一个含有复活点的新记录。在上述两种情况下，都要将进程已得以推进的实体的原有记录从 CEL 中删除。如果某一时刻实体已完成其全部进程，则将其记录全部删除。对 CEL 的扫描要重复进行，直到任何实体的进程均无法推进为止。

不论是事件调度法、活动扫描法还是进程交互法，系统状态发生变化的时间都是事件发生的时间。事件调充法中要搜索下一最早发生的事件的时间；活动扫描法中实体的时间元也指向该实体下事件发生的时间；进程交互法的复活点也对应于事件发生的时间。

5.4.2 随机变量产生的原理

产生随机变量的方法有很多种，对于给定的随机变量，可根据其特点选择其中一种或者几种方法。那么仿真对产生随机变量的方法有何要求呢？

首先是准确性要求，即由这种方法产生的随机变量应准确地具有所要求的分布；其次是快速性要求，在离散事件仿真中，一次运行往往需要产生几万甚至几十万个随机变量，这样，产生随机变量的速度将极大地影响仿真执行的效率。

下面介绍四种最常用的产生随机变量的方法：反变换法、组合法、卷积法、舍选法。

1. 反变换法

反变换法是最常用的且最直观的方法，它以概率积分变换定理为基础。

设随机变量 x 的分布函数为 $F(x)$；为了得到随机变量的抽样值，先产生[0,1]区间上均匀分布的独立随机变量 u，由反分布函数 $F^{-1}(u)$得到的值即为所需要的随机变量 x

$$x = F^{-1}(u)$$

这种方法是对分布函数进行反变换，因而取名为反变换法。

随机变量概率分布函数 $F(x)$的取值范围为[0,1]。现在[0,1]上均匀分布的独立随机变量作为 $F(x)$的取值规律，则落在 Δx 内的样本个数概率就是 ΔF；从而随机变量 x 在区间 Δx 内出现的概率密度函数的平均值为 $\Delta F/\Delta x$；当 Δx 趋于 0 时，其概率密度函数就等于 $\mathrm{d}F/\mathrm{d}x$(图 5.7)，即符合原来给定的密度分布函数，满足正确性要求。

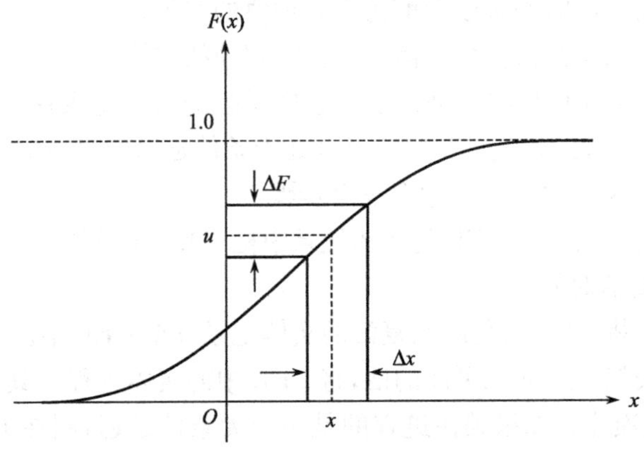

图 5.7 连续分布函数的反变换法原理

例 5.1　设随机变量 x 满足指数分布，分布函数如下：

$$F(x)=\begin{cases}1-\mathrm{e}^{-x/\beta}, & x\geqslant 0\\ 0, & 其他\end{cases}$$

试用反变换法产生随机变量 x。

先用随机数发生器产生 $u\sim U(0,1)$，并令

$$u=F(x)=1-\mathrm{e}^{-x/\beta}$$

从而可得

$$x=F^{-1}(x)=-\beta\ln(1-u)$$

由于 $u\sim U(0,1)$，则 $1-u\sim U(0,1)$，即 u 与 $1-u$ 的分布相同，则上式可改写为

$$x=-\beta\ln u$$

用反变换法产生随机变量时首先必须要求随机数发生器产生在[0,1]上均匀分布的独立的 u，以此为基础得到的随机变量 x 才能保证分布的正确性。可见，选择一个均匀性及独立性较好的随机数发生器在产生随机变量中的重要地位。

当 x 为离散随机变量时，其反变换法的形式略有不同，原因在于离散随机变量的分布函数也是离散的，因为不能直接利用反函数来获得随机变量的抽样值。下面讨论这类随机变量的反变换法。

设离散随机变量 x 分别以概率 $p(x_1),p(x_2),\cdots,p(x_n)$ 取值 $x_1,x_2,\cdots,x_n$，其中 $0<p(x_1)<1$，且 $\sum_{i=1}^{n}p(x_i)=1$，其分布函数如图 5.8 所示。

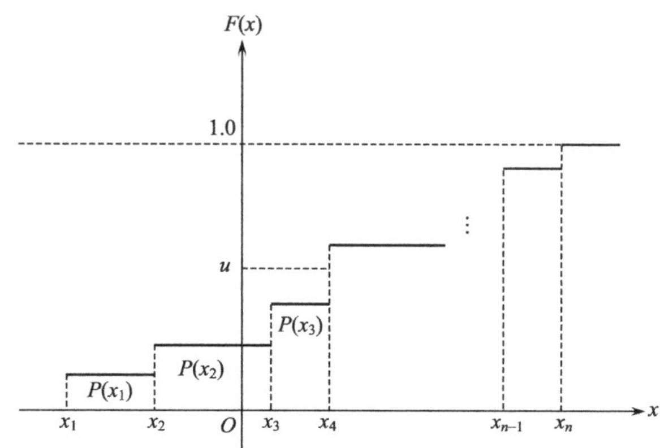

图 5.8　离散分布函数的反变换法

为使用反变换法获得离散随机变量，先将[0,1]区间按 $p(x_1),p(x_2),\cdots,p(x_n)$ 的值分成 n 个子区间，然后产生在[0,1]区间上均匀分布的独立的随机数 u；根据 u 的值落在何区间，相应区间对应的随机变量就是随需要的随机变量 x_i。

在实际实现时，先要将 x_i 按从小到大的顺序进行排序，即 $x_1<x_2<\cdots<x_n$，从而得到分布函数子区间的分界点 $(0,p(x)]$，$(p(x_1),p(x_1)+p(x_2)]$，$\cdots$，$\left(\sum_{i=1}^{n-1}p(x_i),\sum_{i=1}^{n}p(x_i)\right]$。若

由随机数发生器产生的$u \leqslant p(x_i)$，则令$x=x_i$；若$p(x_1)<u \leqslant p(x_1)+p(x_2)$，则令$x=x_2$，…，依次下去。

例 5.2 设离散随机变量x的质量函数及累积分布函数如表 5.1 所示，用反变换法产生随机变量x。

表 5.1 离散随机变量 x 的质量函数及累积分布函数

x_i	0	1	2	3	4	5
$p(x)$	0	0.1	0.51	0.19	0.15	0.05
$F(x)$	0	0.1	0.61	0.80	0.95	1.00

先由随机数发生器产生[0,1]区间上均匀分布的随机变量u，设$u=0.72$，按反变换法，先判断是否$u \leqslant F(x_1)$，条件不满足，再判断$u \leqslant F(x_2)$，仍然不满足，再判断$u \leqslant F(x_3)$，满足$F(x_2)<u \leqslant F(x_3)$，从而得到$x=x_3=3$。

综上所述，离散随机变量反变换法可描述如下：

(1) 按x_i呈递增顺序排列$p(x_i)(i=0,1,\cdots,N)$。

(2) 产生$u \sim U(0,1)$。

(3) 求非负整数I，满足

$$\sum_{j=0}^{I-1} p(x_j) < u \leqslant \sum_{j=0}^{I} p(x_j)$$

(4) 令$x=x_I$。

显然，离散随机变量反变换法的速度主要取决于区间搜索的速度，区间搜索的方法不同，由此产生了各种形式的反变换法。

2. 组合法

反变换法是最直观的方法，但却不一定在任何情况下都是最有效的方法。

当一个分布函数可以表示成若干个其他分布函数之和，而这些分布函数较原来的分布函数更易于取样时，则宜采用组合法。

设随机变量x的分布函数$F(x)$可写成下式的形式，即

$$F(x) = \sum_{j=1}^{\infty} p_j F_j(x)$$

式中，$p_j \geqslant 0$，且$\sum_{j=0}^{\infty} p_j = 1$是其他类型的分布函数；或者随机变量$x$的密度函数$f(x)$可写成下式的形式，即

$$f(x) = \sum_{j=1}^{\infty} p_j f_j(x)$$

式中，p_j的定义与前面的相同，$f_i(x)$是这种类型的密度函数，与它相应的分布函数为$F_j(x)$，则组合法产生随机变量的步骤如下：

(1) 产生一个随机整数J，满足

$$P\{J=j\} = p_j, \quad j=1,2,\cdots$$

(2) 产生具有分布函数 $F_j(x)$ 的随机变量 x_j；

(3) 令 $x=x_j$。

显然，其中第一步是确定采用哪一个分布函数来取样，这可采用离散反变换法来实现。在确定了分布函数后，第二步以该分布函数产生随机变量，如果该分布易于取样，则也易于得到我们所要求的随机变量。具体方法可采用上面介绍的反变换法或者后面将要介绍的其他方法。

例 5.3　设密度函数为 $f(x)=0.5e^{-|x|}$，试产生服从该分布的随机变量 x。

显然，直接用反变换法产生随机变量 x 比较困难，下面我们采用组合法。

分析 $f(x)$ 的特点(图 5.9)，可以看到，它以纵轴为对称轴分为两部分。

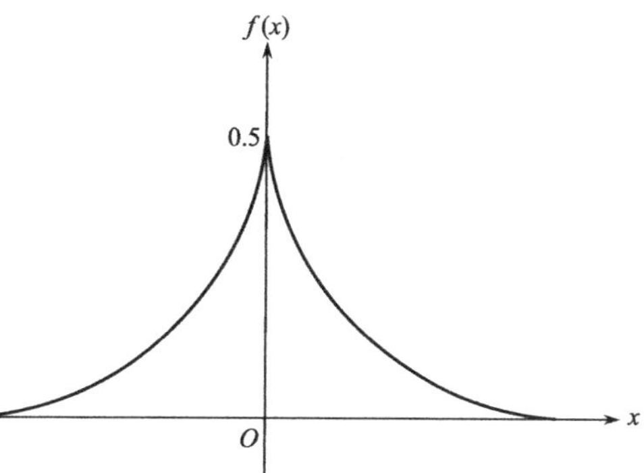

图 5.9　$f(x)=0.5e^{-|x|}$ 密度函数图

我们将 $f(x)$ 写成如下形式：

$$f(x)=0.5e^{x}I_{(-\infty,0)}(x)+0.5e^{-x}I_{(-\infty,0)}(x)$$

式中

$$I_{(-\infty,0)}(x)=\begin{cases}1, & x\in(-\infty,0)\\ 0, & \text{其他}\end{cases}$$

$$I_{(0,\infty)}(x)=\begin{cases}1, & x\in(0,\infty)\\ 0, & \text{其他}\end{cases}$$

令

$$f_1(x)=e^{x}I_{(-\infty,0)}(x)(p_1=0.5),\quad f_2(x)=e^{-x}I_{(0,\infty)}(x)(p_2=0.5)$$

从而

$$f(x)=\sum_{i=1}^{2}p_j f_i(x)$$

那么，用组合法产生随机变量 x 的方法如下：

(1) 由 $U(0,1)$ 产生随机变量 u_1 及 u_2；

(2) 若 $u_1<0.5$，则由 $f_1(x)$ 的分布函数产生，即可由反变换法易于得到 x，即 $x=\ln u_2$；

(3) 若 $u_1\geqslant 0.5$，则由 $f_2(x)$ 的分布函数产生，即 $x=-\ln u_2$。

由上面的例子可以看到，由组合法产生的随机变量时，至少要产生两个[0,1]间均匀分布的独立的随机数 $U(0,1)$，而反变换法则只需要产生一个 $U(0,1)$。

3. 卷积法

设随机变量 x 可以表示为若干个独立同分布的随机变量 $Y_1,Y_2,\cdots,Y_m$ 之和，即

$$x=Y_1+Y_2+\cdots+Y_m$$

则 x 的分布函数与 $\sum_{i=1}^{m} Y_i$ 的分布函数相同，此时称 x 的分布为 Y_i 分布的 m 重卷积。那么，为产生 x，可先独立地从相应分布函数产生随机变量 $Y_1, Y_2, \cdots, Y_m$，然后利用上式得到 x，这就是卷积法。

例 5.4 试产生均值为 β 的 m 维厄兰分布随机变量 x。

由于均值为 β 的 m 维厄兰分布 Erlang(m,β) 的随机变量可表示为 m 个均值为 β/m 的独立的指数随机变量之和，那么可采用卷积法产生 x，其步骤如下：

(1) 独立地产生 m 个 $U(0,1)$ 随机数 u_i；

(2) 用反变换法分别产生 Y_i，即

$$Y_i = -\frac{\beta}{m}\ln u_i, \quad i = 1,2,\cdots,m$$

(3) 令

$$x = \sum_{i=1}^{m} Y_i = Y_1 + Y_2 + \cdots + Y_m$$

这较直接由厄兰分布产生 x 要方便得多。当然，上述方法尚可改进。考虑到对数运算速度较慢，将上述(2)(3)两步改进为

(2) 计算

$$\prod_{i=1}^{m} u_i = u_1 u_2 \cdots u_m$$

(3) 令

$$x = -\frac{\beta}{m}\ln\prod_{i=1}^{m} u_i$$

这是考虑到乘法运算速度较对数运算速度要快，因而可提高计算效率。

4. 舍选法

上面介绍的三种方法有一个共同特点，即直接面向分布函数，因而称为直接法，它以反变换法为基础。

当反变换法难于使用时(如随机变量的分布函数不存在封闭形式)，舍选法是主要方法之一，下面我们先介绍这种方法的基本思想。

设随机变量 x 的密度函数为 $f(x)$，$f(x)$ 的最大值为 C，x 的取值范围为$[0,1]$。

若独立地产生两个$[0,1]$区间内均匀分布的随机变量 u_1, u_2，则 Cu_1 是在$[0,C]$区间内均匀分布的随机变量，若以 u_2 求 $f(u_2)$ 的值，显然，满足

$$Cu_1 \leqslant f(u_2)$$

的概率为

$$P\{Cu_1 \leqslant f(u_2)\} = \int_0^1 \mathrm{d}x \int_0^{f(x)} \mathrm{d}y/(1\times C) = \frac{1}{C}$$

舍选法的做法是：若上式成立，则选取 u_2 为所需要的随机变量 x，即 $x=u_2$，否则舍弃 u_2。

下面我们结合图 5.10 来解释舍选法的正确性。从图形上看，在 $1\times C$ 这块矩形面积上任设一点(p_1,p_2)，纵坐标为 Cu_1，横坐标为 u_2，若该点位于 $f(x)$ 曲线下面，则认为抽样成功。成功的概率为 $f(x)$下面的面积除以总面积 C，$f(x)$面的面积的值等于分布函数的值。由于我们假设随机变量 x 的取值范围$[0,1]$，因而该面积的值为 1，那么成功的概率就是 $1/C$，成功抽样的点符合所需要的分布。

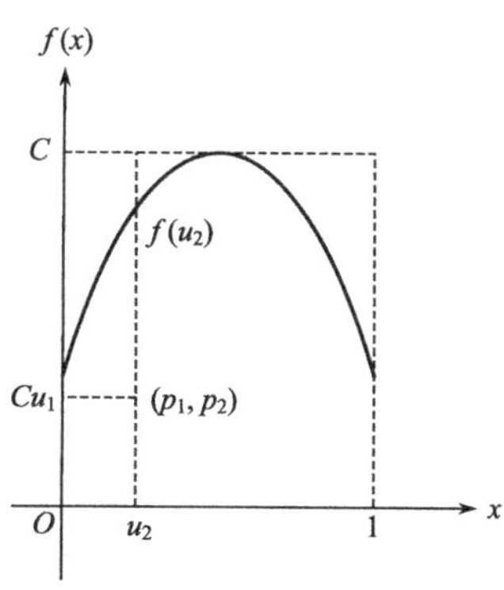

图 5.10　舍选法图示

对一般情形，舍选法则是根据 $f(x)$的特征规定一个函数 $t(x)$（前面实际上是一个常数 C），对 $t(x)$的要求是：

(1) $t(x)\geqslant f(x)$；

(2) $\int_{-\infty}^{\infty} t(x)\mathrm{d}x = C < \infty$；

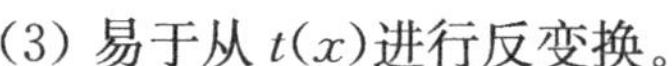

(3) 易于从 $t(x)$进行反变换。

这样，令 $r(x)=\frac{1}{C}t(x)$，则 $\int_{-\infty}^{\infty} r(x)\mathrm{d}x = \int_{-\infty}^{\infty} \frac{1}{C}t(x)\mathrm{d}x = 1$。从而可将 $r(x)$看成是一个密度函数，并用 $r(x)$代替 $t(x)$取样，以得到所需要的随机变量。

由于 $r(x)$并不是要求的 $f(x)$，这就产生选取与舍弃的问题，一般算法是：

(1) 产生 $u_1\sim U(0,1)$；

(2) 由 $r(x)$独立的产生随机变量 u_2；

(3) 检验如下不等式

$$u_1 \leqslant f(u_2)/t(u_2)$$

若不等式成立，则令 $x=u_2$，否则返回(1)。

例 5.5　随机变量 x 的密度函数为如下 β 分布：

$$f(x)=\begin{cases}60x^3(1-x)^2, & 0\leqslant x\leqslant 1\\ 0, & \text{其他}\end{cases}$$

试用舍选法产生服从该分布的随机变量。

显然，若采用反变换法，则必须多求解多项式的根，效率很低。采用舍选法首先要选择 $t(x)$，因研究 $t(x)\geqslant f(x)$，故先求 $f(x)$极值，可令 $\mathrm{d}f/\mathrm{d}x=0$，得 $x=0.6$，$f(0.6)=2.0736$。$t(x)$应是以 x 为自变量的函数，且应易于求反变换，最常采用的是令其为一常数，可取

$$t(x)=\begin{cases}2.0736, & 0\leqslant x\leqslant 1\\ 0, & \text{其他}\end{cases}$$

满足 $t(x)\geqslant f(x)$，从而

$$\int_{-\infty}^{\infty} t(x)\mathrm{d}x = \int_0^1 2.0736\mathrm{d}x = 2.0736 = C$$

即

$$r(x)=\begin{cases}1, & 0\leqslant x\leqslant 1\\ 0, & \text{其他}\end{cases}$$

所以 $r(x)$为$[0,1]$区间均匀分布的密度函数，从而用舍选法产生 x 的算法如下(图5.11)：

(1) 产生 $u_1 \sim U(0,1)$；

(2) 由 $r(x)$独立地产生 u_2，即 $u_2 \sim U(0,1)$；

(3) 检验 $u_1 \leqslant 60u_2^3(1-u_2)^2/2.0736$，若满足，则令 $x=u_2$，否则返回(1)。

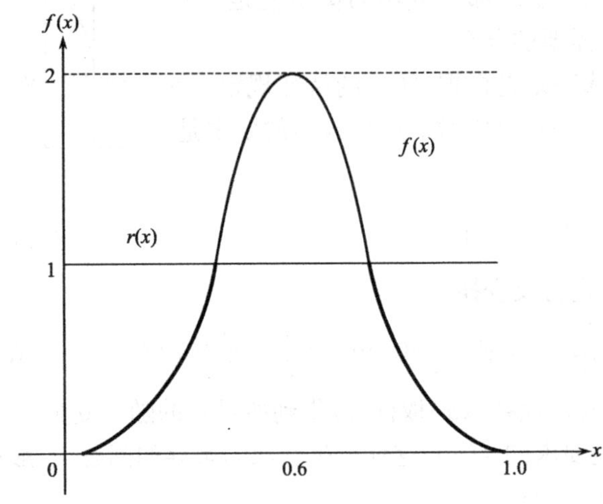

图 5.11 $f(x)=60x^3(1-x)^2$ 的舍选法

在使用舍选法时，我们总希望：①易于从 $r(x)$中产生 u_2；②在(3)中舍弃的概率要小。从前面的讨论可知，舍弃的概率为 $1-1/C$，则要求 $\int_{-\infty}^{\infty} t(x)\mathrm{d}x = C$ 接近 1。一般同时满足上述两方面要求比较困难。往往是先确定 $r(x)$，$r(x)$采用常见的密度函数，如均匀、指数、正态分布等，然后选择 C，使 $t(x)=Cr(x)\geqslant f(x)$，并使 C 尽可能地接近 1。

如果随机变量 x 的取值不在$[0,1]$区间，而是在$[a,b]$区间，则可令

$$u_2' = a + u_2(b-a)$$

然后，在舍选判断时用 u_2'代替 u_2。

对于给定的某种分布，产生随机变量的方法可能有很多种，这里我们只是将常用方法的原理进行介绍。

5.4.3 离散事件系统仿真举例

1. 单服务台排队系统仿真举例

对于排队服务系统，顾客往往注重排队顾客是否太多、等待的时间是否太长，而服务员则关心他的空闲时间。从上面我们知道队长、等待时间以及服务利率等指标可以衡量系统性能，下面介绍在已知顾客到达时间和服务时间的统计规律(往往来自实际数据或一定的概率分布)的情况下，如何仿真排队系统。

单窗口的售票站是一个典型的单服务台排队系统。首先给出系统假设：

(1) 顾客源是无穷的；

(2) 排队长度没有限制；

(3) 到达系统的顾客按先后顺序依次进入服务。

在该排队系统中我们设定两个随机变量：

i为两位顾客先后到达系统的时间间隔；s为每位顾客的服务时间。(i和s的概率分布已经根据经验或理论假设确定)

另设：i_k为第k位顾客与第$k-1$位顾客到达时间间隔；s_k为第k位顾客服务时间；$L(t)$为队长，表示排队等待的顾客数目；$S(t)$为表示服务员的状态，当服务员工作时，令$S(t)=1$，服务员空闲时，令$S(t)=0$；a_k为第k位顾客到达时刻，$a_k=a_{k-1}+i_k(k=1,2,\cdots)$；$d_k$为第$k$位顾客离开时刻，$d_k=\max(a_k,d_{k-1})+s_k(k=1,2,\cdots)$。

在任意时刻t，系统状态可以用排队等候的顾客数目$L(t)$和服务员是否在工作$S(t)$来描述。引起系统状态$L(t)$和$S(t)$改变的行为称为事件。在排队系统中包含两类基本事件。顾客到达a_k和顾客离开d_k。

系统状态在到达时刻a_k，离开时间d_k将发生变化。在模拟系统运行中，设置时钟t，让t依事件发生的先后顺序，从一个事件的发生时刻到下一个事件的发生时刻，这种仿真模式称为下一事件时间推进法。

初始条件可设为：第一位顾客到达时刻$t=0$。

终止条件可设为：设定仿真终止时刻为T。

(1) 顾客的到达时间间隔i_k服从均值为$\beta_i=5\text{min}$的指数分布，即

$$f(i)=\frac{1}{\beta_i}\mathrm{e}^{-i/\beta_i},\quad i\geqslant 0$$

(2) 服务员服务的时间s_k也服从指数分布，均值为$\beta_s=4\text{min}$，即

$$f(s)=\frac{1}{\beta_s}\mathrm{e}^{-s/\beta_s},\quad s\geqslant 0$$

(3) 由于是单服务台排队系统，考虑到系统中顾客是按单队排列，所以按FIFO的方式服务。

仿真过程如下。

step1 仿真流程设计：

先根据时间间隔i和服务时间s的概率分布生成随机数i_k与s_k，再根据如下式的递推关系

$$a_k=a_{k-1}+i_k,d_k=\max(a_k,d_{k-1})+s_k,\quad k=1,2,\cdots$$

计算到达时刻a_k和离开时间d_k，然后让时钟t按照a_k和d_k从小到大的顺序推进，一般不是生成i或s待用，而是在时钟t推进到某一事件发生时，才生成所需的i或s。

设当前时钟为t，在每一个事件发生时，需要设置并记录以下四个量的数值：队长L，服务员状态S，t以后下一个顾客到达事件的发生时刻记作ARRIVETIME，T以后下一个顾客离开事件的发生时刻记作DEPARTTIME。仿真流程图如图5.12所示。

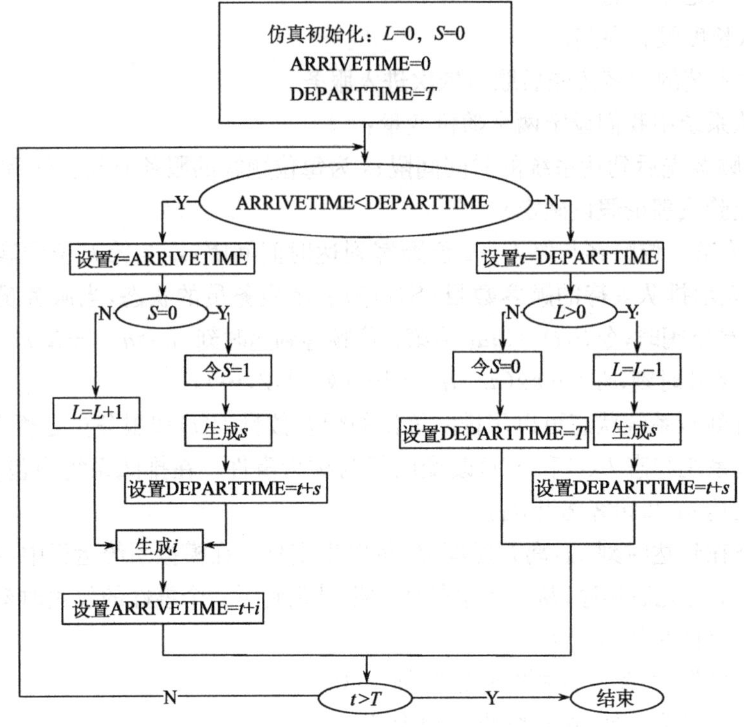

图 5.12 排队服务系统仿真流程图

step2 Matlab 程序：

```
function out = MM1(mu1,mu2,T)
%单服务台
%T——时间终止点
%mu1——到达时间间隔服从指数分布
%mu2——服务时间服从指数分布

%初始化
t = 0;           %当前时间
tt = [t];        %tt——时间序列;
L = 0;           %L——队长;
LL = [L];        %LL——队长序列;
S = 0;           %S——服务员状态
c = [];          %c——顾客到达时间序列
b = [];          %b——服务开始时间序列
e = [];          %e——顾客离开时间序列
a_count = 0;     %a_count——到达顾客数
b_count = 0;     %b_count——服务顾客数
ARRIVETIME = 0; %ARRIVETIME——顾客到达事件
```

```
DEPARTTIME = T; % DEPARTTIME——顾客离开事件

%仿真过程

while t<=T
    if(ARRIVETIME<DEPARTTIME)     %顾客到达子过程
        t = ARRIVETIME;
        if(S == 0)                    %服务台空闲,开始服务
            S = 1;
            s = exprnd(mu2);          %服务时间
            b_count = b_count + 1;    %更新服务顾客数
            DEPARTTIME = t + s;       %顾客离开时间
            b = [b,t];                %记录顾客开始服务时间
            e = [e,DEPARTTIME];       %记录顾客离开时间
        else                          %服务台忙
            L = L + 1;                %更新队长
        end
        i = exprnd(mu1);              %生成下一顾客到达时间
        ARRIVETIME = t + i;           %下一顾客到达时间
        c = [c,ARRIVETIME];           %记录顾客到达时间
        a_count = a_count + 1;        %更新到达顾客数
    else                              %顾客离开子过程
        t = DEPARTTIME;
        if(L>0)                       %有排队的顾客
            L = L - 1;                %更新队长
            s = exprnd(mu2);          %生成服务时间
            b_count = b_count + 1;    %更新服务顾客数
            b = [b,t];                %记录顾客开始服务时间
            DEPARTTIME = t + s;
            e = [e,DEPARTTIME];       %记录顾客离开时间
        else                          %没有排队的顾客,更新服务台回到空闲状态
            S = 0;
            DEPARTTIME = T;
        end
    end
    tt = [tt,t];
    LL = [LL,L];
end
%仿真结果
length(e);
length(c);
Ws = sum(e - c(1:length(e)))/length(e); %平均逗留时间
```

```
Wb = sum(e - b(1:length(e)))/length(e); % 平均服务时间
Ls = sum(diff([tt,T]). * LL)/T; % 平均队长
fprintf('到达顾客数: % d\n',a_count) % 到达顾客数
fprintf('服务顾客数: % d\n',b_count) % 服务顾客数
out = [Ws,Wb,Ls];
end
```

step3 仿真结果：

$\beta_i=5\text{min},\beta_s=4\text{min};\beta_i=5\text{min},\beta_s=5\text{min};\beta_i=4\text{min},\beta_s=5\text{min}$ 三种情况下的仿真结果如表 5.2 所示。

表 5.2 单服务台排队系统仿真结果

β_i	β_s	T	到达顾客数	服务顾客数	平均等待时间	平均服务时间	平均队长
5	4	100	27	27	3.8750	3.7013	1.1229
5	5	100	20	17	7.5288	5.2981	1.4073
4	5	100	35	25	13.5069	4.2420	4.8224

2. 随机库存系统仿真举例

前面介绍的随机库存系统，原则上按照最优原理可以求出最佳订货点和库存水平，但是采用期望值来确定模型中的随机变量，或者得到随机变量的概率分布函数绝对不是很容易的事情。因此一般要借助计算机仿真来实现库存问题．

在仿真中，我们首先需要做的是定义模型中的事件，事件的定义依赖于系统状态的描述。库存量可以用来描述系统状态，若所订货物到达仓库，库存量增加，因此可以定义订货到达为一类事件；雇主或客户订货增加会引起库存量的减少，故需定义需求到达为一类事件；模型中我们可以将仿真时间运行长度定义为程序事件，故仿真时间运行长度可定义为一类事件；另外，发生货物入库的条件是订货，因此，订货也可以定义为一类事件。

设某仓库的最大库存水平为 11(单位)，订货周期为 5 天，每天需求的单位数是随机变量，如表 5.3 所示。

表 5.3 每天需求的概率分布

需求	概率	累积概率	随机数区间
0	0.10	0.10	01～10
1	0.25	0.35	11～35
2	0.35	0.70	36～70
3	0.21	0.91	71～91
4	0.09	1.00	92～00

另外，仓库的订货一般必须有提前时间(即从订货到货物到达)，这个提前时间也是随机变量，具体如表 5.4 所示。

表 5.4　订货提前时间概率分布

需求	概率	累积概率	随机数区间
1	0.6	0.6	1～6
2	0.3	0.9	7～9
3	0.1	1.0	9～0

设开始库存量为 3 个单位，并订货 8 个单位，安排在 2 天内到达。每个周期的第五天定一次货，使得库存量到达 11 个单位。

MATLAB 仿真程序：

```
function store(p)
n = 5;
kczh = 0; % 库存总和
ts = 0; % 缺货天数
kskc = 3; % 开始库存
sykc = 3; % 剩余库存
ddrq = 3; % 到货日期
dhl = 8; % 到货量
kcl = 11; % 库存量
qhl = 0; % 缺货量
disp(sprintf('day \t kskc\t r \t xql\t sykc\t qhl\t ddrq\tdhl'));
for i = 1:p
     for j = 1:n
          r = floor(rand(1) * 100);
          if r<11
                xql = 0; % 需求量
          elseif r>91
                xql = 4;
          elseif r> = 11 & r< = 35
                xql = 1;
          elseif r>35 & r< = 70
                xql = 2;
          else
                xql = 3;
          end;
          sykc = max(kskc - xql - qhl,0); % 剩余库存
          if kskc> = xql & kskc>0
                qhl = 0;
          else
                qhl = qhl + xql - kskc;
          end;
          if qhl>0
```

```
                ts = ts + 1;
            end;
            if ddrq>0
                disp(sprintf('%5d  \t  %5d  \t  %5d  \t  %5d  \t  %5d  \t  %5d
\t %5d  \t\t--',j,kskc,r,xql,sykc,qhl,ddrq));
            elseif j==5
                disp(sprintf('%5d  \t  %5d  \t  %5d  \t  %5d  \t  %5d  \t  %5d
\t\t-- %5d',j,kskc,r,xql,sykc,qhl,dhl));
            else
                disp(sprintf('%5d  \t  %5d  \t  %5d  \t  %5d  \t  %5d  \t  %5d
\t\t--\t --',j,kskc,r,xql,sykc,qhl));
            end;
        end;
        if ddrq==1
            kskc = sykc + dhl - qhl;
            if kskc>0
                qhl = 0;
            end;
            else kskc = sykc;
    end;
        kczh = kczh + sykc;
        ddrq = ddrq - 1;
    end;
    r = floor(rand(1) * 10);
    if r==0
        ddrq = 3;
    elseif  r<=6
        ddrq = 1;
    else
        ddrq = 2;
    end;
    dhl = kcl - sykc;
    disp('*********************************************');
    disp(sprintf('PJKC= %f\t\tQHBL= %.1f%%',kczh/(p*n),ts/(p*n)*100));
```

5.5 蒙特卡罗仿真方法

5.5.1 蒙特卡罗法概述

蒙特卡罗(Monte Carlo)法也称为随机仿真(random simulation)方法,有时也称作随机抽样(random sampling)技术或统计试验(statistical testing)方法。蒙特卡罗方法是一种与一般数值计算方法有本质区别的计算方法,属于试验数学的一个分支,起源于早期的用频率近似概率的数学思想，它利用随机数进行统计试验，以求得的统计特征值(如均值、概率等)作为待解问题的数值解。这一方法源于美国在第二次世界大战中研制原子弹的“曼哈顿计划”，该计划的主持人之一数学家冯·诺依曼把他和乌拉姆所从事的与研制原子弹有关的秘密工作——对裂变物质的中子随机扩散进行直接模拟，并以摩纳哥国的世界闻名赌城蒙特卡罗作为秘密代号来称呼。用赌城名比喻随机仿真，风趣又贴切，很快得到广泛接受，此后，人们便把这种计算机仿真方法称为蒙特卡罗方法，该方法的基本思想很早以前就被人们所发现和利用。早在17世纪，人们就知道用事件发生的“频率”来决定事件的“概率”，而在19世纪人们用投针试验的方法来确定圆周率 π。随着现代计算机技术的飞速发展，用计算机仿真随机过程，实现多次仿真试验并统计计算结果，进而可获得所求问题的近似结果。蒙特卡罗方法已经在原子弹工程的科学研究中发挥了极其重要的作用，并正在日益广泛地应用于物理、工程、经济、金融等各个领域。

其基本思想是：为了求解数学、物理、工程技术以及生产管理等方面的问题，首先建立一个概率模型或随机过程，使随机参数等于问题的解；然后通过对模型或过程的观察或抽样试验来计算所求随机参数的统计特征，最后给出所求解的近似值。解的精确度可用估计值的标准误差来表示。蒙特卡罗方法以概率统计理论为其主要理论基础，以随机抽样(随机变量的抽样)为其主要手段。它可以解决各类型的问题，但总的来说，视其是否涉及随机过程的性态和结果，这些问题可分为两类：第一类是确定性的数学问题，如计算多重积分、解线性代数方程组等；第二类是随机性问题，如原子核物理问题、运筹学中的库存问题、随机服务系统中的排队问题、动物的生态竞争和传染病的蔓延问题等。

考虑平面上的一个边长为1的正方形及其内部的一个形状不规则的图形，如何求出这个图形的面积呢？蒙特卡罗方法是这样一种随机化的方法：向该正方形随机地投掷 N 个点，如果 M 个点落于图形内，则该图形的面积近似为 M/N。可用民意测验来作一个严格的比喻，民意测验的人不是征询每一个登记选民的意见，而是通过对选民进行小规模的抽样调查来确定可能的优胜者。其基本思想是一样的。

科学计算中的问题比这要复杂得多。比如金融衍生产品(期权、期货、掉期等)的定价及交易风险估算，问题的维数(即变量的个数)可能高达数百甚至数千。对这类问题，难度随维数的增加呈指数增长，这就是所谓的“维数灾难”(course dimensionality)，传统的数值方法难以对付(即使使用速度最快的计算机)。蒙特卡罗方法能很好地用来对付维数灾难，因为该方法的计算复杂性不再依赖于维数。以前那些本来是无法计算的问题现在也能够计算了。为提高方法的效率，科学家们提出了许多所谓的“方差缩减”技巧。

蒙特卡罗法的基本原理是：利用各种不同分布随机变量的抽样序列仿真实际系统的概率模型，给出问题数值解的渐近统计估计值，其要点如下：

(1) 对问题建立简单而又便于实现的概率统计模型，使要求的解恰好是所建模型的概率分布或数值期望。

(2) 根据概率统计模型的特点和实际计算的需要，改进模型，以便减小模拟结果的方差，降低费用，提高效率。

(3) 建立随机变量的抽样方法，其中包括产生伪随机数及各种分布随机变量抽样序列的方法。

(4) 给出问题解的统计估计值及其方差或标准差。

对应蒙特卡罗法的要点，实施蒙特卡罗法有三个主要步骤：

(1) 构造或描述概率过程。对于本身就具有随机性质的问题，如粒子输运问题，主要是正确描述和模拟这个概率过程；对于本来不是随机性质的确定性问题，比如计算定积分，就必须事先构造一个人为的概率过程，它的某些参量正好是所要求问题的解，即要将不具有随机性质的问题转化为随机性质问题。

(2) 实现从已知概率分布抽样。构建了概率模型以后，由于各种概率模型都可以看作是由各种各样的概率分布构成的，因此产生已知概率分布的随机变量(或随机向量)，就成为实现蒙特卡罗方法模拟实验的基本手段，这也是蒙特卡罗方法被称为随机抽样的原因。最简单、最基本、最重要的一个概率分布是(0,1)上的均匀分布(或称矩形分布)。随机数就是具有这种均匀分布的随机变量，随机数序列就是具有这种分布的总体的一个简单子样，也就是一个具有这种分布的相互独立的随机变数序列。产生随机数的问题，就是从这个分布抽样的问题。在计算机上，可以用物理方法产生随机数，但价格昂贵，不能重复，使用不便。另一种方法是用数学递推公式产生，这样产生的序列，与真正的随机数序列不同，所以称为伪随机数，或伪随机数序列。不过，经过多种统计检验表明，它与真正的随机数或随机数序列具有相近的性质，因此可把它作为真正的随机数来使用。从已知分布随机抽样有多种方法。与从(0,1)均匀分布抽样不同，这些方法都是借助于随机序列来实现的，也就是说，都是以产生随机数为前提的。由此可见，随机数是我们实现蒙特卡罗模拟的基本工具。

(3) 建立各种估计量。一般说来，构造了概率模型并能从中抽样后，即实现模拟实验后，我们就要确定一个随机变量，作为所要求的问题的解，我们称它为无偏估计。建立各种估计量，相当于对模拟实验的结果进行考察和登记，从中得到问题的解。

与其他的数值计算方法相比，蒙特卡罗方法有这样几个优点：

(1) 收敛速度与问题维数无关，换句话说，要达到同一精度，用蒙特卡罗方法选取的点数与维数无关，计算时间仅与维数成比例。但一般数值方法，比如在计算多重积分时，达到同样的误差，点数与维数的幂次成比例，即计算量要随维数的幂次方而增加。这一特性，决定了蒙特卡罗法对多维问题的适用性。

(2) 受问题的条件限制的影响小。

(3) 程序结构简单，在计算机上实现蒙特卡罗计算时，程序结构清晰简单，便于编制和调试。

(4) 对于仿真像粒子输运等物理问题具有其他数值计算方法不能替代的作用。

蒙特卡罗方法的弱点是收敛速度慢，误差大。这一情况在解粒子输运问题中仍然存在。除此之外，对于大系统蒙特卡罗法通常不适用，但其他数值方法往往很适应，能得到较好的结果。因此，已有人将数值方法与蒙特卡罗方法联合起来使用，克服这种局限性，取得了一定的效果。

5.5.2　蒙特卡罗仿真方法在系统可靠性仿真中的运用

随着现代科学技术的不断发展，大型复杂系统的研制日益增多，对其可靠性及有效性的分析与评定已成为系统研制过程中不可缺少的重要组成部分。对于某些系统而言，常规的解析分析法已不能完全解决系统可靠性的有关问题，系统的可靠性问题可以用故障树分析法（fault tree analysis，FTA）加以解决。当其中包括寿命为非指数分布或当系统的故障树规模较大时，用可靠性仿真求解系统的可靠性将十分有效。

设系统S的故障树由6个门事件和7个基本部件组成，如图5.13所示。已知各基本部件的失效分布函数为$F_i(t)$，λ_i为指数分布的参数，μ_i为正态分布的数学期望；σ_i为正态分布的标准差。

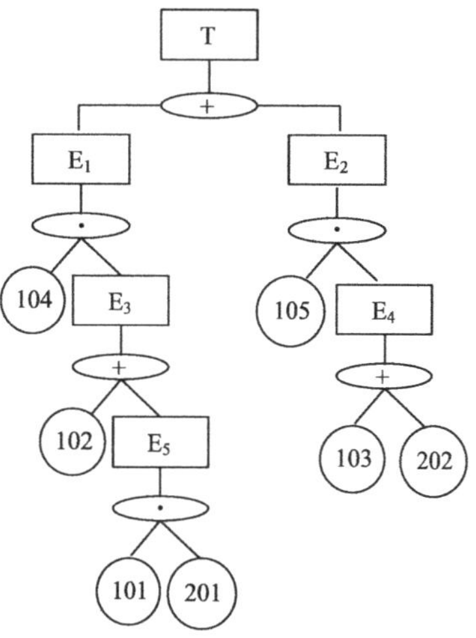

图5.13　系统S的故障树

根据该系统故障树表示的系统可靠性框图，利用故障树仿真法原理，可得该例故障树法可靠性仿真的算法框图，如图5.14所示。

现对图5.14简要说明如下。

(1) 系统规定的最大工作时间为$T_{\max}$，仿真推进步长为Δt，为第r个时间间隔。

(2) 规定仿真运行总次数为N_s，仿真运行次数的序号为N，故$N=1,2,\cdots,N$。

(3) 该系统的故障树中有7个底事件，它们是系统S中7个基本部件失效事件，对于第i个基本部件，其失效分布密度函数$f_i(t)$为已知。

(4) 由故障树可得结构函数$\Phi[X(t)]$，X是系统状态，$\Phi=1$时系统失效。

(5) 在第N次仿真运行中，第i个基本部件Z_i的失效时间t_{1N}根据Z_i的失效分布密度函数$f_i(t)$抽样产生，因而在第N次仿真中，7个基本部件的失效时间抽样值为t_{1N}，t_{2N}，$\cdots$，t_{7N}。

(6) 在每次仿真运行中，将t_{iN}按抽样时间由小到大排序，用TTF_i即有

$$\mathrm{TTF}_1<\mathrm{TTF}_2<\mathrm{TTF}_7$$

(7) 在每次仿真运行时，按故障树逻辑关系，利用结构函数来判断系统项事件发生的时间t_{kN}。具体过程是：按TTF_i由小到大的顺序将与之相对应的基本部件Z_i置于失效状态，通过结构函数来判断系统是否失效，如果系统未失效则继续进行，直到Z_k失效而引起系统失效，则这一次仿真结束。此时$\Phi(t)=1$，且$t=t_k=\mathrm{TTF}_k$。此过程即“通扫故障树”。

表5.5　发生故障时间顺序表

发生故障时间	TTF_1	TTF_2	…	TTF_k	…	TTF_7
对应的基本部件	Z_1	Z_2	…	Z_k	…	Z_7

由上述过程可见，一旦发生系统失效就停止仿真，因此在TTF_k以后的基本部件并未

失效，但因已发生系统失效，因此不必继续“通扫”下去。

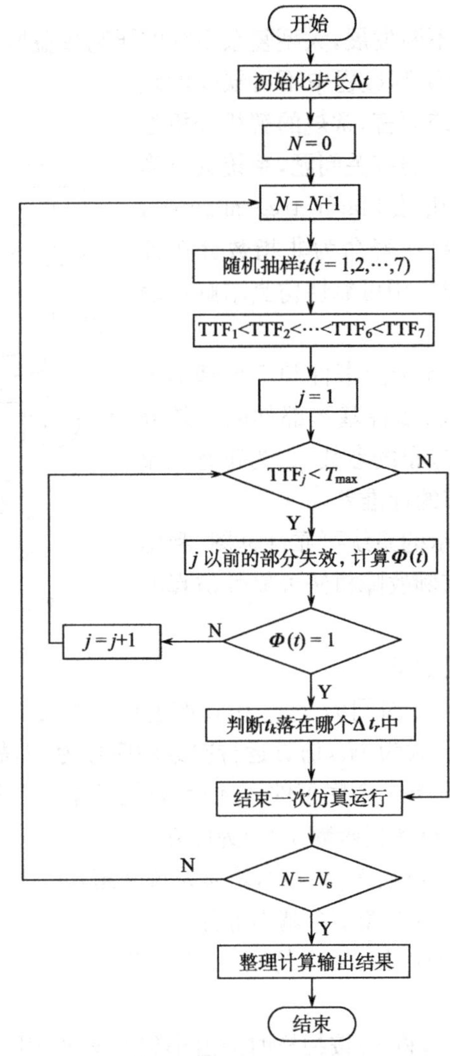

图 5.14　系统可靠性仿真算法流程图

(8) 当一次仿真运行结束，求出系统失效时间 t_k，即判断失效时间 t_k 落在哪个时间区间内。

(9) 重复上述内容(5)～(8)，直到仿真运行 N_S 次。

(10) 统计落入各个 Δt_r 中的失效数 Δm_r。

(11) 求系统的可靠性指标。

设 ξ 为系统 S 的寿命，则系统可靠性的几个重要指标定义如下。

① 系统的累计失效概率(不可靠度)$F_s(t)$：$F_s(t_r)=p(\xi\leqslant t_r)$。

② 系统的可靠度 $R_s(t)$：$R_s(t_r)=1-F_s(t_r)$。

③ 系统的平均寿命 MTBF：MTBF$=E(\xi)$。

④ 基本部件的重要度 $W(Z_i)$：

$$W(Z_i)=\frac{\text{基本部件 } Z_i \text{ 失效引起系统 } S \text{ 失效的次数}}{\text{系统 } S \text{ 失效的总次数}}$$

用重要度来判断系统可靠性的薄弱环节。从重要度定义可见，此量值表示了部件 Z_i 失效而引起系统失效的次数在系统总失效数中的百分比，因此 $W(Z_i)$越大，说明 Z_i 越是系统可靠性的薄弱环节。

蒙特卡罗方法要求选取的仿真次数 N_s 要足够多，以满足一定的仿真精度。通常可采用试算的方法，即逐步增加仿真运行次数，并观察其输出结果的变化，要求其次数波动的总趋势是稳定收敛。如果有 10 000 次，其仿真运行结构都很接近，则说明已达到稳态。当给定精度要求时，可以通过估计值来比较。

通常在仿真时要根据系统可能发生失效时间的估计 T_{max} 值的影响，人为设定一个最大仿真时间进行运行。若仿真中统计出落在此值以后的失效次数较多，则应加大此数值，直到仿真过程中系统失效时间绝大部分在此值以下为止。由于 T_{max} 值取得太大会造成过多的仿真运行，而太小又影响统计的精度，因此要取得恰当。例如，上面这个实验中，某些部件失效分布为均值等于 1000h 的正态分布，所以可以选取 $T_{max}=1500h$。

一般来说，随机数发生器都是经过检验的，因此其均匀性、独立性都应符合随机性要求。实际系统仿真表明，由于随机数发生器的初值选取不同，其结果还会有差异。但是如果仿真运行次数足够大，则不同初值结果相差不大。

蒙特卡罗仿真普遍适用于多种系统，且方便易行，充分显示出蒙特卡罗仿真法处理可靠性问题的巨大优越性。

5.5.3 蒙特卡罗仿真方法实例

例 5.6 用蒙特卡罗投点法计算 π 的值。

解 在边长为 a 的正方形内随机投点，该点落在此正方形的内切圆中的概率应为内切圆与正方形的面积比(图 5.15)。

$$p=\frac{\pi\times\left(\frac{a^2}{2}\right)}{a^2}=\frac{\pi}{4}$$

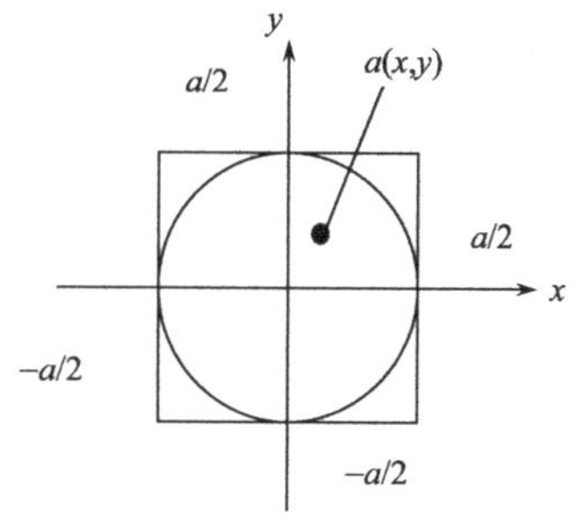

图 5.15

Step1 程序流程见图 5.16。

Step2 MATLAB 程序：

```
n = 10000;a = 2;m = 0;
for i = 1:n
    x = rand(1) * a/2;y = rand(1) * a/2;
    if(x^2 + y^2<= (a/2)^2)
      m = m + 1;
    end
end
fprintf('计算出来的 pi 为：%f\n',4 * m/n);
```

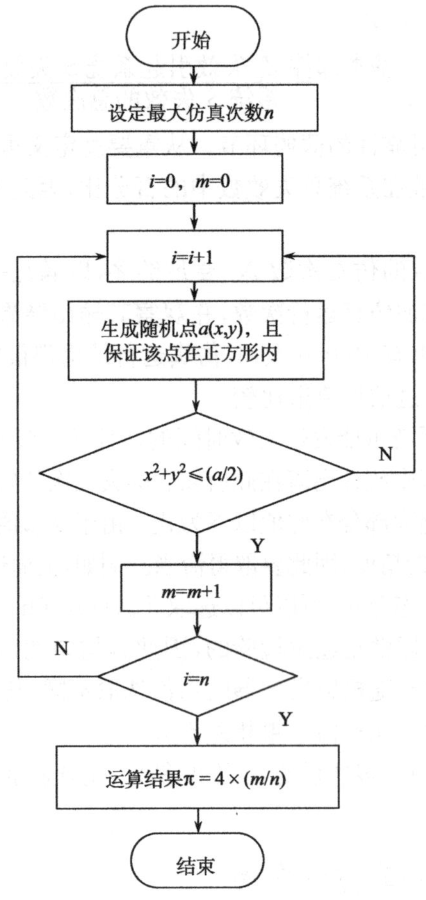

图 5.16　蒙特卡罗仿真流程

Step3 运行结果：

由于蒙特卡罗算法是一种抽样统计的仿真方法，因而每次运行的结果都会不一样。但是从总体上来说，仿真次数越多，统计的数据就越精确。表 5.6 是上述程序的运行结果，n 的取值分别为 10 000、100 000 和 1 000 000，每次运行三次，求取其平均值。根据表中的结果我们可以看出，当 n 取 1 000 000 时，π 的值更加接近于 3.141 59。

表 5.6　用蒙特卡罗方法求 π 的试验结果

	第一次	第二次	第三次	平均值
n=10 000	3.152 800	3.150 000	3.158 400	3.153 73
n=100 000	3.146 960	3.141 600	3.139 600	3.142 72
n=1 000 000	3.141 460	3.142 104	3.140 440	3.141 33

习题与思考题

1. 试说明离散事件系统仿真与连续系统仿真的区别。

2. 试举例说明离散事件动态系统的特征。

3. 蒙特卡罗仿真方法的基本思想是什么？

4. 试比较事件调度法、活动扫描法、进程交互法这三种仿真策略。

5. 试举一个离散事件系统的例子，并画出其仿真流程图。

6. 有如下排队系统，试画出系统中顾客排队的队长随时间变化的曲线，并统计计算仿真运行长度为 40min 时，系统中顾客排队的平均队长和平均等待时间。顾客到达的时间间隔分别为 $A_i=5,6,7,14,6$(单位：min，i 表示到达顾客的顺序号)，为第 i 个顾客服务的时间分别为 $S_i=12,5,13,4,9$(单位：min)。

7. 一库存系统，一年的订货量为 3000 件，初始值为 100 件，每月的消耗量相等(按 25 天计算)，消耗速度相同，按月订货，每月缺货的天数允许为 3 天，提前期为 5 天。试画出库存随时间变化的曲线，并计算订货点库存水平。

8. 某机修厂修理某种机床所需时间的统计数据如下：

修理时间	频数	相对频率	累计频率
$0\leqslant x\leqslant 0.5$	32	0.32	0.32
$0.5<x\leqslant 1.0$	9	0.09	0.41
$1.0<x\leqslant 1.5$	22	0.22	0.63
$1.5<x\leqslant 2.0$	37	0.37	1.00

试用 MATLAB 编写程序，产生随机变量 x。

9. 在我方某前沿防守地域，敌人以一个炮排(含两门火炮)为单位对我方进行干扰和破坏。为躲避我方打击，敌方对其阵地进行了伪装并经常变换射击地点。经过长期观察发现，我方指挥所对敌方目标的指示有 50% 是准确的，而我方火力单位，在指示正确时，有 1/3 的射击效果能毁伤敌人一门火炮，有 1/6 的射击效果能全部毁伤敌人火炮。现在希望能用某种方式把我方将要对敌人实施的 20 次打击结果显现出来，确定有效射击的比率及毁伤敌方火炮的平均值。试用蒙特卡罗仿真方法进行仿真。

第6章 灰色系统建模方法

6.1 灰色预测模型

6.1.1 GM(1,1)模型

定义 6.1 设

$$X^{(0)} = (x^{(0)}(1), x^{(0)}(2), \cdots, x^{(0)}(n)),$$
$$X^{(1)} = (x^{(1)}(1), x^{(1)}(2), \cdots, x^{(1)}(n))$$

称

$$x^{(0)}(k) + ax^{(1)}(k) = b \tag{6.1}$$

为 GM(1,1)模型的原始形式。

符号 GM(1,1)的含义如下：

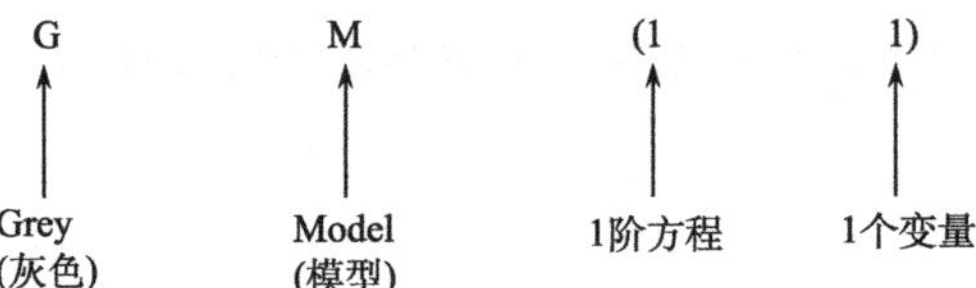

定义 6.2 设 $X^{(0)}, X^{(1)}$ 如定义 6.1 所示，

$$Z^{(1)} = (z^{(1)}(2), z^{(1)}(3), \cdots, z^{(1)}(n))$$

式中，$z^{(1)}(k)=\frac{1}{2}(x^{(1)}(k)+x^{(1)}(k-1))$，称

$$x^{(0)}(k) + az^{(1)}(k) = b \tag{6.2}$$

为 GM(1,1)模型的基本形式。

定理 6.1 设 $X^{(0)}$ 为非负序列：

$$X^{(0)} = (x^{(0)}(1), x^{(0)}(2), \cdots, x^{(0)}(n))$$

式中，$x^{(0)}(k)\geqslant 0,k=1,2,\cdots n$；$X^{(1)}$为$X^{(0)}$的1-AGO序列：

$$X^{(1)}=(x^{(1)}(1),x^{(1)}(2),\cdots,x^{(1)}(n))$$

式中，$x^{(1)}(k)=\sum_{i=1}^{k}x^{(0)}(i),k=1,2,\cdots n$；$Z^{(1)}$为$X^{(1)}$的紧邻均值生成序列：

$$Z^{(1)}=(z^{(1)}(2),z^{(1)}(3),\cdots,z^{(1)}(n))$$

式中，$z^{(1)}(k)=\frac{1}{2}(x^{(1)}(k)+x^{(1)}(k-1)),k=2,3\cdots,n$。

若$\hat{a}=(a,b)^{\mathrm{T}}$为参数列，且

$$Y=\begin{bmatrix}x^{(0)}(2)\\x^{(0)}(3)\\\vdots\\x^{(0)}(n)\end{bmatrix},\quad B=\begin{bmatrix}-z^{(1)}(2)&1\\-z^{(1)}(3)&1\\\vdots&\vdots\\-z^{(1)}(n)&1\end{bmatrix}\tag{6.3}$$

则GM(1,1)模型$x^{(0)}(k)+az^{(1)}(k)=b$的最小二乘估计参数列满足

$$\hat{a}=(B^{\mathrm{T}}B)^{-1}B^{\mathrm{T}}Y\tag{6.4}$$

定义6.3 设$X^{(0)}$为非负序列，$X^{(1)}$为$X^{(0)}$的1-AGO序列，$Z^{(1)}$为$X^{(1)}$的紧邻均值生成序列，$(a,b)^{\mathrm{T}}=(B^{\mathrm{T}}B)^{-1}B^{\mathrm{T}}Y$，则称

$$\frac{\mathrm{d}x^{(1)}}{\mathrm{d}t}+ax^{(1)}=b\tag{6.5}$$

为GM(1,1)模型的白化方程，也称为影子方程。

定理6.2 设$B,Y,\hat{a}$如定理6.1所述，$\hat{a}=(a,b)^{\mathrm{T}}=(B^{\mathrm{T}}B)^{-1}B^{\mathrm{T}}Y$，则

(1) 白化方程$\frac{\mathrm{d}x^{(1)}}{\mathrm{d}t}+ax^{(1)}=b$的解也称时间响应函数为

$$x^{(1)}(t)=\left(x^{(1)}(1)-\frac{b}{a}\right)\mathrm{e}^{-at}+\frac{b}{a}\tag{6.6}$$

(2) GM(1,1)模型$x^{(0)}(k)+az^{(1)}(k)=b$的时间响应序列为

$$\hat{x}^{(1)}(k+1)=\left(x^{(0)}(1)-\frac{b}{a}\right)\mathrm{e}^{-ak}+\frac{b}{a},\quad k=1,2,\cdots,n\tag{6.7}$$

(3) 还原值

$$\begin{aligned}\hat{x}^{(0)}(k+1)&=\alpha^{(1)}\hat{x}^{(1)}(k+1)\\&=\hat{x}^{(1)}(k+1)-\hat{x}^{(1)}(k)=(1-\mathrm{e}^{a})\left(x^{(0)}(1)-\frac{b}{a}\right)\mathrm{e}^{-ak},\quad k=1,2,\cdots n\end{aligned}\tag{6.8}$$

定义6.4 称GM(1,1)模型中的参数$-a$为发展系数，b为灰色作用量。

$-a$反映了$\hat{x}^{(1)}$及$\hat{x}^{(0)}$的发展态势。一般情况下，系统作用量应是外生的或者前定的，而GM(1,1)是单序列建模，只用到系统的行为序列(或称输出序列、背景值)，而无外作用序列(或称输入序列、驱动量)。GM(1,1)模型中的灰色作用量是从背景值挖掘出来的数据，它反映数据变化的关系，其确切内涵是灰的。灰色作用量是内涵外延化的具体体

现，它的存在，是区别灰色建模与一般输入输出建模（黑箱建模）的分水岭，也是区别灰色系统观点与灰箱观点的重要标志。

6.1.2 GM(1,1)模型的适用范围

邓聚龙教授对GM(1,1)模型作了十分深入的研究，得到了GM(1,1)模型的多种不同形式。主要有：

(1) $x^{(0)}(k)+ax^{(1)}(k)=b$；

(2) $x^{(0)}(k)+az^{(1)}(k)=b$；

(3) $\dfrac{\mathrm{d}x^{(1)}}{\mathrm{d}t}+ax^{(1)}=b$；

(4) $\begin{cases}\hat{x}^{(1)}(k+1)=\left(x^{(0)}(1)-\dfrac{b}{a}\right)\mathrm{e}^{-ak}+\dfrac{b}{a},\\ \hat{x}^{(0)}(k+1)=\hat{x}^{(1)}(k+1)-\hat{x}^{(1)}(k);\end{cases}$

(5) $\hat{x}^{(0)}(k)=\beta-\alpha x^{(1)}(k-1),\quad k=2,3,\cdots,n,\quad \beta=\dfrac{b}{1+0.5a},\quad \alpha=\dfrac{a}{1+0.5a}$；

(6) $\begin{cases}\hat{x}^{(0)}(2)=\beta-\alpha x^{(0)}(1),\\ \hat{x}^{(0)}(k)=(1-\alpha)x^{(0)}(k-1),\quad k=3,4,\cdots,n;\end{cases}$

(7) $\begin{cases}\hat{x}^{(0)}(2)=\beta-\alpha x^{(0)}(1),\\ \hat{x}^{(0)}(k)=\dfrac{1-0.5a}{1+0.5a}x^{(0)}(k-1),\quad k=3,4,\cdots,n;\end{cases}$

(8) $\begin{cases}\hat{x}^{(0)}(2)=\beta-\alpha x^{(0)}(1),\\ \hat{x}^{(0)}(k)=\dfrac{x^{(1)}(k-1)-0.5b}{x^{(1)}(k-2)+0.5b}x^{(0)}(k-1),\quad k=3,4,\cdots,n;\end{cases}$

(9) $\hat{x}^{(0)}(k)=\left(\dfrac{1-0.5a}{1+0.5a}\right)^{k-2}\left[\dfrac{b-ax^{(0)}(1)}{1+0.5a}\right],\quad k=2,3,\cdots,n$；

(10) $\hat{x}^{(0)}(k)=\dfrac{1}{(1-\alpha)^3}x^{(0)}(3)\mathrm{e}^{k\ln(1-\alpha)},\quad k>3$；

(11) $\hat{x}^{(0)}(k)=(\beta-\alpha x^{(0)}(1))\mathrm{e}^{-a(k-2)}$；

(12) $\hat{x}^{(0)}(k)=(1-\mathrm{e}^{a})\left(x^{(0)}(1)-\dfrac{b}{a}\right)\mathrm{e}^{-a(k-1)}$；

(13) $\hat{x}^{(0)}(k)=(-a)\left(x^{(0)}(1)-\dfrac{b}{a}\right)\mathrm{e}^{-a(k-1)}$。

命题 6.1 当 $(n-1)\sum\limits_{k=2}^{n}[z^{(1)}(k)]^2\rightarrow\left[\sum\limits_{k=2}^{n}z^{(1)}(k)\right]^2$ 时，GM(1,1)模型无意义。

证明 采用最小二乘法估计模型参数，有

$$\hat{a}=\frac{\sum\limits_{k=2}^{n}z^{(1)}(k)\sum\limits_{k=2}^{n}x^{(0)}(k)-(n-1)\sum\limits_{k=2}^{n}z^{(1)}(k)x^{(0)}(k)}{(n-1)\sum\limits_{k=2}^{n}[z^{(1)}(k)]^2-\left[\sum\limits_{k=2}^{n}z^{(1)}(k)\right]^2}$$

$$\hat{b}=\frac{\sum_{k=2}^{n}x^{(0)}(k)\sum_{k=2}^{n}[z^{(1)}(k)]^2-\sum_{k=2}^{n}z^{(1)}(k)\sum_{k=2}^{n}z^{(1)}(k)x^{(0)}(k)}{(n-1)\sum_{k=2}^{n}[z^{(1)}(k)]^2-\left[\sum_{k=2}^{n}z^{(1)}(k)\right]^2}$$

当 $(n-1)\sum_{k=2}^{n}[z^{(1)}(k)]^2\to\left[\sum_{k=2}^{n}z^{(1)}(k)\right]^2$ 时，$\hat{a}\to\infty$，$\hat{b}\to\infty$，无法确定模型参数，故此 GM(1,1)模型无意义。

命题 6.2　当 GM(1,1)发展系数 $|a|\geqslant 2$ 时，GM(1,1)模型无意义。

证明　由 GM(1,1)表达式

$$x^{(0)}(k)=\left(\frac{1-0.5a}{1+0.5a}\right)^{k-2}\left(\frac{b-ax^{(0)}(1)}{1+0.5a}\right),\quad k=2,3,\cdots,n$$

可知：① 当 $a=-2$ 时，$x^{(0)}(k)\to\infty$；② 当 $a=2$ 时，$x^{(0)}(k)=0$；③ 当 $|a|>2$ 时，$\frac{b-ax^{(0)}(1)}{1+0.5a}$ 为常数，而 $\left(\frac{1-0.5a}{1+0.5a}\right)^{k-2}$ 随着 k 的奇偶性不同而改变符号，因此 $x^{(0)}(k)$ 随着 k 的奇偶性不同而变号。

由以上讨论可知 $(-\infty,-2]\cup[2,\infty)$ 是 GM(1,1)发展系数 $-a$ 的禁区。当 $a\in(-\infty,-2]\cup[2,\infty)$ 时，GM(1,1)模型失去意义。

一般地，当 $|a|<2$ 时，GM(1,1)模型有意义。但随着 a 的不同取值，预测效果也不同。对于 $-2<a<0$，即发展系数 $0<-a<2$ 的情形，我们分别取 $-a=0.1,0.2,0.3,0.4,0.5,0.6,0.8,1.5,1.8$ 等进行模拟分析。取 $k=0,1,2,3,4,5$，由 $x_i^{(0)}(k+1)=e^{-ak}$ 可得如下数列：

$$-a=0.1,X_1^{(0)}=(x_1^{(0)}(1),x_1^{(0)}(2),x_1^{(0)}(3),x_1^{(0)}(4),x_1^{(0)}(5),x_1^{(0)}(6))$$
$$=(1,1.1051,1.2214,1.3499,1.4918,1.6487)$$
$$-a=0.2,X_2^{(0)}=(1,1.2214,1.4918,1.8221,2.2255,2.7183)$$
$$-a=0.3,X_3^{(0)}=(1,1.3499,1.8221,2.4596,3.3201,4.4817)$$
$$-a=0.4,X_4^{(0)}=(1,1.4918,2.225,3.3201,4.9530,7.3890)$$
$$-a=0.5,X_5^{(0)}=(1,1.6487,2.7183,4.4817,7.3890,12.1825)$$
$$-a=0.6,X_6^{(0)}=(1,1.8821,3.3201,6.0496,11.0232,20.0855)$$
$$-a=0.8,X_7^{(0)}=(1,2.2255,4.9530,11.0232,24.5325,54.5982)$$
$$-a=1,X_8^{(0)}=(1,2.7183,7.3890,20.0855,54.5982,148.4132)$$
$$-a=1.5,X_9^{(0)}=(1,4.4817,20.0855,90.0171,403.4288,1808.0424)$$
$$-a=1.8,X_{10}^{(0)}=(1,6.0496,36.5982,221.4064,1339.4308,8103.0839)$$

分别以 $X_2^{(0)},X_2^{(0)},\cdots,X_2^{(0)}$ 为原始序列建立 GM(1,1)模型得到如下的时间响应式：

$$\hat{x}_1^{(1)}(k+1)=10.507\,54e^{0.099\,921\,82k}-9.507\,541$$
$$\hat{x}_2^{(1)}(k+1)=5.516\,431e^{0.199\,340\,1k}-4.516\,431$$
$$\hat{x}_3^{(1)}(k+1)=3.858\,32e^{0.297\,769k}-2.858\,321$$
$$\hat{x}_4^{(1)}(k+1)=3.033\,199e^{0.394\,752k}-2.033\,199$$
$$\hat{x}_5^{(1)}(k+1)=2.541\,474e^{0.489\,838\,2k}-1.541\,474$$

$$\hat{x}_6^{(1)}(k+1)=2.216\,363\mathrm{e}^{0.582\,626\,3k}-1.216\,362$$
$$\hat{x}_7^{(1)}(k+1)=1.815\,972\mathrm{e}^{0.759\,899\,1k}-0.815\,971\,8$$
$$\hat{x}_8^{(1)}(k+1)=1.581\,973\mathrm{e}^{0.924\,234\,8k}-0.581\,973\,3$$
$$\hat{x}_9^{(1)}(k+1)=1.287\,182\mathrm{e}^{1.270\,298k}-0.287\,182\,3$$
$$\hat{x}_{10}^{(1)}(k+1)=0.198\,197\mathrm{e}^{1.432\,596k}-0.198\,196\,6$$

由 $\hat{x}_i^{(0)}(k+1)=\hat{x}_i^{(1)}(k+1)-\hat{x}_i^{(1)}(k)$，$i=1,2,\cdots,10$，得

$$\hat{x}_1^{(0)}(k+1)=0.999\,18\mathrm{e}^{0.099\,921\,82k},\quad \hat{x}_2^{(0)}(k+1)=0.996\,98\mathrm{e}^{0.199\,340\,1k},$$
$$\hat{x}_3^{(0)}(k+1)=0.993\,62\mathrm{e}^{0.297\,769k},\quad \hat{x}_4^{(0)}(k+1)=0.989\,287\mathrm{e}^{0.394\,752k},$$
$$\hat{x}_5^{(0)}(k+1)=0.984\,248\mathrm{e}^{0.489\,838\,2k},\quad \hat{x}_6^{(0)}(k+1)=0.978\,68\mathrm{e}^{0.582\,626\,3k},$$
$$\hat{x}_7^{(0)}(k+1)=0.966\,617\mathrm{e}^{0.759\,899\,1k},\quad \hat{x}_8^{(0)}(k+1)=0.954\,19\mathrm{e}^{0.924\,234\,8k},$$
$$\hat{x}_9^{(0)}(k+1)=0.925\,808\mathrm{e}^{1.270\,298k},\quad \hat{x}_{10}^{(0)}(k+1)=0.912\,20\mathrm{e}^{1.432\,596k}$$

由于GM(1,1)模型 $x^{(0)}(k)+az^{(1)}(k)=b$ 中 $z^{(1)}(k)=\frac{1}{2}(x^{(1)}(k)+x^{(1)}(k-1))$ 为均值生成，对于增长序列，具有弱化其增长趋势的作用。指数序列建立GM(1,1)发展系数减小。

比较原始序列 $X_i^{(0)}$ 与模拟序列 $\hat{X}_i^{(0)}$ 的误差（表6.1）。

表6.1 模拟误差

发展系数 $-a$	$\frac{1}{5}\sum_{i=2}^{6}[\hat{x}^{(0)}(k)-x^{(0)}(k)]$	平均相对误差 $\frac{1}{5}\sum_{k=2}^{6}\Delta_k$ /%
0.1	0.004	0.104
0.2	0.010	0.499
0.3	0.038	1.300
0.4	0.116	2.613
0.5	0.307	4.520
0.6	0.741	7.074
0.8	3.403	14.156
1	14.807	23.444
1.5	317.867	51.033
1.8	1632.240	65.454

可以看出，随着发展系数的增大，模拟误差迅速增加。当发展系数小于或等于0.3时，模拟精度可以达到98%以上；发展系数小于或等于0.5时，模拟精度可以达到95%以上；发展系数大于1，模拟精度低于70%；发展系数大于1.5，模拟精度低于50%。

进一步考察1步，2步，5步，10步预测误差（表6.2）

表6.2 预测误差 （单位：%）

$-a$	0.1	0.2	0.3	0.4	0.5	0.6	0.8	1	1.5	1.8
1步误差	0.129	0.701	1.998	4.317	7.988	13.405	31.595	65.117	—	—
2步误差	0.137	0.768	2.226	4.865	9.091	13.392	33.979	78.113	—	—
5步误差	0.160	0.967	2.912	6.529	12.468	21.566	54.491	—	—	—
10步误差	0.855	1.301	4.067	9.362	18.330	32.599	88.790	—	—	—

可以看出，当发展系数小于0.3时，1步预测精度在98%以上，2步和5步预测精度都在97%以上；当$0.3<-a\leqslant 0.5$时，1步和2步预测精度皆在90%以上，10步预测精度也高于80%；当发展系数大于0.8时，1步预测精度已低于70%。表6.1.2中的横线表示误差已大于100%。

通过以上分析，可得下述结论：

(1) 当$-a\leqslant 0.3$时，GM(1,1)可用于中长期预测；

(2) 当$0.3<-a\leqslant 0.5$时，GM(1,1)可用于短期预测，中长期预测慎用；

(3) 当$0.5<-a\leqslant 0.8$时，用GM(1,1)作短期预测应十分谨慎；

(4) 当$0.8<-a\leqslant 1$时，应采用残差修正GM(1,1)模型；

(5) 当$-a>1$时，不宜采用GM(1,1)模型。

6.1.3 GM(0,N)模型和灰色Verhulst模型

1. GM(0,N)模型

定义6.5 设$X_1^{(0)}$为系统特征数据序列，$X_i^{(0)}(i=2,3,\cdots,N)$为相关因素序列，$X_i^{(1)}$为诸$X_i^{(0)}(i=1,2,\cdots,N)$的1-AGO序列，则称

$$x_1^{(1)}(k)=b_2x_2^{(1)}(k)+b_3x_3^{(1)}(k)+\cdots+b_Nx_N^{(1)}(k)+a \tag{6.9}$$

为GM(0,N)模型。

GM(0,N)模型不含导数，因此为静态模型。它形如多元线性回归模型但与一般的多元线性回归模型有着本质的区别。一般的多元线性回归建模以原始数据序列为基础，GM(0,N)的建模基础则是原始数据的1-AGO序列。

定理6.3 设$X_i^{(0)}$，$X_i^{(1)}$如定义6.5所述，

$$B=\begin{bmatrix} x_2^{(1)}(2) & x_3^{(1)}(2) & \cdots & x_N^{(1)}(2) \\ x_2^{(1)}(3) & x_3^{(1)}(3) & \cdots & x_N^{(1)}(3) \\ \vdots & \vdots & & \vdots \\ x_2^{(1)}(n) & x_3^{(1)}(n) & \cdots & x_N^{(1)}(n) \end{bmatrix},\quad Y=\begin{bmatrix} x_1^{(1)}(2) \\ x_1^{(1)}(3) \\ \vdots \\ x_1^{(1)}(n) \end{bmatrix}$$

则参数列$\hat{a}=(a,b_1,b_2,\cdots,b_N)^{\mathrm{T}}$的最小二乘估计为

$$\hat{a}=(B^{\mathrm{T}}B)^{-1}B^{\mathrm{T}}Y$$

2. 灰色Verhulst模型

对于非单调的摆动发展序列或有饱和的S形序列，可以考虑建立灰色Verhulst模型。

定义6.6 设$X^{(0)}$为原始数据序列，$X^{(1)}$为$X^{(0)}$的1-AGO序列，$Z^{(1)}$为$X^{(1)}$的紧邻均值生成序列，则称

$$x^{(0)}(k)+az^{(1)}(k)=b(z^{(1)}(k))^{\alpha} \tag{6.10}$$

为GM(1,1)幂模型。

定义6.7 称

$$\frac{\mathrm{d}x^{(1)}}{\mathrm{d}t}+ax^{(1)}=b(x^{(1)})^{\alpha} \tag{6.11}$$

为 GM(1,1)幂模型的白化方程。

定理 6.4 GM(1,1)幂模型之白化方程的解为

$$x^{(1)}(t)=\left\{e^{-(1-a)at}\left[(1-a)\int be^{(1-a)at}\mathrm{d}t+c\right]\right\}^{\frac{1}{1-a}} \tag{6.12}$$

定理 6.5 设 $X^{(0)}$,$X^{(1)}$,$Z^{(1)}$如定义 6.6 所述,

$$B=\begin{bmatrix}-z^{(1)}(2) & (z^{(1)}(2))^{\alpha}\\ -z^{(1)}(3) & (z^{(1)}(3))^{\alpha}\\ \vdots & \vdots\\ -z^{(1)}(n) & (z^{(1)}(n))^{\alpha}\end{bmatrix},\quad Y=\begin{bmatrix}x^{(0)}(2)\\ x^{(0)}(3)\\ \vdots\\ x^{(0)}(n)\end{bmatrix}$$

则 GM(1,1)幂模型参数列 $\hat{a}=(a,b)^{\mathrm{T}}$ 的最小二乘估计为

$$\hat{a}=(B^{\mathrm{T}}B)^{-1}B^{\mathrm{T}}Y$$

定义 6.8 当 $\alpha=2$ 时,称

$$x^{(0)}(k)+az^{(1)}(k)=b(z^{(1)}(k))^{2} \tag{6.13}$$

为灰色 Verhulst 模型。

定义 6.9 称

$$\frac{\mathrm{d}x^{(1)}}{\mathrm{d}t}+ax^{(1)}=b(x^{(1)})^{2} \tag{6.14}$$

为灰色 Verhulst 模型的白化方程。

定理 6.6

(1) 灰色 Verhulst 模型白化方程的解为

$$x^{(1)}(t)=\frac{1}{\mathrm{e}^{at}\left[\frac{1}{x^{(1)}(0)}-\frac{b}{a}(1-\mathrm{e}^{-at})\right]}=\frac{ax^{(1)}(0)}{\mathrm{e}^{at}[a-bx^{(1)}(0)(1-\mathrm{e}^{-at})]}$$

$$=\frac{ax^{(1)}(0)}{bx^{(1)}(0)+(a-bx^{(1)}(0))\mathrm{e}^{at}} \tag{6.15}$$

(2) 灰色 Verhulst 模型的时间响应式

$$\hat{x}^{(1)}(k+1)=\frac{ax^{(1)}(0)}{bx^{(1)}(0)+(a-bx^{(1)}(0))\mathrm{e}^{ak}} \tag{6.16}$$

灰色 Verhulst 模型主要用来描述具有饱和状态的过程,即 S 形过程,常用于人口预测、生物生长、繁殖预测和产品经济寿命预测等。由灰色 Verhulst 方程的解可以看出,当 $t\to\infty$ 时,若 $a>0$,则 $x^{(1)}(t)\to 0$;若 $a<0$,则 $x^{(1)}(t)\to\frac{a}{b}$,即有充分大的 t,对任意 $k>t$,$x^{(1)}(k+1)$ 与 $x^{(1)}(k)$充分接近,此时 $x^{(0)}(k+1)=x^{(1)}(k+1)-x^{(1)}(k)\approx 0$,系统趋于死亡。

在实际问题中,常遇到原始数据本身呈 S 的过程。这时,我们可以直接将原始数据取为 $X^{(1)}$,记其 1-IAGO 为 $X^{(0)}$,建立灰色 Verhulst 模型直接对 $X^{(1)}$ 进行模拟。

6.1.4 灰色区间预测模型

对于原始数据发生不规则波动的情形,通常无法找到合适的模型描述其变化趋势,因

此无法对其未来变化进行准确预测。这时,可以考虑预测其未来取值的变化范围,这就是灰色区间预测。

定义 6.10 设 $X(t)$ 为序列折线,$f_u(t)$ 和 $f_s(t)$ 为光滑连续曲线。若对任意 t,恒有

$$f_u(t) < X(t) < f_s(t)$$

则称 $f_u(t)$ 为 $X(t)$ 的下界函数,$f_s(t)$ 为 $X(t)$ 的上界函数,并称

$$S = \{(t, X(t)) \mid X(t) \in [f_u(t), f_s(t)]\}$$

为 $X(t)$ 的取值域。

例 6.1 设 $X^{(0)} = (x^{(0)}(1), x^{(0)}(2), \cdots, x^{(0)}(n))$ 为原始序列,其 1-AGO 序列为 $X^{(1)} = (x^{(1)}(1), x^{(1)}(2), \cdots, x^{(1)}(n))$。令

$$\sigma_{\max} = \max_{1 \leqslant k \leqslant n}\{x^{(0)}(k)\}, \quad \sigma_{\min} = \min_{1 \leqslant k \leqslant n}\{x^{(0)}(k)\}$$

$X^{(1)}$ 的下界函数 $f_u(n+t)$ 和上界函数 $f_s(n+t)$ 分别取为

$$f_u(n+t) = x^{(1)}(n) + t\sigma_{\min}, \quad f_s(n+t) = x^{(1)}(n) + t\sigma_{\max} \tag{6.17}$$

由式(6.17)可以得到 $X^{(1)}$ 的取值域

$$S = \{(t, X(t)) \mid t > n, X(t) \in [f_u(t), f_s(t)]\}$$

$X^{(1)}$ 的预测区域如图 6.1 所示。

例 6.2 设 $X^{(0)}$ 为原始序列,$X_u^{(0)}$ 是 $X^{(0)}$ 的下缘点连线所对应的序列,$X_s^{(0)}$ 是 $X^{(0)}$ 的上缘点连线所对应的序列,分别取 $X_u^{(0)}$ 和 $X_s^{(0)}$ 对应的 GM(1,1)时间响应式

$$\hat{x}_u^{(1)}(k+1) = \left(x_u^{(0)}(1) - \frac{b_u}{a_u}\right)\exp(-a_u k) + \frac{b_u}{a_u}$$

和

$$\hat{x}_s^{(1)}(k+1) = \left(x_s^{(0)}(1) - \frac{b_s}{a_s}\right)\exp(-a_s k) + \frac{b_s}{a_s}$$

为 $X^{(1)}$ 的下界函数和上界函数,可得 $X^{(1)}$ 的取值域

$$S = \{(t, X(t)) \mid X(t) \in [\hat{X}_u^{(1)}(t), \hat{X}_s^{(1)}(t)]\}$$

并称为 $X^{(1)}$ 的包络区域,如图 6.2 所示。

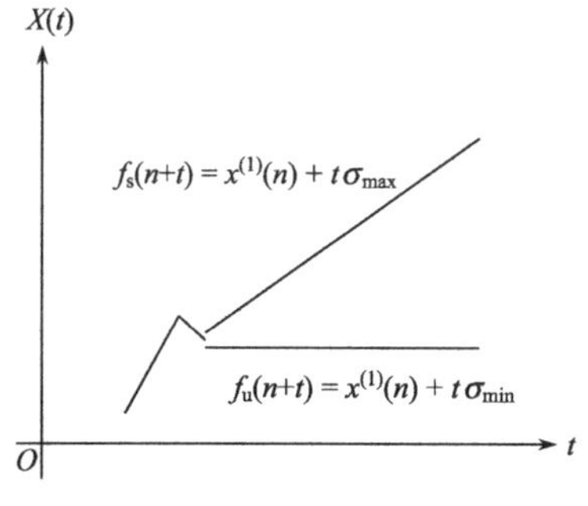

图 6.1 喇叭形预测区域

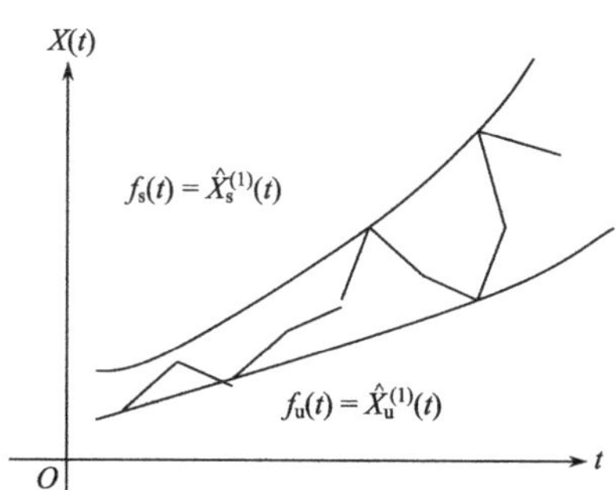

图 6.2 包络区域

例 6.3 设 $X^{(0)}$ 为原始数据序列,取 $X^{(0)}$ 中 m 个不同的数据序列可建立 m 个不同的

GM(1,1)模型，对应参数为 $\hat{a}_i=(a_i,b_i)^{\mathrm{T}};i=1,2,\cdots,m$。令

$$-a_{\max}=\max_{1\leqslant i\leqslant m}\{-a_i\},\quad -a_{\min}=\min_{1\leqslant i\leqslant m}\{-a_i\}$$

分别取与 $-a_{\max}$ 和 $-a_{\min}$ 对应的 GM(1,1)时间响应式

$$\hat{x}_{\mathrm{u}}^{(1)}(k+1)=\left(x_{\mathrm{u}}^{(0)}(1)-\frac{b_{\min}}{a_{\min}}\right)\exp(-a_{\min}k)+\frac{b_{\min}}{a_{\min}}$$

$$\hat{x}_{\mathrm{s}}^{(1)}(k+1)=\left(x_{\mathrm{s}}^{(0)}(1)-\frac{b_{\max}}{a_{\max}}\right)\exp(-a_{\max}k)+\frac{b_{\max}}{a_{\max}}$$

为 $X^{(1)}$ 的下界函数和上界函数，可得 $X^{(1)}$ 的取值域

$$S=\{(t,X(t))\mid X(t)\in[\hat{X}_{\mathrm{u}}^{(1)}(t),\hat{X}_{\mathrm{s}}^{(1)}(t)]\}$$

定义 6.11 设 $X^{(0)}=(x^{(0)}(1),x^{(0)}(2),\cdots,x^{(0)}(n))$ 原始序列，$f_{\mathrm{u}}(t)$ 和 $f_{\mathrm{s}}(t)$ 为其 1-AGO序列 $X^{(1)}$ 的下界函数和上界函数，对于任意 $k>0$，称

$$\hat{x}^{(0)}(n+k)=\frac{1}{2}[f_{\mathrm{u}}(n+k)+f_{\mathrm{s}}(n+k)] \tag{6.18}$$

为 $X^{(0)}$ 的基本预测值，

$$\hat{x}_{\mathrm{u}}^{(0)}(n+k)=f_{\mathrm{u}}(n+k),\quad \hat{x}_{\mathrm{s}}^{(0)}(n+k)=f_{\mathrm{s}}(n+k) \tag{6.19}$$

分别为 $X^{(0)}$ 的最低预测值和最高预测值。

6.1.5 灰色波形预测模型

当仅给出未来取值变化范围的区间预测不能满足要求时，可以考虑根据原始数据的波形预测未来行为数据发展变化的波形，这种预测称为波形预测。

定义 6.12 设原始序列

$$X=(x(1),x(2),\cdots,x(n))$$

则称

$$x_k=x(k)+(t-k)[x(k+1)-x(k)]$$

为序列 X 的 k 段折线图形，称

$$\{x_k=x(k)+(t-k)[x(k+1)-x(k)]\mid k=1,2,\cdots,n-1\}$$

为序列 X 的折线，仍记为 X，即

$$X=\{x_k=x(k)+(t-k)[x(k+1)-x(k)]\mid k=1,2,\cdots,n-1\}$$

定义 6.13 设

$$\sigma_{\max}=\max_{1\leqslant k\leqslant n}\{x(k)\},\quad \sigma_{\min}=\min_{1\leqslant k\leqslant n}\{x(k)\}$$

(1) $\forall\xi\in[\sigma_{\min},\sigma_{\max}]$，称 $X=\xi$ 为 ξ 等高线；

(2) 称方程组

$$\begin{cases}X=\{x(k)+(t-k)[x(k+1)-x(k)]\mid k=1,2,\cdots,n-1\}\\X=\xi\end{cases}$$

的解 $(t_i,x(t_i))(i=1,2,\cdots)$ 为 ξ 等高点。

ξ 等高点是折线 X 与 ξ 等高线的交点。

命题 6.3　若 X 的 i 段折线上有 ξ 等高点,则其坐标为

$$\left(i+\frac{\xi-x(i)}{x(i+1)-x(i)},\xi\right)$$

证明　i 段折线方程为

$$X=x(i)+(t_i-i)[x(i+1)-x(i)]$$

联立

$$\begin{cases}X=x(i)+(t_i-i)[x(i+1)-x(i)]\\X=\xi\end{cases}$$

可解得

$$t_i=i+\frac{\xi-x(i)}{x(i+1)-x(i)}$$

定义 6.14　设

$$X_\xi=(P_1,P_2,\cdots,P_m)$$

为 ξ 等高点序列,其中 P_i 位于第 t_i 段折线上,其坐标为

$$\left(t_i+\frac{\xi-x(t_i)}{x(t_i+1)-x(t_i)},\xi\right)$$

令

$$q(i)=t_i+\frac{\xi-x(t_i)}{x(t_i+1)-x(t_i)},\quad i=1,2,\cdots,m \tag{6.20}$$

则称 $Q^{(0)}=(q(1),q(2),\cdots,q(m))$ 为 ξ 等高时刻序列。

建立 ξ 等高时刻序列的 GM(1,1)模型,可得 ξ 等高时刻的预测值。

$$\hat{q}(m+1),\hat{q}(m+2),\cdots,\hat{q}(m+k)$$

定义 6.15　设

$$\xi_0=\sigma_{\min},\xi_1=\frac{1}{s}(\sigma_{\max}-\sigma_{\min})+\sigma_{\min},\cdots,\xi_i=\frac{i}{s}(\sigma_{\max}-\sigma_{\min})+\sigma_{\min},\cdots,$$

$$\xi_{s-1}=\frac{s-1}{s}(\sigma_{\max}-\sigma_{\min})+\sigma_{\min},\xi_s=\sigma_{\max}$$

则称 $X=\xi_i(i=0,1,2,\cdots,s)$ 为 $s+1$ 条等间隔的等高线,否则称为非等间隔的等高线。

取等高线时应注意使对应的等高时刻序列满足 GM(1,1)建模条件,一般可取成等间隔的等高线,亦可取成非等间隔的等高线。

定义 6.16　设 $X=\xi_i(i=1,2,\cdots,s)$ 为 s 条不同的等高线,则

$$Q_i^{(0)}=(q_i(1),q_i(2),\cdots,q_i(m_1))\quad(i=1,2,\cdots,s)$$

为 ξ_i 等高时刻序列,

$$\hat{q}_i(m_i+1),\hat{q}_i(m_i+2),\cdots,\hat{q}_i(m_i+k_i)\quad(i=1,2,\cdots,s)$$

为 ξ_i 等高时刻的 GM(1,1)预测值。若存在 $i\neq j$,使

$$\hat{q}_i(m_i+l_i)=\hat{q}_j(m_j+l_j)$$

则称 $\hat{q}_i(m_i+l_i)$和 $\hat{q}_j(m_j+l_j)$为一对无效预测时刻。

命题 6.4 设

$$\hat{q}_i(m_i+1),\hat{q}_i(m_i+2),\cdots,\hat{q}_i(m_i+k_i)\quad(i=1,2,\cdots,s)$$

为 ξ_i 等高时刻的 GM(1,1)预测值，删去

$$\hat{q}_1(m_1+1),\hat{q}_1(m_1+2),\cdots,\hat{q}_1(m_1+k_1)$$

$$\hat{q}_2(m_2+1),\hat{q}_2(m_2+2),\cdots,\hat{q}_2(m_2+k_2)$$

$$\cdots\cdots$$

$$\hat{q}_i(m_i+1),\hat{q}_i(m_i+2),\cdots,\hat{q}_i(m_i+k_i)$$

$$\cdots\cdots$$

$$\hat{q}_s(m_s+1),\hat{q}_s(m_s+2),\cdots,\hat{q}_s(m_s+k_s)$$

中的无效时刻，将其余的预测值从小到大重新排序，设为

$$\hat{q}(1)<\hat{q}(2)<\cdots<\hat{q}(n_s)$$

式中，$n_s\leqslant k_1+k_2+\cdots+k_s$。若 $X=\xi_{\hat{q}(k)}$为 $\hat{q}(k)$所对应的等高线，则 $X^{(0)}$ 的预测波形为

$$X=\hat{X}^{(0)}=\{\xi_{\hat{q}(k)}+[t-\hat{q}(k)][\xi_{\hat{q}(k+1)}-\xi_{\hat{q}(k)}]\mid k=1,2,\cdots,n_s\}$$

6.2 灰色评估决策模型

本节将介绍几种新的灰色评估决策模型。包括广义灰色关联分析模型、基于相似性和接近性视角的灰色关联分析模型、基于三角白化权函数的灰色聚类评价模型和多目标加权灰靶决策评估模型。这些模型的计算软件可以从南京航空航天大学灰色系统研究所网站(http://igss.nuaa.edu.cn/)免费下载。

广义灰色关联分析模型是基于整体或全局视角构造的新型灰色关联分析模型，广义灰色关联分析模型以灰色绝对关联度模型为主体，还包括以初值化变换和灰色绝对关联度模型为基础构造的灰色相对关联度模型，以及由灰色绝对关联度和灰色相对关联度合成的灰色综合关联度模型；基于相似性视角的灰色关联度模型用于测度序列 X_i 与 X_j 在几何形状上的相似程度。X_i 与 X_j 在几何形状上越相似，灰色相似关联度越大，反之就越小；基于接近性视角的灰色关联度用于测度序列 X_i 与 X_j 在空间中的接近程度。X_i 与 X_j 越接近，灰色接近关联度越大，反之就越小。接近关联度仅适用于序列 X_i 与 X_j 意义、量纲完全相同的情形，当序列 X_i 与 X_j 的意义、量纲不同时，计算其接近关联度没有任何实际意义；基于三角白化权函数的灰色聚类评价模型又分为基于端点三角白化权函数的灰色聚类评估模型和基于中心点三角白化权函数的灰色聚类评估模型两种，其中基于端点三角白化权函数的灰色聚类评估模型适用于各灰类边界清晰，但最可能属于各灰类的点不明的情形；基于中心点三角白化权函数的灰色聚类评估模型适用于较易判断最可能属于各灰类的点，但各灰类边界不清晰的情形。两类评估模型均以适中测度三角白化权函数为基础；多目标加权灰靶决策评估模型针对具有满意域的效益型、成本型和适中型等

不同性质的决策目标，分别构建不同的一致效果测度函数，可将具有不同意义、不同量纲、不同性质的决策目标转换为一致效果测度，从而能够方便地求出综合效果测度矩阵，并使综合效果测度的分辨率明显提高。

6.2.1　广义灰色关联评估模型

1. 灰色绝对关联度

定义 6.17　设系统行为序列 $X_i=(x_i(1),x_i(2),\cdots,x_i(n))$，$D$ 为序列算子，且

$$X_iD=(x_i(1)d,x_i(2)d,\cdots,x_i(n)d)$$

式中，$x_i(k)d=x_i(k)-x_i(1)$，$k=1,2,\cdots,n$，则称 D 为始点零化算子，X_iD 为 X_i 的始点零化像，记为

$$X_iD=X_i^0=(x_i^0(1),x_i^0(2),\cdots,x_i^0(n))$$

将序列 X_i,X_j,X_i^0,X_j^0 对应的折线也记为 X_i,X_j,X_i^0,X_j^0。

令

$$s_i=\int_1^n(X_i-x_i(1))\mathrm{d}t=\int_1^n X_i^0\mathrm{d}t \tag{6.21}$$

$$s_i-s_j=\int_1^n(X_i^0-X_j^0)\mathrm{d}t \tag{6.22}$$

$$S_i-S_j=\int_1^n(X_i-X_j)\mathrm{d}t \tag{6.23}$$

定义 6.18　称序列 X_i 各个观测数据间时距之和为 X_i 的长度。

要注意两个长度相同的序列中观测数据个数不一定一样多。例如

$$X_1=(x_1(1),x_1(3),x_1(6))$$

$$X_2=(x_2(1),x_2(3),x_2(5),x_2(6))$$

$$X_3=(x_3(1),x_3(2),x_3(3),x_3(4),x_3(5),x_3(6))$$

X_1,X_2,X_3 的长度都是5，但各序列中观测数据个数并不一样多。

定义 6.19　设序列 X_i 与 X_j 长度相同，s_i,s_j,s_i-s_j 如式(6.21)和式(6.22)中所示，则称

$$\varepsilon_{ij}=\frac{1+|s_i|+|s_j|}{1+|s_i|+|s_j|+|s_i-s_j|} \tag{6.24}$$

为 X_i 与 X_j 的灰色绝对关联度，简称绝对关联度。

灰色绝对关联度是 X_i 与 X_j 相似程度的测度。X_i 与 X_j 几何上相似程度越大，$|s_i-s_j|$ 越小，从而 ε_{ij} 越大。

命题 6.5　设 X_i 与 X_j 的长度相同，且皆为1—时距序列，而

$$X_i^0=(x_i^0(1),x_i^0(2),\cdots,x_i^0(n))$$

$$X_j^0=(x_j^0(1),x_j^0(2),\cdots,x_j^0(n))$$

分别为 X_i 与 X_j 的始点零化像，则

$$|s_i| = \left| \sum_{k=2}^{n-1} x_i^0(k) + \frac{1}{2} x_i^0(n) \right| \tag{6.25}$$

$$|s_j| = \left| \sum_{k=2}^{n-1} x_j^0(k) + \frac{1}{2} x_j^0(n) \right| \tag{6.26}$$

$$|s_i - s_j| = \left| \sum_{k=2}^{n-1} (x_i^0(k) - x_j^0(k)) + \frac{1}{2} (x_i^0(n) - x_j^0(n)) \right| \tag{6.27}$$

由式(6.25)～式(6.27)，可以十分方便地计算出式(6.24)中 ε_{ij} 的值。

例 6.4 设序列

$$X_0 = (x_0(1), x_0(2), x_0(3), x_0(4), x_0(5), x_0(7)) = (10, 9, 15, 14, 14, 16)$$

$$X_1 = (x_1(1), x_1(3), x_1(5), x_1(7)) = (46, 70, 84, 98)$$

试求其绝对关联度 ε_{01}。

解 (1)将 X_1 化为与 X_0 时距相同的序列，令

$$x_1(2) = \frac{1}{2}(x_1(1) + x_1(3) = \frac{1}{2}(46 + 70) = 58$$

$$x_1(4) = \frac{1}{2}(x_1(3) + x_1(5)) = \frac{1}{2}(70 + 84) = 77$$

于是有

$$X_1 = (x_1(1), x_1(2), x_1(3), x_1(4), x_1(5), x_1(7)) = (46, 58, 70, 77, 84, 98)$$

(2) 将 X_0, X_1 化为等时距序列，令

$$x_0(6) = \frac{1}{2}(x_0(5) + x_0(7)) = \frac{1}{2}(14 + 16) = 15$$

$$x_1(6) = \frac{1}{2}(x_1(5) + x_1(7)) = \frac{1}{2}(84 + 98) = 91$$

$$X_0 = (x_0(1), x_0(2), x_0(3), x_0(4), x_0(5), x_0(6), x_0(7)) = (10, 9, 15, 14, 14, 15, 16)$$

$$X_1 = (x_1(1), x_1(2), x_1(3), x_1(4), x_1(5), x_1(6), x_1(7)) = (46, 58, 70, 77, 84, 91, 98)$$

皆为1－时距序列。

(3) 求始点零像化，得

$$X_0^0 = (x_0^0(1), x_0^0(2), x_0^0(3), x_0^0(4), x_0^0(5), x_0^0(6), x_0^0(7)) = (0, -1, 5, 4, 4, 5, 6)$$

$$X_1^0 = (x_1^0(1), x_1^0(2), x_1^0(3), x_1^0(4), x_1^0(5), x_1^0(6), x_1^0(7)) = (0, 12, 24, 31, 38, 45, 52)$$

(4) 求 $|s_0|, |s_1|, |s_1 - s_0|$

$$|s_0| = \left| \sum_{k=2}^{6} x_0^0(k) + \frac{1}{2} x_0^0(7) \right| = 20$$

$$|s_1| = \left| \sum_{k=2}^{6} x_1^0(k) + \frac{1}{2} x_1^0(7) \right| = 176$$

$$|s_1 - s_0| = \left| \sum_{k=2}^{6} (x_1^0(k) - x_0^0(k)) + \frac{1}{2} (x_1^0(7) - x_0^0(7)) \right| = 156$$

(5) 计算灰色绝对关联度

$$\varepsilon_{01} = \frac{1+|s_0|+|s_1|}{1+|s_0|+|s_1|+|s_1-s_0|} = \frac{197}{353} \approx 0.5581$$

2. 灰色相对关联度

定义 6.20　设 $X_i=(x_i(1),x_i(2),\cdots,x_i(n))$ 为因素 X_i 的行为序列，D_1 为序列算子，且

$$X_iD_1 = (x_i(1)d_1, x_i(2)d_1, \cdots, x_i(n)d_1)$$

式中，

$$x_i(k)d_1 = x_i(k)/x_i(1), \quad x_i(1) \neq 0, \quad k = 1,2,\cdots,n \tag{6.28}$$

则称 D_1 为初值化算子，X_iD_1 为 X_i 在初值化算子 D_1 下的像，简称初值像。X_iD_1 通常简记为 X'_i。

定义 6.21　设序列 X_i，X_j 长度相同，且初值皆不等于零，X_i'，X_j'分别为 X_i，X_j 的初值像，则称 X_i'与 X_j'的灰色绝对关联度 ε_{ij}' 为 X_i 与 X_j 的灰色相对关联度，简称为相对关联度，记为 r_{ij}。

灰色相对关联度是序列 X_i 与 X_j 相对于始点的变化速率之联系的表征，X_i 与 X_j 的变化速率越接近，r_{ij} 越大，反之就越小。

命题 6.6　设 X_i，X_j 为长度相同且初值皆不等于零的序列，则其相对关联度 r_{ij} 与绝对关联度 ε_{ij} 的值没有必然联系，当 ε_{ij} 较大时，r_{ij} 可能很小；ε_{ij} 很小时，r_{ij} 也可能很大。

例 6.5　计算例 6.4 中 X_0 与 X_1 的相对关联度。

(1) 求 X_0，X_1 的初值像，得

$$X_0' = (1, 0.9, 1.5, 1.4, 1.4, 1.5, 1.6)$$

$$X_1' = (1, 1.26, 1.52, 1.67, 1.83, 1.98, 2.13)$$

(2) 求 X_0'，X_1'的始点零化像

$$\begin{aligned} X'^0_0 &= (x'^0_0(1), x'^0_0(2), x'^0_0(3), x'^0_0(4), x'^0_0(5), x'^0_0(6), x'^0_0(7)) \\ &= (0, -0.1, 0.5, 0.4, 0.4, 0.5, 0.6) \\ X'^0_1 &= (x'^0_1(1), x'^0_1(2), x'^0_1(3), x'^0_1(4), x'^0_1(5), x'^0_1(6), x'^0_1(7)) \\ &= (0, 0.26, 0.52, 0.67, 0.83, 0.98, 1.13) \end{aligned}$$

(3) 求 $|s_0'|$，$|s_1'|$，$|s_1'-s_0'|$

$$|s_0'| = \left| \sum_{k=2}^{6} x'^0_0(k) + \frac{1}{2}x'^0_0(7) \right| = 2$$

$$|s_1'| = \left| \sum_{k=2}^{6} x'^0_1(k) + \frac{1}{2}x'^0_1(7) \right| = 3.828$$

$$|s_1'-s_0'| = \left| \sum_{k=2}^{6} (x'^0_1(k) - x'^0_0(k)) + \frac{1}{2}(x'^0_1(7) - x'^0_0(7)) \right| = 1.925$$

(4) 计算灰色相对关联度

$$r_{01} = \frac{1+|s_0'|+|s_1'|}{1+|s_0'|+|s_1'|+|s_1'-s_0'|} = \frac{6.825}{8.75} \approx 0.78$$

3. 灰色综合关联度

定义 6.22 设序列 X_i,X_j 长度相同,且初值不等于零,ε_{ij} 和 r_{ij} 分别为 X_i 与 X_j 的灰色绝对关联度和灰色相对关联度,$\theta\in[0,1]$,则称

$$\rho_{ij} = \theta\varepsilon_{ij} + (1-\theta)r_{ij} \tag{6.29}$$

为 X_i 与 X_j 的灰色综合关联度,简称综合关联度。

灰色综合关联度既体现了折线 X_i 与 X_j 的相似程度,又反映出 X_i 与 X_j 相对于始点的变化速率的接近程度,是较为全面地表征序列之间联系是否紧密的一个数量指标。一般地,我们可取 $\theta=0.5$,如果对绝对量之间的关系较为关心,θ 可取大一些;如果对变化速率看得较重,θ 可取小一些。

例 6.6 求例 6.4 中 X_0 与 X_1 的灰色综合关联度。

解 由例 6.4 和例 6.5,已得 $\varepsilon_{01}=0.5581$,$r_{01}=0.78$,取 $\theta=0.5$,可得

$$\rho_{01} = \theta\varepsilon_{01} + (1-\theta)r_{01} = 0.5\times0.5581 + 0.5\times0.78 \approx 0.669$$

类似的,若分别取 $\theta=0.2,0.3,0.4,0.6,0.8$,可求得灰色综合关联度如表 6.3 所示。

表 6.3 灰色综合关联度

θ 值	0.2	0.3	0.4	0.6	0.8
综合关联度	0.735 62	0.713 43	0.691 24	0.646 86	0.602 48

6.2.2 基于相似性和接近性视角的灰色关联分析模型

分析曲线之间的关系,可以从相似性或接近性两种不同的视角进行考察。本节分别给出基于相似性和接近性视角的灰色关联分析模型。

定义 6.23 设序列 X_i 与 X_j 长度相同,s_i-s_j 如式(6.22)所示,则称

$$\varepsilon_{ij} = \frac{1}{1+|s_i-s_j|} \tag{6.30}$$

为 X_i 与 X_j 的基于相似性视角的灰色关联度,简称相似关联度。

相似关联度用于测度序列 X_i 与 X_j 在几何形状上的相似程度。X_i 与 X_j 在几何形状上越相似,ε_{ij} 越大,反之就越小。

定义 6.24 设序列 X_i 与 X_j 长度相同,S_i-S_j 如式(6.23)所示,则称

$$\delta_{ij} = \frac{1}{1+|S_i-S_j|} \tag{6.31}$$

为 X_i 与 X_j 的基于接近性视角的灰色关联度,简称接近关联度。

接近关联度用于测度序列 X_i 与 X_j 在空间中的接近程度。X_i 与 X_j 越接近,δ_{ij} 越大,反之就越小。接近关联度仅适用于序列 X_i 与 X_j 意义、量纲完全相同的情形,当序列 X_i 与 X_j 的意义、量纲不同时,计算其接近关联度没有任何实际意义。

按照式(6.30)或式(6.31)计算相似关联度或接近关联度时,当序列数据绝对值较大时,可能导致$|s_i-s_j|$或$|S_i-S_j|$的值较大,从而出现相似关联度或接近关联度数值较小

的情形。这种情况对于序关系的分析没有实质性影响。如果认为数值较大的关联度更便于说明问题,可以考虑将式(6.30)或式(6.31)分子和分母中的数 1 取为一个与 $|s_i - s_j|$ 或 $|S_i - S_j|$ 相关的常数,也可以仍采用广义灰色关联分析模型或其他合适的模型。

6.2.3　基于三角白化权函数的灰色聚类评估模型

本节分别介绍基于端点三角白化权函数和基于中心点三角白化权函数的灰色聚类评估模型。其中基于端点三角白化权函数的灰色聚类评估模型适用于各灰类边界清晰,但最可能属于各灰类的点不明的情形;基于中心点三角白化权函数的灰色聚类评估模型适用于较易判断最可能属于各灰类的点,但各灰类边界不清晰的情形。两类评估模型均以适中测度三角白化权函数为基础。

1. 适中测度三角白化权函数

设有 n 个聚类对象,m 个聚类指标,s 个不同灰类,灰色聚类评估方法就是根据对象 $i(i=1,2,\cdots,n)$ 关于 $j(j=1,2,\cdots,m)$ 指标的观测值 $x_{ij}(i=1,2,\cdots,n;j=1,2,\cdots,m)$ 将第 i 个对象归入第 $k(k\in\{1,2,\cdots,m\})$ 个灰类之中。

将 n 个对象关于指标 j 的取值相应地分为 s 个灰类,称之为 j 指标子类。j 指标 k 子类的白化权函数记为 $f_j^k(\cdot)$。

如图 6.3 所示为适中测度三角白化权函数,对照典型的梯形白化权函数可知,三角白化权函数的第 2 和第 3 个转折点重合,通常记为 $f_j^k(x_j^k(1), x_j^k(2), -, x_j^k(4))$。

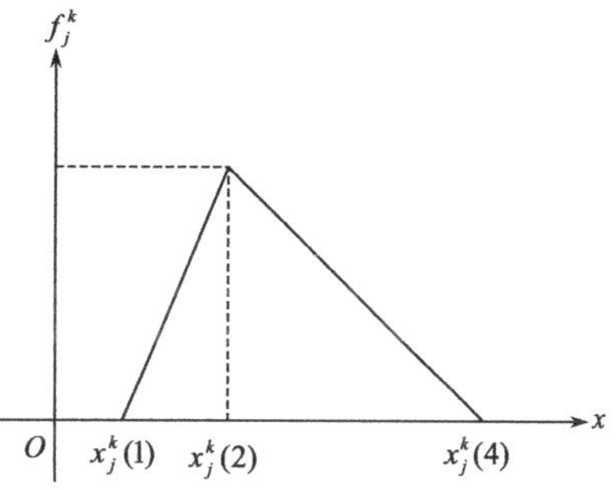

图 6.3　三角白化权函数示意图

设 x 为 j 指标的一个观测值,不难由式(6.21)计算出其属于灰类 $k(k=1,2,\cdots,s)$ 的隶属度:

$$f_j^k(x)=\begin{cases}0, & x\notin[x_j^k(1),x_j^k(4)]\\ \dfrac{x-x_j^k(1)}{x_j^k(2)-x_j^k(1)}, & x\in[x_j^k(1),x_j^k(2)]\\ \dfrac{x_j^k(4)-x}{x_j^k(4)-x_j^k(2)}, & x\in[x_j^k(2),x_j^k(4)]\end{cases}\tag{6.32}$$

2. 基于端点三角白化权函数的灰色聚类评估模型

基于端点三角白化权函数的灰色评估模型适用于各灰类边界清晰,但最可能属于各灰类的点不明的情形。其建模步骤如下:

第一步,按照评估要求所需划分的灰类数 s,将各个指标的取值范围也相应地划分为 s 个灰类,如将 j 指标的取值范围$[a_1, a_{s+1}]$划分为 s 个小区间

$$[a_1,a_2],\cdots,[a_{k-1},a_k],\cdots,[a_{s-1},a_s],[a_s,a_{s+1}]$$

式中，$a_k(k=1,2,\cdots,s,s+1)$的值一般可根据实际评估要求或定性研究结果确定。

第二步，计算各个小区间的几何中点，$\lambda_k=(a_k+a_{k+1})/2(k=1,2,\cdots,s)$。

第三步，令λ_k属于第k个灰类的白化权函数值为1，连接$(\lambda_k,1)$与第$k-1$个灰类的几何中点λ_{k-1}和第$k+1$个灰类的几何中点λ_{k+1}，得到j指标关于k灰类的三角白化权函数$f_j^k(\cdot)(j=1,2,\cdots;m;k=1,2,\cdots,s)$。对于$f_j^1(\cdot)$和$f_j^s(\cdot)$，可分别将$j$指标取数域向左、右延拓至$a_0$，$a_{s+2}$（图6.4）。

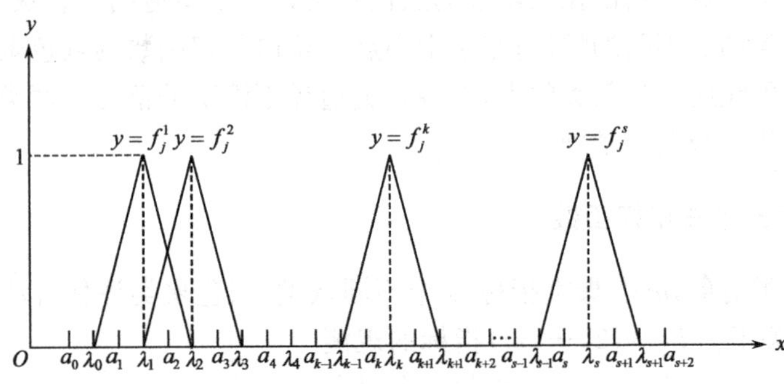

图6.4 端点三角白化权函数示意图

对于指标j的一个观测值x，可由式(6.33)

$$f_j^k(x)=\begin{cases}0, & x\notin[\lambda_{k-1},\lambda_{k+1}]\\ \dfrac{x-\lambda_{k-1}}{\lambda_k-\lambda_{k-1}}, & x\in[\lambda_{k-1},\lambda_k)\\ \dfrac{\lambda_{k+1}-x}{\lambda_{k+1}-\lambda_k}, & x\in[\lambda_k,\lambda_{k+1}]\end{cases} \tag{6.33}$$

计算出其属于灰类$k(k=1,2,\cdots,s)$的隶属度$f_j^k(x)$。

第四步，求出各指标在综合聚类中的权重η_j，$j=1,2,\cdots,m$。

第五步，计算对象$i(i=1,2,\cdots,n)$关于灰类$k(k=1,2,\cdots,s)$的综合聚类系数σ_i^k为

$$\sigma_i^k=\sum_{j=1}^{m}f_j^k(x_{ij})\cdot\eta_j \tag{6.34}$$

式中，$f_j^k(x_{ij})$为j指标k子类白化权函数；η_j为指标j在综合聚类中的权重。

第六步，由$\max\limits_{1\leqslant k\leqslant s}\{\sigma_i^k\}=\sigma_i^{k^*}$，判断对象$i$属于灰类$k^*$；当有多个对象同属于$k^*$灰类时，还可以进一步根据综合聚类系数的大小确定同属于k^*灰类的各个对象的优劣或位次。

3. 基于中心点三角白化权函数的灰色聚类评估模型建模步骤

基于中心点三角白化权函数的灰色聚类评估模型适用于较易判断最可能属于各灰类的点，但各灰类边界不清晰的情形。

我们将属于某灰类程度最大的点称为该灰类的中心点。基于中心点三角白化权函数的灰色评估模型的建模步骤如下：

第一步，按照评估要求所需划分的灰类数s，选取$\lambda_1,\lambda_2,\cdots,\lambda_s$为最属于灰类$1,2,\cdots,s$

的点(可以是中点,也可以不是,以属于灰类最大可能性为选取依据,称为中心点),将各个指标的取值范围也相应地划分为 s 个灰类,如将 j 指标的取值范围 $[\lambda_1,\lambda_{s+1}]$ 划分为 s 个小区间

$$[\lambda_1,\lambda_2],\cdots,[\lambda_{k-1},\lambda_k],\cdots,[\lambda_{s-1},\lambda_s],[\lambda_s,\lambda_{s+1}]$$

第二步,连接点 $(\lambda_k,1)$ 与第 $k-1$ 个小区间的中心点 $(\lambda_{k-1},0)$ 以及 $(\lambda_k,1)$ 与第 $k+1$ 个小区间的中心点 $(\lambda_{k+1},0)$,得到 j 指标关于 k 灰类的三角白化权函数 $f_j^k(\cdot)(j=1,2,\cdots,m;k=1,2,\cdots,s)$。对于 $f_j^1(\cdot)$ 和 $f_j^s(\cdot)$,可分别将 j 指标取数域向左、右延拓至 λ_0, λ_{s+1},可得 j 指标关于灰类1的三角白化权函数 $f_j^1(\cdot)$ 和 j 指标关于灰类 s 的三角白化权函数 $f_j^s(\cdot)$(图6.5)。

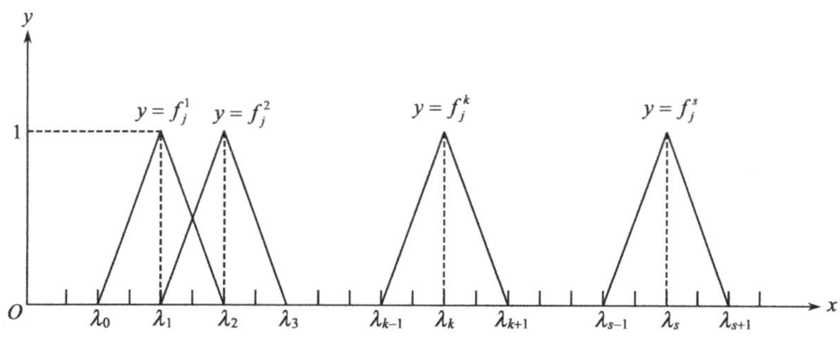

图6.5 中心点三角白化权函数示意图

对于指标 j 的一个观测值 x,可由公式

$$f_j^k(x)=\begin{cases}0, & x\notin[\lambda_{k-1},\lambda_{k+1}]\\ \dfrac{x-\lambda_{k-1}}{\lambda_k-\lambda_{k-1}}, & x\in(\lambda_{k-1},\lambda_k]\\ \dfrac{\lambda_{k+1}-x}{\lambda_{k+1}-\lambda_k}, & x\in(\lambda_k,\lambda_{k+1})\end{cases} \tag{6.35}$$

计算出其属于灰类 $k(k=1,2,\cdots,s)$ 的隶属度 $f_j^k(x)$。

第三步,求出各指标在综合聚类中的权重 $\eta_j,j=1,2,\cdots,m$。

第四步,计算对象 $i(i=1,2,\cdots,n)$ 关于灰类 $k(k=1,2,\cdots,s)$ 的综合聚类系数 σ_i^k 为

$$\sigma_i^k=\sum_{j=1}^{m}f_j^k(x_{ij})\cdot\eta_j \tag{6.36}$$

式中,$f_j^k(x_{ij})$ 为 j 指标 k 子类白化权函数;η_j 为指标 j 在综合聚类中的权重。

第五步,由 $\max\limits_{1\leqslant k\leqslant s}\{\sigma_i^k\}=\sigma_i^{k^*}$,判断对象 i 属于灰类 k^*;当有多个对象同属于 k^* 灰类时,还可以进一步根据综合聚类系数的大小确定同属于 k^* 灰类的各个对象的优劣或位次。

6.2.4 多目标加权灰靶决策模型

灰靶决策是灰色系统理论非唯一性原理在决策中的应用和体现,主要适用于目标具有满意域的情形。20多年来灰靶决策广泛应用于石油开发、军事决策、装备状态监测与

磨损模式识别等领域，取得不少有价值的成果。

本节首先构造出四种新型一致效果测度函数，并据此建立一种新的多目标加权灰靶决策评估模型。新模型充分考虑了目标效果值中靶和脱靶两种不同情形，物理含义十分清晰，而且综合效果测度的分辨率也得到大大提高。

1. 基本概念

定义 6.25 某一决策问题研究范围内事件的全体称为该决策问题的事件集，记为

$$A=\{a_1,a_2,\cdots,a_n\}$$

式中，$a_i(i=1,2,3,\cdots,n)$为第 i 个事件，相应的所有可能的对策全体称为对策集，记为

$$B=\{b_1,b_2,\cdots,b_m\}$$

式中，$b_j(j=1,2,\cdots,m)$为第 j 种对策。

定义 6.26 事件集 $A=\{a_1,a_2,\cdots,a_n\}$与对策集 $B=\{b_1,b_2,\cdots,b_m\}$的笛卡儿积

$$A\times B=\{(a_i,b_j)\mid a_i\in A,b_j\in B\}$$

称为决策方案集，记作 $S=A\times B$。对于任意的 $a_i\in A,b_j\in B$，称(a_i,b_j)为决策方案，记作 $s_{ij}=(a_i,b_j)$。

定义 6.27 设 $A=\{a_1,a_2,\cdots,a_n\}$为事件集，$B=\{b_1,b_2,\cdots,b_m\}$为对策集，$S=\{s_{ij}=(a_i,b_j)\mid a_i\in A,b_j\in B\}$为决策方案集，$u_{ij}^{(k)}$为决策方案 s_{ij} 在 k 目标下的效果值，R 为实数集，则称

$$u_{ij}^{(k)}:S\mapsto R$$
$$s_{ij}\mapsto u_{ij}^{(k)}$$

为 S 在 k 目标下的效果映射；目标效果值 $u_{ij}^{(k)}$ 是目标实现或偏离程度的具体体现。

定义 6.28 设 $d_1^{(k)},d_2^{(k)}$ 为 k 目标下决策方案效果的上、下临界值，则称 $S^1=\{r\mid d_1^{(k)}\leqslant r\leqslant d_2^{(k)}\}$为 k 目标下的一维决策灰靶，并称 $u_{ij}^{(k)}\in[d_1^{(k)},d_2^{(k)}]$为 k 目标下的满意效果，称相应的 s_{ij} 为 k 目标下的可取决策方案，b_j 为 k 目标下的关于事件 a_i 的可取对策。以上是单目标的情况，类似地，可以讨论多目标决策灰靶。

定义 6.29 设 $d_1^{(1)},d_2^{(1)}$ 为目标 1 的决策方案效果临界值，$d_1^{(2)},d_2^{(2)}$ 为目标 2 的决策方案效果临界值，则称

$$S^2=\{(r^{(1)},r^{(2)})\mid d_1^{(1)}\leqslant r^{(1)}\leqslant d_2^{(1)},d_1^{(2)}\leqslant r^{(2)}\leqslant d_2^{(2)}\}$$

为二维决策灰靶。若决策方案 s_{ij} 的效果向量 $u_{ij}=\{u_{ij}^{(1)},u_{ij}^{(2)}\}\in S^2$，则称 s_{ij} 为目标 1 和目标 2 下的可取决策方案，b_j 为事件 a_i 在目标 1,2 下的可取对策。

定义 6.30 设 $d_1^{(1)},d_2^{(1)};d_1^{(2)},d_2^{(2)};\cdots;d_1^{(s)},d_2^{(s)}$ 分别为目标 $1,2,\cdots,s$ 下的决策方案效果临界值，则称 s 维超平面区域

$$S^s=\{(r^{(1)},r^{(2)},\cdots,r^{(s)})\mid d_1^{(1)}\leqslant r^{(1)}\leqslant d_2^{(1)},d_1^{(2)}\leqslant r^{(2)}\leqslant d_2^{(2)},\cdots,d_1^{(s)}\leqslant r^{(s)}\leqslant d_2^{(s)}\}$$

为 s 维决策灰靶。若决策方案 s_{ij} 的效果向量

$$u_{ij}=(u_{ij}^{(1)},u_{ij}^{(2)},\cdots,u_{ij}^{(s)})\in S^s$$

式中，$u_{ij}^{(k)}(k=1,2,\cdots,s)$为决策方案 s_{ij} 在 k 目标下的效果值，则称 s_{ij} 为目标 $1,2,\cdots,s$ 下的可取决策方案，b_j 为事件 a_i 在目标 $1,2,\cdots,s$ 下的可取对策。

决策灰靶实质上是相对优化意义下满意效果所在的区域。在许多场合下，要取得绝对的最优是不可能的，因而人们常常退而求其次，试图寻求一个满意的结果，即要求决策方案 s_{ij} 的目标效果向量

$$u_{ij}=(u_{ij}^{(1)},u_{ij}^{(2)},\cdots,u_{ij}^{(s)})\in S^s$$

这就是我们通常说的"中靶"。

2. 一致效果测度函数

由于不同目标效果值的意义、量纲和性质可能各不相同，为得到具有可比性的决策方案综合效果测度，首先需要将目标效果值 $u_{ij}^{(k)}$ 化为一致效果测度。

定义 6.31　设 $A=\{a_1,a_2,\cdots,a_n\}$ 为事件集，$B=\{b_1,b_2,\cdots,b_m\}$ 为对策集，$S=\{s_{ij}=(a_i,b_j)\mid a_i\in A,b_j\in B\}$ 为决策方案集，

$$U^{(k)}=(u_{ij}^{(k)})=\begin{pmatrix}u_{11}^{(k)} & u_{12}^{(k)} & \cdots & u_{1m}^{(k)}\\ u_{21}^{(k)} & u_{22}^{(k)} & \cdots & u_{2m}^{(k)}\\ \vdots & \vdots & & \vdots\\ u_{n1}^{(k)} & u_{n2}^{(k)} & \cdots & u_{nm}^{(k)}\end{pmatrix}$$

为决策方案集 S 在 $k(k=1,2,\cdots,s)$ 目标下的效果样本矩阵，则

(1) 设 k 为效益型目标，即目标效果样本值越大越好；k 目标下的决策灰靶设为 $u_{ij}^{(k)}\in[u_{i_0j_0}^{(k)},\max\limits_i\max\limits_j\{u_{ij}^{(k)}\}]$，即 $u_{i_0j_0}^{(k)}$ 为 k 目标效果临界值，则

$$r_{ij}^{(k)}=\frac{u_{ij}^{(k)}-u_{i_0j_0}^{(k)}}{\max\limits_i\max\limits_j\{u_{ij}^{(k)}\}-u_{i_0j_0}^{(k)}}\tag{6.37}$$

称为效益型目标效果测度函数。

(2) 设 k 为成本型目标，即目标效果样本值越小越好；k 目标下的决策灰靶设为 $u_{ij}^{(k)}\in[\min\limits_i\min\limits_j\{u_{ij}^{(k)}\},u_{i_0j_0}^{(k)}]$，即 $u_{i_0j_0}^{(k)}$ 为 k 目标效果临界值，则

$$r_{ij}^{(k)}=\frac{u_{i_0j_0}^{(k)}-u_{ij}^{(k)}}{u_{i_0j_0}^{(k)}-\min\limits_i\min\limits_j\{u_{ij}^{(k)}\}}\tag{6.38}$$

称为成本型目标效果测度函数。

(3) 设 k 为适中型目标，即目标效果样本值越接近某一适中值 A 越好；k 目标下的决策灰靶设为 $u_{ij}^{(k)}\in[A-u_{i_0j_0}^{(k)},A+u_{i_0j_0}^{(k)}]$，即 $A-u_{i_0j_0}^{(k)},A+u_{i_0j_0}^{(k)}$ 分别为 k 目标下的下限效果临界值和上限效果临界值，则

① 当 $u_{ij}^{(k)}\in[A-u_{i_0j_0}^{(k)},A]$ 时，称

$$r_{ij}^{(k)}=\frac{u_{ij}^{(k)}-A+u_{i_0j_0}^{(k)}}{u_{i_0j_0}^{(k)}}\tag{6.39}$$

为适中型目标下限效果测度函数；

② 当 $u_{ij}^{(k)}\in[A,A+u_{i_0j_0}^{(k)}]$ 时，称

$$r_{ij}^{(k)}=\frac{A+u_{i_0j_0}^{(k)}-u_{ij}^{(k)}}{u_{i_0j_0}^{(k)}}\tag{6.40}$$

为适中型目标上限效果测度函数。

效益型目标效果测度函数反映效果样本值与最大效果样本值的接近程度及其远离目标效果临界值的程度；成本型目标效果测度函数反映效果样本值与最小效果样本值的接近程度及其远离目标效果临界值的程度；适中型目标下限效果测度函数反映小于适中值 A 的效果样本值与适中值 A 的接近程度及其远离下限效果临界值的程度，适中型目标上限效果测度函数反映大于适中值 A 的效果样本值与适中值 A 的接近程度及其远离上限效果临界值的程度。

对于脱靶的情形亦可以相应分为以下四种：

(1) 效益型目标效果值小于临界值 $u_{i_0j_0}^{(k)}$，即 $u_{ij}^{(k)}<u_{i_0j_0}^{(k)}$；

(2) 成本型目标效果值大于临界值 $u_{i_0j_0}^{(k)}$，即 $u_{ij}^{(k)}>u_{i_0j_0}^{(k)}$；

(3) 适中型目标效果值小于下限效果临界值 $A-u_{i_0j_0}^{(k)}$，即 $u_{ij}^{(k)}<A-u_{i_0j_0}^{(k)}$；

(4) 适中型目标效果值大于上限效果临界值 $A+u_{i_0j_0}^{(k)}$，即 $u_{ij}^{(k)}>A+u_{i_0j_0}^{(k)}$。

为使各类目标效果测度满足规范性，即

$$r_{ij}^{(k)} \in [-1,1]$$

对于效益型目标，不妨设 $u_{ij}^{(k)}\geqslant-\max\limits_i\max\limits_j\{u_{ij}^{(k)}\}+2u_{i_0j_0}^{(k)}$；

对于成本型目标，不妨设 $u_{ij}^{(k)}\leqslant-\min\limits_i\min\limits_j\{u_{ij}^{(k)}\}+2u_{i_0j_0}^{(k)}$；

对于适中型目标效果值小于下限效果临界值 $A-u_{i_0j_0}^{(k)}$ 的情形，不妨设 $u_{ij}^{(k)}\geqslant A-2u_{i_0j_0}^{(k)}$；

对于适中型目标效果值大于上限效果临界值 $A+u_{i_0j_0}^{(k)}$ 的情形，不妨设 $u_{ij}^{(k)}\leqslant A+2u_{i_0j_0}^{(k)}$。

由此可得如下的命题 6.7。

命题 6.7 定义 6.31 中给出的目标效果测度函数

$$r_{ij}^{(k)}(i=1,2,\cdots,n;j=1,2,\cdots,m;k=1,2,\cdots,s)$$

满足以下条件：①$r_{ij}^{(k)}$ 无量纲；②效果越理想，$r_{ij}^{(k)}$ 越大；③$r_{ij}^{(k)}\in[-1,1]$。

在 k 目标效果值中靶情形，$r_{ij}^{(k)}\in[0,1]$；在 k 目标效果值脱靶情形，$r_{ij}^{(k)}\in[-1,0]$。

定义 6.32 效益型目标效果测度函数、成本型目标效果测度函数、适中型目标下限效果测度函数、适中型目标上限效果测度函数 $r_{ij}^{(k)}(i=1,2,\cdots,n;j=1,2,\cdots,m;k=1,2,\cdots,s)$ 通称为一致效果测度函数。

一致效果测度函数反映了各个目标实现或偏离的程度。对于效益型目标，即希望效果样本值“越大越好”、“越多越好”这一类的目标，可采用效益型目标效果测度函数表达目标实现或偏离的程度；对于成本型目标，即希望效果样本值“越小越好”、“越少越好”这一类的目标，可采用成本型目标效果测度函数表达目标实现或偏离的程度；对于适中型目标，即希望效果样本值“既不太大又不太小”、“既不太多又不太少”这一类的目标，对于小于设定适中值或大于设定适中值的效果样本值，可分别采用适中型目标下限效果测度函数和适中型目标上限效果测度函数表达目标实现或偏离的程度。

3. 综合效果测度函数

定义 6.33 设 $\eta_k(k=1,2,\cdots,s)$为目标 k 的决策权，$\sum\limits_{k=1}^{s}\eta_k=1$，

$$R^{(k)}=(r_{ij}^{(k)})=\begin{pmatrix} r_{11}^{(k)} & r_{12}^{(k)} & \cdots & r_{1m}^{(k)} \\ r_{21}^{(k)} & r_{22}^{(k)} & \cdots & r_{2m}^{(k)} \\ \vdots & \vdots & & \vdots \\ r_{n1}^{(k)} & r_{n2}^{(k)} & \cdots & r_{nm}^{(k)} \end{pmatrix}$$

为决策方案集 S 在 k 目标下的一致效果测度矩阵，则对于 $s_{ij}\in S$，称

$$r_{ij}=\sum_{k=1}^{s}\eta_k\cdot r_{ij}^{(k)} \tag{6.41}$$

为决策方案 s_{ij} 的综合效果测度函数，并称

$$R=(r_{ij})=\begin{bmatrix} r_{11} & r_{12} & \cdots & r_{1m} \\ r_{21} & r_{22} & \cdots & r_{2m} \\ \vdots & \vdots & & \vdots \\ r_{n1} & r_{n2} & \cdots & r_{nm} \end{bmatrix}$$

为综合效果测度矩阵。

命题 6.8 由式(6.41)得到的综合效果测度 $r_{ij}(i=1,2,\cdots,n;j=1,2,\cdots,m)$ 满足以下条件：① r_{ij} 无量纲；②效果越理想，r_{ij} 越大；③ $r_{ij}\in[-1,1]$。

综合效果测度 $r_{ij}\in[-1,0]$ 属于脱靶情形，综合效果测度 $r_{ij}\in[0,1]$ 属于中靶情形；在中靶情形，我们还可以通过比较综合效果测度 $r_{ij}(i=1,2,\cdots,n;j=1,2,\cdots,m)$ 数值的大小判断事件 $a_i(i=1,2,\cdots,m)$、对策 $b_j(j=1,2,\cdots,n)$ 和决策方案 $s_{ij}(i=1,2,\cdots,n;j=1,2,\cdots,m)$ 的优劣。

定义 6.34

(1) 若 $\max\limits_{1\leqslant j\leqslant m}\{r_{ij}\}=r_{ij_0}$，则称 b_{j_0} 为事件 a_i 的最优对策；

(2) 若 $\max\limits_{1\leqslant i\leqslant n}\{r_{ij}\}=r_{i_0j}$，则称 a_{i_0} 为与对策 b_j 相对应的最优事件；

(3) 若 $\max\limits_{1\leqslant i\leqslant n}\max\limits_{1\leqslant j\leqslant m}\{r_{ij}\}=r_{i_0j_0}$，则称 $s_{i_0j_0}$ 为最优决策方案。

4. 多目标加权灰靶决策算法步骤

多目标加权灰靶决策评估算法步骤如下：

第一步，根据事件集 $A=\{a_1,a_2,\cdots,a_n\}$ 和对策集 $B=\{b_1,b_2,\cdots,b_m\}$ 构造决策方案集 $S=\{s_{ij}=(a_i,b_j)\mid a_i\in A,b_j\in B\}$。

第二步，确定决策目标 $k=1,2,\cdots,s$。

第三步，确定各目标的决策权 $\eta_1,\eta_2,\cdots,\eta_s$。

第四步，对目标 $k=1,2,\cdots,s$，求相应的目标效果样本矩阵

$$U^{(k)}=(u_{ij}^{(k)})=\begin{pmatrix} u_{11}^{(k)} & u_{12}^{(k)} & \cdots & u_{1m}^{(k)} \\ u_{21}^{(k)} & u_{22}^{(k)} & \cdots & u_{2m}^{(k)} \\ \vdots & \vdots & & \vdots \\ u_{n1}^{(k)} & u_{n2}^{(k)} & \cdots & u_{nm}^{(k)} \end{pmatrix}$$

第五步，设定目标效果临界值。

第六步，求 k 目标下一致效果测度矩阵

$$R^{(k)}=(r_{ij}^{(k)})=\begin{bmatrix} r_{11}^{(k)} & r_{12}^{(k)} & \cdots & r_{1m}^{(k)} \\ r_{21}^{(k)} & r_{22}^{(k)} & \cdots & r_{2m}^{(k)} \\ \vdots & \vdots & & \vdots \\ r_{n1}^{(k)} & r_{n2}^{(k)} & \cdots & r_{nm}^{(k)} \end{bmatrix}$$

第七步，由 $r_{ij}=\sum_{k=1}^{s}\eta_k\cdot r_{ij}^{(k)}$ 得综合效果测度矩阵

$$R=(r_{ij})=\begin{bmatrix} r_{11} & r_{12} & \cdots & r_{1m} \\ r_{21} & r_{22} & \cdots & r_{2m} \\ \vdots & \vdots & & \vdots \\ r_{n1} & r_{n2} & \cdots & r_{nm} \end{bmatrix}$$

第八步，确定最优对策 b_{j_0} 或最优决策方案 $s_{i_0j_0}$。

习题与思考题

一、选择题

1. 在 GM(1,1)模型中的参数 $-a$ 和 b 各作为模型的（　　）。

A. 发展系数，发展系数　　B. 灰色作用量，灰色作用量

C. 发展系数，灰色作用量　　D. 灰色作用量，发展系数

2. 在 GM(1,1)模型进行预测时，当 $-a$ 在什么范围时 GM(1,1)可用于中长期预测（　　）。

A. $-a\leqslant 0.3$　　B. $0.3\leqslant -a\leqslant 0.5$　　C. $0.5\leqslant -a\leqslant 0.8$　　D. $-a\geqslant 1$

3. 下面哪个不是 GM(1,1)模型的预测形式（　　）。

A. $x^{(0)}(k)+az^{(1)}(k)=b$　　B. $x^{(0)}(k)=(1-e^{a})\alpha x^{(1)}(k-1)$

C. $x^{(0)}(k)=\beta-\alpha x^{(1)}(k-1)$　　D. $x^{(0)}(k)=(\beta-\alpha x^{(1)}(1))\mathrm{e}^{-a(k-2)}$

4. 我们在通过对残差的考察来判断模型的精度过程中，以下说法中（　　）是错误的。

A. 平均相对误差 $\overline{\Delta}$ 和模拟误差都要求越小越好

B. 关联度 ε 要求越大越好

C. 均方差比值 C 越大越好

D. 小误差概率 p 越大越好

5. 对于原始数据非常离乱，用什么模型模拟都难以通过精度检验的序列，我们无法给出其确切的预测值。这时我们考虑采用（　　）。

A. 数列预测　　B. 区间预测　　C. 波形预测　　D. 系统预测

6. 下面哪种预测是异常值预测（　　）。

A. 区间预测　　B. 波形预测　　C. 灰色灾变预测　　D. 系统预测

7. 当原始数据频频波动且摆动幅度较大时，往往难以找到适当的模拟模型，这时候我们可以考虑采用（　　）。

A. 区间预测　B. 波形预测　C. 灰色灾变预测　D. 系统预测

8. 灰色关联分析的基本思想是(　　)。

A. 根据序列曲线几何形状的相似程度来判断联系是否紧密

B. 通过回归分析来研究变量之间的关系

C. 其基本思想与主成分分析一样

D. 以上答案皆错

9. 下面的四个图像中,哪个为白化权函数 $f_j^k(-,-,x_j^k(3),x_j^k(4))$ 的图像(　　)。

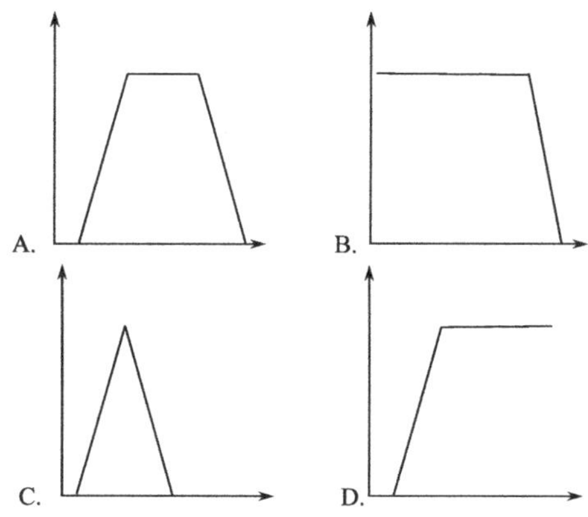

10. 已知某生按优、良、中、差四个等级划分得到的灰色综合评估系数向量为(0.529,0.12,0.33,0.04),则可以判定该生属于(　　)。

A. 优　B. 良　C. 中　D. 差

二、问答题

1. 试写出GM(1,1)模型的原始形式、基本形式、白化方程、时间响应式和参数向量估计的矩阵形式。

2. 什么是紧邻均值生成序列?

3. 试讨论灰色绝对关联度、灰色相似关联度和灰色接近关联度的联系与区别。

4. 试述基于中心点三角白化权函数的灰色聚类评估模型的方法步骤。

三、计算

1. 我国太阳能热水器1995~2000年的销售量(万台)如下:

年份	1995	1996	1997	1998	1999	2000
销售量/万台	200	280	350	340	480	610

试用GM(1,1)模型 $x^{(0)}(k)+az^{(1)}(k)=b$ 进行模拟。

2. 某市2005~2011年居民储蓄存款年末余额数据序列为(单位:亿元)

$$X^{(0)}=(x^{(0)}(1),x^{(0)}(2),x^{(0)}(3),x^{(0)}(4),x^{(0)}(5),x^{(0)}(6),x^{(0)}(7))$$
$$=(102.15,120.33,138.79,146.80,169.76,191.12,223.51)$$

试建立GM(1,1)模型群,并根据 $-a_{\max}=\max\limits_{1\leqslant i\leqslant m}\{-a_i\}$, $-a_{\min}=\min\limits_{1\leqslant i\leqslant m}\{-a_i\}$ 对2015年居民

储蓄存款年末余额进行预测。

3. 设序列

$$X_1=(3.5,4.7,6.3,8.2,10),\quad X_2=(3.2,5.1,7.0,8.6,10.4)$$

试计算 X_1 与 X_2 的灰色绝对关联度、灰色相对关联度、灰色综合关联度、灰色相似关联度和灰色接近关联度。

4. 某企业供应商选择决策中，通过 3 轮专家调查，确定了 5 个决策目标及其权重分别为：质量(0.25)，价格(0.22)，交货期(0.18)，设计方案(0.18)，竞争力(0.17)。对于初步入围的 3 家供应商 A,B,C，相应的目标效果样本向量分别为

$$U^{(1)}=(9.5,9.4,9),\quad U^{(2)}=(14.2,15.1,13.9),$$

$$U^{(3)}=(15.5,17.5,19),\quad U^{(4)}=(9.6,9.3,9.4),\quad U^{(5)}=(9.5,9.7,9.2)$$

式中，质量、价格、竞争力皆为定性指标，对应的目标效果样本值为专家打分结果，评价分值越大越好，均为效益型指标，临界值取为 $u_{i_0j_0}^{(k)}=9(k=1,4,5)$；价格越低越好，属于成本型指标，临界值取为 $u_{i_0j_0}^{(2)}=15$；交货期属于适中型指标，主制造商计划交货期为 16 个月，容忍限为 2 个月，即 $u_{i_0j_0}^{(3)}=2$，下限效果临界值为 16−2=14，上限效果临界值为 16+2=18。

试运用多目标加权灰靶决策模型选择供应商。

第7章

学习和进化模型

在前面介绍的各个模型有一个共同特征，即模型本身的结构特征在仿真过程中不会发生变化。本章我们考虑建立具备学习功能的模型：当模型参数改变时，模型自身的形式甚至也会随着环境发生变化。这种模型的研究立足于机器学习和优化这两个领域。这是两个都十分活跃的领域，本章仅选择其中的两种：人工神经网络和遗传算法进行介绍，这两种方法都是在社会科学仿真中很有影响的方法。

7.1 人工神经网络

人工神经网络(artificial neural networks，ANN)是由大量的、简单的基本单元(称为神经元)广泛地互相连接而形成的复杂网络系统，它反映了人脑功能的许多基本特征，是一个高度复杂的非线性动力学系统。神经网络具有大规模并行、分布式存储和处理、自组织、自适应和自学习能力，特别适合处理需要同时考虑许多因素和条件的、不精确和模糊的信息处理问题。神经网络的发展与神经科学、数理科学、认知科学、计算机科学、人工智能、信息科学、控制论、机器人学、微电子学、心理学、光计算、分子生物学等有关，是一门新兴的边缘交叉学科。

神经网络具有非线性自适应的信息处理能力，克服了传统人工智能方法对于直觉的缺陷，因而在神经专家系统、模式识别、智能控制、组合优化、预测等领域得到成功应用。神经网络与其他传统方法相组合，将推动人工智能和信息处理技术不断发展。近年来，神经网络在模拟人类认知的道路上更加深入发展，并与模糊系统、遗传算法、进化机制等组合，形成计算智能，成为人工智能的一个重要方向。

7.1.1 人工神经网络简介

1. 人工神经网络的研究背景和意义

人工神经网络是由具有适应性的简单单元组成的广泛并行互连的网络，它的组织能够模拟生物神经系统对真实世界物体所作出的交互反应。

人工神经网络就是模拟人思维的一种方式，是一个非线性动力学系统，其特色在于信息的分布式存储和并行协同处理。虽然单个神经元的结构极其简单，功能有限，但大量神经元构成的网络系统所能实现的行为却是极其丰富多彩的。

近年来通过对人工神经网络的研究，可以看出神经网络的研究目的和意义有以下三点：①通过揭示物理平面与认知平面之间的映射，了解它们相互联系和相互作用的机理，从而揭示思维的本质，探索智能的本源。②争取构造出尽可能与人脑具有相似功能的计算机，即神经网络计算机。③研究仿照脑神经系统的人工神经网络，将在模式识别、组合优化和决策判断等方面取得传统计算机所难以达到的效果。

人工神经网络特有的非线性适应性信息处理能力，克服了传统人工智能方法对于直觉，如模式、语音识别、非结构化信息处理方面的缺陷，使之在神经专家系统、模式识别、智能控制、组合优化、预测等领域得到成功应用。人工神经网络与其他传统方法相结合，将推动人工智能和信息处理技术不断发展。近年来，人工神经网络正向模拟人类认知的道路上更加深入发展，与模糊系统、遗传算法、进化机制等结合，形成计算智能，成为人工智能的一个重要方向，将在实际应用中得到发展。将信息几何应用于人工神经网络的研究，为人工神经网络的理论研究开辟了新的途径。神经计算机的研究发展很快，已有产品进入市场。光电结合的神经计算机为人工神经网络的发展提供了良好条件。

2. 神经网络的发展与研究现状

1) *神经网络的发展*

神经网络起源于20世纪40年代，至今发展已半个多世纪，大致分为三个阶段。

(1) 20世纪50～60年代：第一次研究高潮。

自1943年M-P模型开始，至20世纪60年代为止，这一段时间可以称为神经网络系统理论发展的初始阶段。这个时期的主要特点是多种网络的模型的产生与学习算法的确定。

(2) 20世纪60～70年代：低潮时期。

到了20世纪60年代，人们发现感知器存在一些缺陷，如它不能解决异或问题，因而研究工作趋向低潮。不过仍有不少学者继续对神经网络进行研究。

Grossberg提出了自适应共振理论，Kohenen提出了自组织映射，Fukushima提出了神经认知网络理论，Anderson提出了BSB模型；Webos提出了BP理论等。这些都是在20世纪70年代和80年代初进行的工作。

(3) 20世纪80～90年代：第二次研究高潮。

进入20世纪80年代，神经网络研究进入高潮。这个时期最具有标志性的人物是美国加利福尼亚州工学院的物理学家John Hopfield。他于1982年和1984年在美国科学院院刊上发表了两篇文章，提出了模拟人脑的神经网络模型，即最著名的Hopfield模型。Hopfield网络是一个互连的非线性动力学网络，它解决问题的方法是一种反复运算的动态过程，这是符号逻辑处理方式所不具备的性质。80年代后期到90年代初，神经网络系统理论形成了发展的热点，多种模型、算法和应用被提出，研究经费重新变得充足，使得研究者们完成了很多有意义的工作。

2) 神经网络的现状

进入20世纪90年代以来，神经网络由于应用面还不够宽，结果不够精确，存在可信度问题，从而进入了认识与应用研究期。

(1) 开发现有模型的应用，并在应用中根据实际运行情况对模型、算法加以改造，以提高网络的训练速度和运行的准确度。

(2) 充分发挥两种技术各自的优势是一个有效方法。

(3) 希望在理论上寻找新的突破，建立新的专用/通用模型和算法。

(4) 进一步对生物神经系统进行研究，不断地丰富对人脑的认识。

3. 神经网络的研究内容和目前存在的问题

1) 神经网络的研究内容

神经网络的研究内容相当广泛，反映了多科学交叉技术领域的特点。目前，主要的研究工作集中在以下四方面：

(1) 生物原型研究。从生理学、心理学、解剖学、脑科学、病理学生物科学方面研究神经细胞、神经网络、神经系统的生物原型结构及其功能机理。

(2) 建立理论模型。根据生物原形的研究，建立神经元、神经网络的理论模型，其中包括概念模型、知识模型、物理化学模型、数学模型等。

(3) 网络模型与算法研究。在理论模型研究的基础上构成具体的神经网络模型，以实现计算机模拟或准备制作硬件，包括网络学习算法的研究。这方面的工作也称为技术模型研究。

(4) 神经网络应用系统。在网络模型与算法研究的基础上，利用神经网络组成实际的应用系统，如完成某种信号处理或模式识别的功能、构成专家系统、制成机器人等。

2) 神经网络研究目前存在的问题

人工神经网络的发展具有强大的生命力。当前存在的问题是智能水平还不高，许多应用方面的要求还不能得到很好的满足；网络分析与综合的一些理论性问题还未得到很好解决。例如，由于训练中稳定性的要求学习率很小，所以无论采用梯度下降法还是动量法，在实际应用中都显得较慢。针对千变万化的应用对象，各类复杂的求解问题，编制一些特定的程序、软件求解，耗费了大量的人力和物力。而这些软件往往只针对某一方面的问题有效，并且在人机接口、用户友好性等诸多方面存在一定的缺陷。在计算机飞速发展的今天，很多都已不能满足发展的需要。

4. 神经网络的应用

神经网络理论的应用取得了令人瞩目的发展，特别是在人工智能、自动控制、计算机科学、信息处理、机器人、模式识别、CAD/CAM等方面都有重大的应用实例。下面列出一些主要应用领域：

(1) 模式识别和图像处理。印刷体和手写字符识别、语音识别、签字识别、指纹识别、人体病理分析、目标检测与识别、图像压缩和图像复制等。

(2) 控制和优化。化工过程控制、机器人运动控制、家电控制、半导体生产中掺杂控制、石油精炼优化控制和超大规模集成电路布线设计等。

(3) 预报和智能信息管理。股票市场预测、地震预报、有价证券管理、借贷风险分析、IC卡管理和交通管理。

(4) 通信。自适应均衡、回波抵消、路由选择和 ATM 网络中的呼叫接纳识别和控制。

(5) 空间科学。空间交汇对接控制、导航信息智能管理、飞行器制导和飞行程序优化管理等。

7.1.2 神经网络结构及 BP 神经网络

1. 神经元与网络结构

人工神经网络是模仿生物神经网络功能的一种经验模型。生物神经元受到传入的刺激,其反应又从输出端传到相连的其他神经元,输入和输出之间的变换关系一般是非线性的。神经网络是由若干简单(通常是自适应的)元件及其层次组织,以大规模并行连接方式构造而成的网络,按照生物神经网络类似的方式处理输入的信息。模仿生物神经网络而建立的人工神经网络,对输入信号有功能强大的反应和处理能力。

神经网络是由大量的基本单元(神经元)互相连接而成的网络。为了模拟大脑的基本特性,在神经科学研究的基础上,提出了神经网络的模型。但是,实际上神经网络并没有完全反映大脑的功能,只是对生物神经网络进行了某种抽象、简化和模拟。神经网络的信息处理通过神经元的互相作用来实现,知识与信息的存储表现为网络元件互相分布式的物理联系。神经网络的学习和识别取决于各种神经元连接权系数的动态演化过程。

若干神经元连接成网络,其中的一个神经元可以接受多个输入信号,按照一定的规则转换为输出信号。由于神经网络中神经元间复杂的连接关系和各神经元传递信号的非线性方式,输入和输出信号间可以构建出各种各样的关系,因此可以用来作为黑箱模型,表达那些用机理模型还无法精确描述、但输入和输出之间确实有客观的、确定性的或模糊性的规律。因此,人工神经网络作为经验模型的一种,在工业生产、研究和开发中得到了越来越多的应用。

1) 生物神经元

人脑大约由 10^{12} 个神经元组成,神经元互相连接成神经网络。神经元是大脑处理信息的基本单元,以细胞体为主体,由许多向周围延伸的不规则树枝状纤维构成的神经细胞,其形状很像一棵枯树的枝干。它主要由细胞体、树突、轴突和突触(synapse,又称神经键)组成。如图 7.1 所示。

从神经元各组成部分的功能来看,信息的处理与传递主要发生在突触附近。当神经元细胞体通过轴突传到突触前膜的脉冲幅度达到一定强度,即超过其阈值电位后,突触前膜将向突触间隙释放神经传递的化学物质。

2) 人工神经元

归纳一下生物神经元传递信息的过程:生物神经元是一个多输入、单输出单元。常用

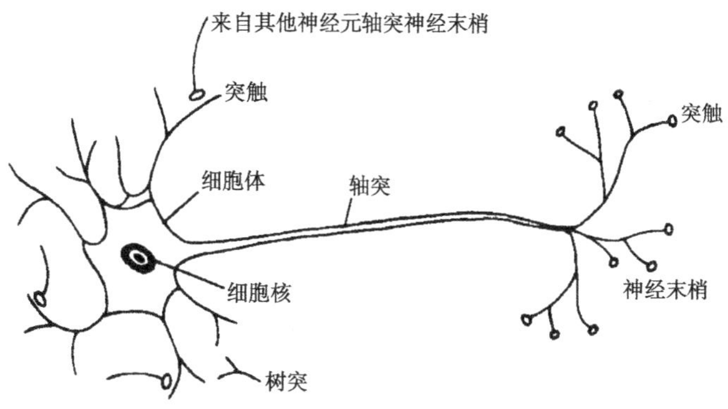

图 7.1 生物神经元

的人工神经元模型可用图 7.2 模拟。

当神经元 j 有多个输入 $x_i(i=1,2,\cdots,m)$ 和单个输出 y_j 时，输入和输出的关系可表示为

$$\begin{cases} s_j = \sum_{i=1}^{m} w_{ij} x_i - \theta_j \\ y_j = f(s_j) \end{cases}$$

式中，θ_j 为阈值；w_{ij} 为从神经元 i 到神经元 j 的连接权重因子；$f(\cdot)$ 为传递函数，或称激励函数。

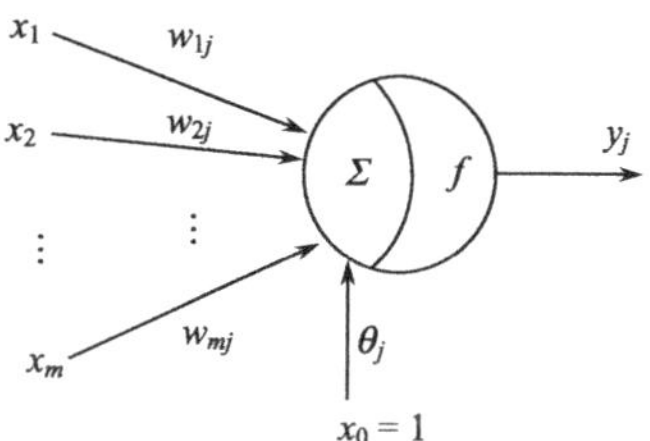

图 7.2 人工神经元(感知器)示意图

3) 人工神经网络的构成

神经元的模型确定之后，一个神经网络的特性及能力主要取决于网络的拓扑结构及学习方法。

神经网络连接的几种基本形式。

A. 前向网络

前向网络结构如图 7.3 所示，网络中的神经元是分层排列的，每个神经元只与前一层的神经元相连接。神经元分层排列，分别组成输入层、中间层(也称为隐含层，可以由若干层组成)和输出层。每一层的神经元只接受来自前一层神经元的输入，后面的层对前面的层没有信号反馈。输入模式经过各层次的顺序传播，最后在输出层上得到输出。感知器网络和 BP 网络均属于前向网络。

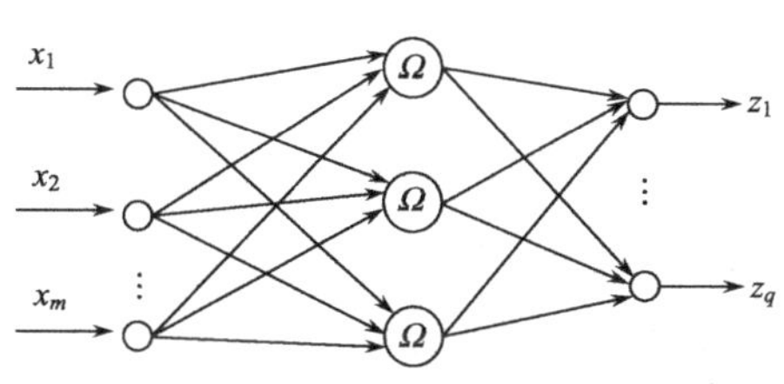

图 7.3 前向网络结构

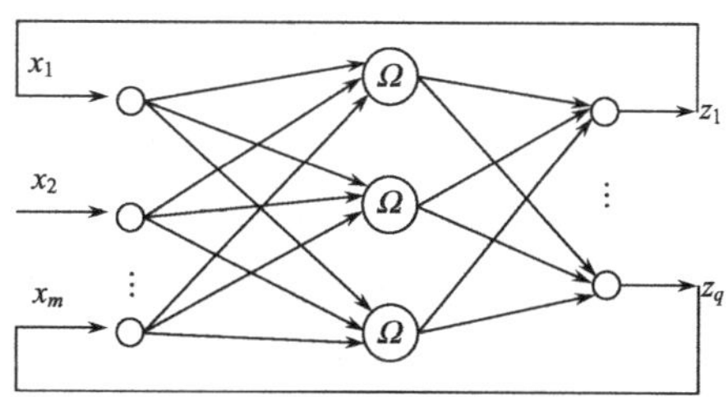

图 7.4 有反馈的前向网络结构

B. 从输出到输入有反馈的前向网络

从输出到输入有反馈的前向网络其结构如图 7.4 所示，输出层对输入层有信息反馈，这种网络可用于存储某种模式序列，如神经认知机和回归 BP 网络都属于这种类型。

C. 层内互连前向网络

层内互连前向网络其结构如图 7.5 所示，通过层内神经元的相互结合，可以实现同一层神经元之间的横向抑制或兴奋机制。这样可以限制每层内可以同时动作的神经元素，或者把每层内的神经元分为若干组，让每一组作为一个整体进行运作。例如，可利用横向抑制机理把某层内的具有最大输出的神经元挑选出来，从而抑制其他神经元，使之处于无输出状态。

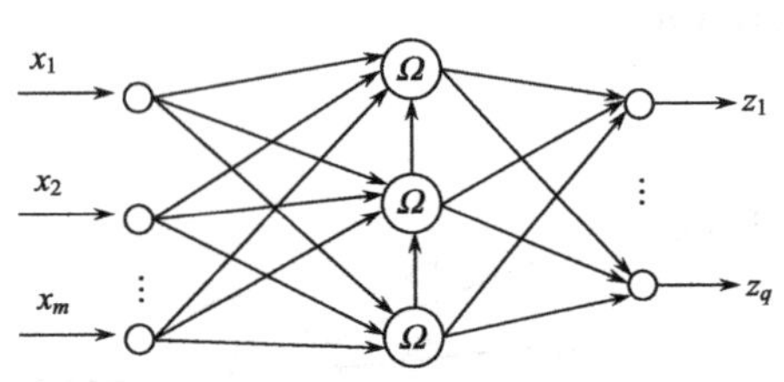

图 7.5 有相互结合的前向网络结构

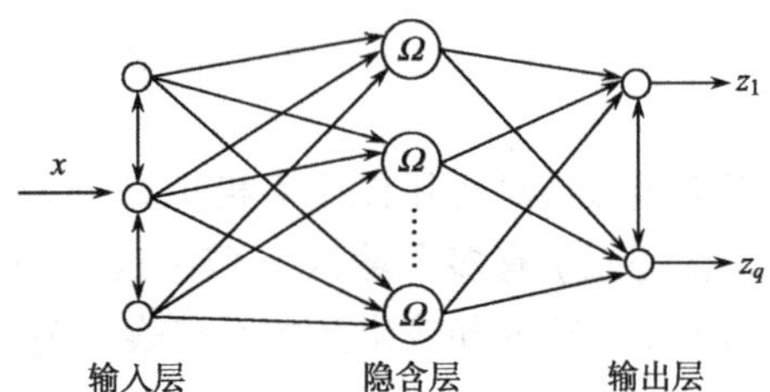

图 7.6 结合型网络结构

D. 相互结合型网络

相互结合型网络结构如图 7.6 所示，这种网络在任意两个神经元之间都可能有连接。Hopfield 网络和 Boltzmann 机均属于这种类型。在无反馈的前向网络中，信号一旦通过某神经元，该神经元的处理就结束了。而在相互结合网络中，信号要在神经元之间反复传递，网络处于一种不断变化状态的动态之中。信号从某初始状态开始，经过若干次变化，才会达到某种平衡状态。根据网络的结构和神经元的特性，网络的运行还有可能进入周期振荡或其他如混沌平衡状态。

综上，可知神经网络有分层网络、层内连接的分层网络、反馈连接的分层网络、互联网络等四种结构，其神经网络模型有感知器网络、线性神经网络、BP 神经网络、径向基函数网络、反馈神经网络等。

2. BP 神经网络及其原理

1) BP 神经网络定义

BP(back propagation)神经网络是一种神经网络学习算法。其由输入层、中间层、输出层组成的阶层型神经网络，中间层可扩展为多层。相邻层之间各神经元进行全连接，而每层各神经元之间无连接，网络按有教师示教的方式进行学习，当一对学习模式提供给网络后，各神经元获得网络的输入响应产生连接权值(weight)。然后按减小期望输出与实际输出误差的方向，从输出层经各中间层逐层修正各连接权，回到输入层。此过程反复交替进行，直至网络的全局误差趋向给定的极小值，即完成学习的过程。

2) BP 神经网络模型及其基本原理

BP 神经网络是误差反向传播神经网络的简称，它由一个输入层，一个或多个隐含层和一个输出层构成，每一次由一定数量的神经元构成。这些神经元如同人的神经细胞一样是互相关联的。其结构如图7.7所示。

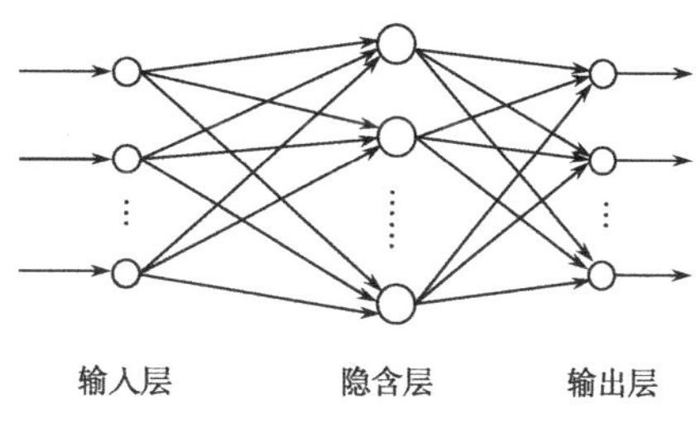

图7.7 BP神经网络模型

生物神经元信号的传递是通过突触进行的一个复杂的电化学过程，在人工神经网络中是将其简化模拟成一组数字信号通过一定的学习规则而不断变动更新的过程，这组数字储存在神经元之间的连接权重。网络的输入层模拟的是神经系统中的感觉神经元，它接收输入样本信号。输入信号经输入层输入，通过隐含层的复杂计算由输出层输出，输出信号与期望输出相比较，若有误差，再将误差信号反向由输出层通过隐含层处理后向输入层传播。在这个过程中，误差通过梯度下降算法，分摊给各层的所有单元，从而获得各单元的误差信号，以此误差信号为依据修正各单元权值，网络权值因此被重新分布。此过程完成后，输入信号再次由输入层输入网络，重复上述过程。这种信号正向传播与误差反向传播的各层权值调整过程周而复始地进行着，直到网络输出的误差减少到可以接受的程度，或进行到预先设定的学习次数为止。权值不断调整的过程就是网络的学习训练过程。

BP神经网络的信息处理方式具有如下特点：

(1) 信息分布存储。人脑存储信息的特点是利用突触效能的变化来调整存储内容，即信息存储在神经元之间的连接强度的分布上，BP神经网络模拟人脑的这一特点，使信息以连接权值的形式分布于整个网络。

(2) 信息并行处理。人脑神经元之间传递脉冲信号的速度远低于冯·诺依曼计算机的工作速度，但是在很多问题上却可以做出快速的判断、决策和处理，这是由于人脑是一个大规模并行与串行组合的处理系统。BP神经网络的基本结构模仿人脑，具有并行处理的特征，大大提高了网络功能。

(3) 具有容错性。生物神经系统部分不严重损伤并不影响整体功能，BP神经网络也具有这种特性，网络的高度连接意味着少量的误差可能不会产生严重的后果，部分神经元的损伤不破坏整体，它可以自动修正误差。这与现代计算机的脆弱性形成鲜明对比。

(4) 具有自学习、自组织、自适应的能力。BP神经网络具有初步的自适应与自组织能力，在学习或训练中改变突触权值以适应环境，可以在使用过程中不断学习完善自己的功能，并且同一网络因学习方式的不同可以具有不同的功能，它甚至具有创新能力，可以发展知识，以至于超过设计者原有的知识水平。

3. BP神经网络的主要功能

目前，在人工神经网络的实际应用中。绝大部分的神经网络模型都采用BP神经网络及其变化形式。它也是前向网络的核心部分，体现了人工神经网络的精华。

BP网络主要用于以下四个方面：

(1) 函数逼近。用输入向量和相应的输出向量训练一个网络以逼近一个函数。

(2) 模式识别。用一个待定的输出向量将它与输入向量联系起来。

(3) 分类。把输入向量所定义的合适方式进行分类。

(4) 数据压缩。减少输出向量维数以便传输或存储。

4. BP 网络的优点以及局限性

BP 神经网络最主要的优点是具有极强的非线性映射能力。理论上,对于一个三层和三层以上的 BP 网络,只要隐含层神经元数目足够多,该网络就能以任意精度逼近一个非线性函数。其次,BP 神经网络具有对外界刺激和输入信息进行联想记忆的能力。这是因为它采用了分布并行的信息处理方式,对信息的提取必须采用联想的方式,才能将相关神经元全部调动起来。BP 神经网络通过预先存储信息和学习机制进行自适应训练,可以从不完整的信息和噪声干扰中恢复原始的完整信息。这种能力使其在图像复原、语言处理、模式识别等方面具有重要应用。再次,BP 神经网络对外界输入样本有很强的识别与分类能力。由于它具有强大的非线性处理能力,因此可以较好地进行非线性分类,解决了神经网络发展史上的非线性分类难题。另外,BP 神经网络具有优化计算能力。BP 神经网络本质上是一个非线性优化问题,它可以在已知的约束条件下,寻找一组参数组合,使该组合确定的目标函数达到最小。不过,其优化计算存在局部极小问题,必须通过改进完善。

由于 BP 网络训练中稳定性要求学习效率很小,所以梯度下降法使得训练很慢。动量法因为学习率的提高通常比单纯的梯度下降法要快一些,但在实际应用中还是速度不够,这两种方法通常只应用于递增训练。

多层神经网络可以应用于线性系统和非线性系统中,对于任意函数模拟逼近。当然,感知器和线性神经网络能够解决这类网络问题。但是,虽然理论上是可行的,但实际上 BP 网络并不一定总能有解。

对于非线性系统,选择合适的学习率是一个重要的问题。在线性网络中,学习率过大会导致训练过程不稳定。相反,学习率过小又会造成训练时间过长。和线性网络不同,对于非线性多层网络很难选择很好的学习率。对那些快速训练算法,缺省参数值基本上都是最有效的设置。

非线性网络的误差面比线性网络的误差面复杂得多,问题在于多层网络中非线性传递函数有多个局部最优解。寻优的过程与初始点的选择关系很大,初始点如果更靠近局部最优点,而不是全局最优点,就不会得到正确的结果,这也是多层网络无法得到最优解的一个原因。为了解决这个问题,在实际训练过程中,应重复选取多个初始点进行训练,以保证训练结果的全局最优性。

网络隐含层神经元的数目也对网络有一定的影响。神经元数目太少会造成网络的不适性,而神经元数目太多又会引起网络的过适性。

7.1.3 BP 神经网络应用实例

快速发展的 MATLAB 软件为神经网络理论的实现提供了一种便利的仿真手段。MATLAB 神经网络工具箱的出现,更加拓宽了神经网络的应用空间。神经网络工具箱将很多原本需要手动计算的工作交给计算机,一方面提高了工作效率,另一方面还提高了计算的准确度和精度,减轻了工程人员的负担。

神经网络工具箱是在 MATLAB 环境下开发出来的许多工具箱之一。它以人工神经网络理论为基础，利用 MATLAB 编程语言构造出许多典型神经网络的框架和相关的函数。这些工具箱函数主要为两大部分。一部分函数特别针对某一种类型的神经网络的，如感知器的创建函数、BP 网络的训练函数等。而另外一部分函数则是通用的，几乎可以用于所有类型的神经网络，如神经网络仿真函数、初始化函数和训练函数等。这些函数的 MATLAB 实现，使得设计者对所选定网络进行计算过程，转变为对函数的调用和参数的选择，这样一来，网络设计人员可以根据自己的的需要去调用工具箱中有关的设计和训练程序，从烦琐的编程中解脱出来，集中精力解决其他问题，从而提高了工作效率。

1. 基于 MATLAB 的 BP 神经网络工具箱函数

最新版本的神经网络工具箱几乎涵盖了所有的神经网络的基本常用模型，如感知器和 BP 网络等。对于各种不同的网络模型，神经网络工具箱集成了多种学习算法，为用户提供了极大的方便。MATLAB 神经网络工具箱中包含了许多用于 BP 网络分析与设计的函数，BP 网络的常用函数如表 7.1 所示。

表 7.1 BP 网络的常用函数表

函数类型	函数名称	函数用途
前向网络创建函数	newcf	创建级联前向 BP 网络
	newff	创建前向 BP 网络
传递函数	logsig	S 型的对数函数
	tansig	S 型的正切函数
	purelin	纯线性函数
学习函数	learngd	基于梯度下降法的学习函数
	learngdm	梯度下降动量学习函数
性能函数	mse	均方误差函数
	msereg	均方误差规范化函数
显示函数	plotperf	绘制网络的性能
	plotes	绘制一个单独神经元的误差曲面
	plotep	绘制权值和阈值在误差曲面上的位置
	errsurf	计算单个神经元的误差曲面

1) BP 网络创建函数

(1) newff。该函数用于创建一个 BP 网络。调用格式为

```
net = newff
net = newff(PR,[S1 S2..SN1],{TF1 TF2..TFN1},BTF,BLF,PF)
```

其中，

net=newff，用于在对话框中创建一个 BP 网络；

net 为创建的新 BP 神经网络；

PR 为网络输入向量取值范围的矩阵；

[S1 S2…SNl]表示网络隐含层和输出层神经元的个数；

{TFl TF2…TFN1}表示网络隐含层和输出层的传输函数，默认为“tansig”；

BTF 表示网络的训练函数，默认为“trainlm”；

BLF 表示网络的权值学习函数，默认为“learngdm”；

PF 表示性能数，默认为“mse”。

(2) newcf 函数用于创建级联前向 BP 网络，newfftd 函数用于创建一个存在输入延迟的前向网络。

2) BP 网络的传递函数

传递函数是 BP 网络的重要组成部分。传递函数又称为激活函数，必须是连续可微的。BP 网络经常采用 S 型的对数或正切函数和线性函数。

(1) logsig。该传递函数为 S 型的对数函数。调用格式为

```
A = logsig(N)
info = logsig(code)
```

其中，

N：Q 个 S 维的输入列向量。

A：函数返回值，位于区间(0,1)中。

(2) tansig。该函数为双曲正切 S 型传递函数。调用格式为

```
A = tansig(N)
info = tansig(code)
```

其中，

N：Q 个 S 维的输入列向量。

A：函数返回值，位于区间(−1,1)之间。

(3) purelin。该函数为线性传递函数。调用格式为

```
A = purelin(N)
info = purelin(code)
```

其中，

N：Q 个 S 维的输入列向量。

A：函数返回值，A=N。

3) BP 网络学习函数

(1) learngd。该函数为梯度下降权值/阈值学习函数，它通过神经元的输入和误差，以及权值和阈值的学习效率，来计算权值或阈值的变化率。调用格式为

```
[dW,ls] = learngd(W,P,Z,N,A,T,E,gW,gA,D,LP,LS)
[db,ls] = learngd(b,ones(1,Q),Z,N,A,T,E,gW,gA,D,LP,LS)
info = learngd(code)
```

(2) learngdm 函数为梯度下降动量学习函数，它利用神经元的输入和误差、权值或阈

值的学习速率和动量常数，来计算权值或阈值的变化率。

4) BP 网络训练函数

(1) train。神经网络训练函数，调用其他训练函数，对网络进行训练。该函数的调用格式为

```
[net,tr,Y,E,Pf,Af] = train(NET,P,T,Pi,Ai)
[net,tr,Y,E,Pf,Af] = train(NET,P,T,Pi,Ai,VV,TV)
```

(2) traingd 函数为梯度下降 BP 算法函数。traingdm 函数为梯度下降动量 BP 算法函数。

2. 基于 MATLAB 的 BP 神经网络非线性函数拟合

1) 案例背景

在工程应用中经常会遇到一些复杂的非线性系统，这些系统状态方程复杂，难以用数学方法准确建模。在这种情况下，可以建立 BP 神经网络表达这些非线性系统。该方法把未知系统看成是一个黑箱，首先用系统输入输出数据训练 BP 神经网络，使网络能够表达该未知函数，然后就可以用训练好的 BP 神经网络预测系统输出。

本章拟合的非线性函数为

$$y = x_1^2 + x_2^2$$

该函数的图形如图 7.8 所示。

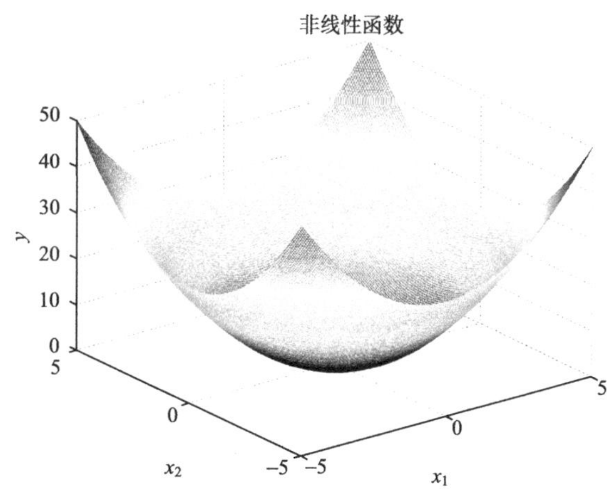

图 7.8　非线性函数图形

2) 模型建立

基于 BP 神经网络的非线性函数拟合算法流程可以分为 BP 神经网络构建、BP 神经网络训练和 BP 神经网络预测三步，如图 7.9 所示。

BP 神经网络构建根据拟合非线性函数特点确定 BP 神经网络结构，由于该非线性函数有两个输入参数，一个输出参数，所以 BP 神经网络结构为 2-5-1，即输入层有 2 个节点，

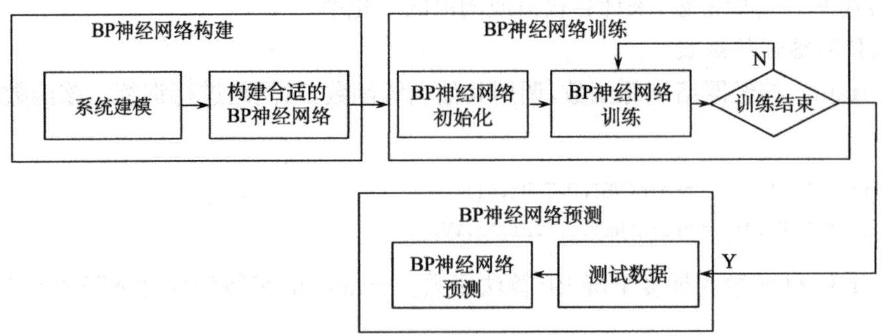

图 7.9 算法流程

隐含层有 5 个节点，输出层有 1 个节点。

BP 神经网络训练用非线性函数输入输出数据训练神经网络，使训练后的网络能够预测非线性函数输出。从非线性函数中随机得到 2000 组输入输出数据，从中随机选择 1900 组作为训练数据，用于网络训练，100 组作为测试数据，用于测试网络的拟合性能。

神经网络预测用训练好的网络预测函数输出，并对预测结果进行分析。

3) MATLAB 实现

A. 数据选择和归一化

根据非线性函数方程随机得到该函数的 2000 组输入输出数据，将数据存储在 data.mat文件中，input 是函数输入数据，output 是函数输出数据。从输入输出数据中随机选取 1900 组数据作为网络训练数据，100 组数据作为网络测试数据，并对训练数据进行归一化处理。

```
%清空环境变量
clc
clear
%下载输入输出数据
load data input output
%随机选择 1900 组训练数据和 100 组预测数据
k=rand(1,2000);
[m,n]=sort(k);
input_train=input(n(1:1900),:);
output_train=output(n(1:1900),:);
input_test=input(n(1901:2000),:);
output_test=output(n(1901:2000),:);
%训练数据归一化
[inputn,inputps]=mapminmax(input_train);
[outputn,outputps]=mapminmax(output_train);
```

B. BP 神经网络训练

用训练数据训练 BP 神经网络，使网络对非线性函数输出具有预测能力。

```
%BP 神经网络构建
net = newff(inputn,outputn,5);
%网络参数配置(迭代次数,学习率,目标)
net.trainParam.epochs = 100;
net.trainParam.lr = 0.1;
net.trainParam.goal = 0.00004;
%BP 神经网络训练
net = train(net,inputn,outputn);
```

C. BP 神经网络预测

用训练好的 BP 神经网络预测非线性函数输出,并通过 BP 神经网络预测输出和期望输出分析 BP 神经网络的拟合能力。

```
%预测数据归一化
inputn_test = mapminmax('apply',input_test,inputps);
%BP 神经网络预测输出
an = sim(net,inputn_test);
%输出结果反归一化
BPoutput = mapminmax('reverse',an,outputps);
%网络预测结果图形
figure(1)
plot(BPoutput,':og')
holdon
plot(output_test,'-*');
logend('预测输出','期望输出')
title('BP 网络预测输出','fontsize',12)
ylabel('函数输出','fontsize',12)
xlabel('样本','fontsize',12)
%网络预测误差图形
figure(2)
plot(error,'-*')
title('BP 网络预测误差','fontsize',12)
ylabel('误差','fontsize',12)
xlabel('样本','fontsize',12)
```

4) 结果分析

用训练好的 BP 神经网络预测函数输出,预测结果如图 7.10 所示。BP 神经网络预测输出和期望输出的误差如图 7.11 所示。

3. 基于灰色神经网络的预测算法——以订单需求预测为例

1) 灰色神经网络

灰色神经网络是由灰色系统模型与神经网络模型组合而成的一种新型模型。设原始

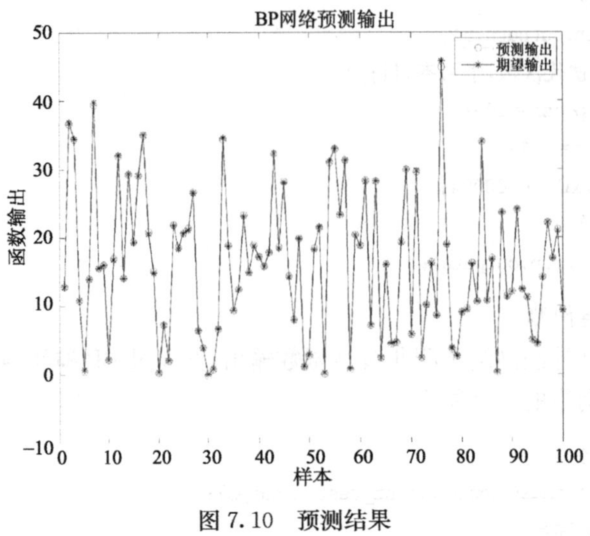

图 7.10 预测结果

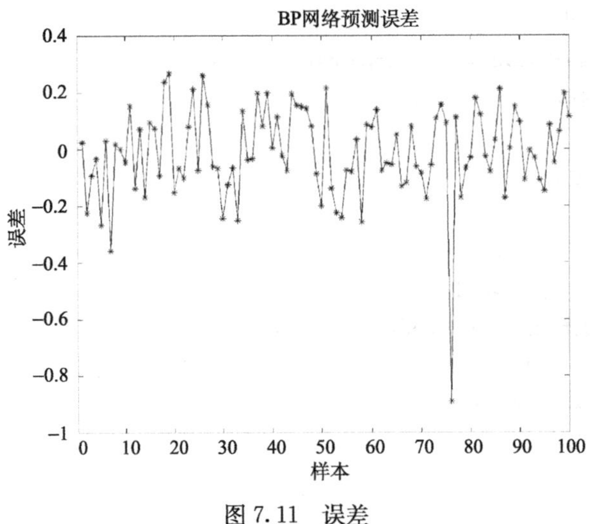

图 7.11 误差

数列 $x_t^{(0)}$ ($t=0,1,2,\cdots,N-1$)经过一次累加生成后得到的数列 $x_t^{(1)}$ 呈现指数增长规律，因而可以用一个连续函数或微分方程进行数据拟合和预测。为了表达方便，对符号进行重新定义，原始数列 $x_t^{(0)}$，表示为 $x(t)$，一次累加生成后得到的数列 $x_t^{(1)}$ 表示为 $y(t)$，预测结果 $x_t^{\cdot(1)}$ 表示为 $z(t)$。

n 个参数的灰色神经网络模型的微分方程表达式为

$$\frac{\mathrm{d}y_1}{\mathrm{d}t}+ay_1=b_1y_2+b_2y_3+\cdots+b_{n-1}y_n \tag{7.1}$$

式中，$y_1,y_2,\cdots,y_n$ 为系统输入参数；y_1 为系统输出参数；$a,b_1,b_2,\cdots,b_{n-1}$ 为微分方程系数。

式(7.1)的时间响应式为

$$z(t)=\left(y_1(0)-\frac{b_1}{a}y_2(t)-\frac{b_2}{a}y_3(t)-\cdots-\frac{b_{n-1}}{a}y_n(t)\right)e^{-at}$$
$$+\frac{b_1}{a}y_2(t)+\frac{b_2}{a}y_3(t)+\cdots+\frac{b_{n-1}}{a}y_n(t) \tag{7.2}$$

令

$$d=\frac{b_1}{a}y_2(t)+\frac{b_2}{a}y_3(t)+\cdots+\frac{b_{n-1}}{a}y_n(t)$$

式(7.2)可以转化为式(7.3)

$$\begin{aligned} z(t)&=\left((y_1(0)-d)\cdot\frac{e^{-at}}{1+e^{-at}}+d\cdot\frac{1}{1+e^{-at}}\right)\cdot(1+e^{-at})\\ &=\left((y_1(0)-d)\left(1-\frac{1}{1+e^{-at}}\right)+d\cdot\frac{1}{1+e^{-at}}\right)\cdot(1+e^{-at})\\ &=\left((y_1(0)-d)-y_1(0)\cdot\frac{1}{1+e^{-at}}+2d\cdot\frac{1}{1+e^{-at}}\right)\cdot(1+e^{-at}) \end{aligned} \tag{7.3}$$

将变换后的式(7.3)映射到一个扩展的BP神经网络中就得到 n 个输入参数，1个输出参数的灰色神经网络。网络拓扑结构如图7.12所示。

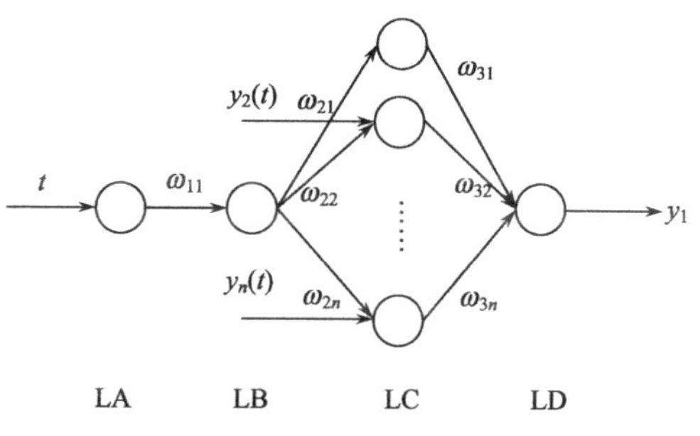

图7.12 灰色神经网络拓扑结构

其中，t 为输入参数序号；$y_2(t),\cdots,y_n(t)$ 为网络输入参数；$\omega_{21},\omega_{22},\cdots,\omega_{2n},\omega_{31},\omega_{32},\cdots,\omega_{3n}$ 为网络权值；y_1 为网络预测值；LA、LB、LC、LD分别表示灰色神经网络的四层。

令 $\frac{2b_1}{a}=u_1,\frac{2b_2}{a}=u_2,\cdots,\frac{2b_{n-1}}{a}=u_{n-1}$，则网络初始权值可以表示为

$$\omega_{11}=a,\omega_{21}=-y_1(0),\omega_{22}=u_1,\omega_{23}=u_2,\cdots,\omega_{2n}=u_{n-1}$$
$$\omega_{31}=\omega_{32}=\cdots=\omega_{3n}=1+e^{-at}$$

LD层中输出节点的阈值为

$$\theta=(1-e^{-at})(d-y_1(0))$$

灰色神经网络的学习流程如下。

步骤1，根据训练数据特征初始化网络结构，初始化参数 a,b，并根据 a,b 的值计算 u。

步骤2，根据网络权值定义计算 $\omega_{21},\omega_{22},\cdots,\omega_{2n},\omega_{31},\omega_{32},\cdots,\omega_{3n}$。

步骤3，对每一个输入序列 $(t,y(t))$，$t=1,2,3,\cdots,n$，计算每层输出。

LA层：$a=\omega_{11}$

LB层：$b=f(\omega_{11}t)=\frac{1}{1+e^{-\omega_{11}t}}$

LC层：$c_1=b\omega_{21},c_2=y_2(t)b\omega_{22},c_3=y_3(t)b\omega_{23},\cdots,c_n=y_n(t)b\omega_{2n}$

LD 层：$d=\omega_{31}c_1=\omega_{32}c_2+\cdots+\omega_{3n}c_n-\theta_{y1}$

步骤 4，计算网络预测输出与期望输出的误差，并根据误差调整权值和阈值。

LD 层误差：$\delta=d-y_1(t)$

LC 层误差：$\delta_1=\delta(1+e^{-\omega_{11}t}),\delta_2=\delta(1+e^{-\omega_{11}t}),\cdots,\delta_n=\delta(1+e^{-\omega_{11}t})$

LB 层误差：$\delta_{n+1}=\frac{1}{1+e^{-\omega_{11}t}}\left(1-\frac{1}{1+e^{-\omega_{11}t}}\right)(\omega_{21}\delta_1+\omega_{22}\delta_2+\cdots+\omega_{2n}\delta_n)$

根据预测误差调整权值。调整 LB 到 LC 的连接权值

$$\omega_{21}=-y_1(0),\omega_{22}=\omega_{22}-\mu_1\delta_2 b,\cdots,\omega_{2n}=\omega_{2n}-\mu_{n-1}\delta_n b$$

调整 LA 到 LB 的连接权值

$$\omega_{11}=\omega_{11}+at\delta_{n+1}$$

调整阈值

$$\theta=(1+e^{-\omega_{11}t})\left(\frac{\omega_{22}}{2}y_2(t)+\frac{\omega_{23}}{2}y_3(t)+\cdots+\frac{\omega_{2n}}{2}y_n(t)-y_1(0)\right)$$

步骤 5，判断训练是否结束，若否，返回步骤 3。

2) 基于灰色神经网络冰箱订单预测

A. 案例背景

对于冰箱市场来说，影响其需求量的因素很多，比如季节性因素、成本、产品质量水平、品牌认可、售后服务、产品结构、产品生命周期、价格波动及销售力度、竞争对手、市场特征、性能价格比等，根据各因素对订单需求影响的大小，从中选取需求趋势、产品的市场份额、销售价格波动、订单缺货情况和分销商的联合预测 5 个因素作为主要因素预测冰箱订单量。

产品的市场份额是指某个企业销售额在同一市场(或行业)全部销售额中所占比重。一般来说，某市场中，企业越多，单个企业所占比重越低，即市场份额小，该市场的竞争程度越高。

产品的生命周期是指产品从推出市场到从市场退出的周期。产品订单同产品生命周期有很大关系，比如产品处于成长期，那么其需求将增长快速。处于成熟期，其需求的增长比较缓慢且稳定。

价格波动一般指企业为了增加产品的销量，减少闲置库存，提升品牌竞争力，又或者由于原材料的成本增加，为满足一定的盈利，短期时间内价格的变化。价格的波动导致的需求量突增或突减可反映在市场活动如促销前后，直接的价格战前后，因而在做需求预测时要考虑预测期间的市场活动状况，对预测的需求量按促销等力度加以调整。

订单满足率是指由于供应量的不足导致的缺货和其他原因不能满足给定数量的货物所占总订单数的比例。对于某冰箱公司，一般情况下，下游企业或者说批发商会在给定前置期的范围内下订单，但是由于月前的以需求计划为引导的生产计划可能不能满足足够数额的需求，所以会产生制造商和批发商之间的短期博弈。

分销商联合预测因素是指供应商、制造商、配送商、分销商、零件商，直至最后的客户连接成一个有机体，考虑各自上下游之间的需求匹配性，进行联合预测，实现信息共享，来减少供应链中的存货、生产及运输成本，快速响应消费者需求，提高订单满足率和客户服

务水平。

B. 模型建立

基于灰色神经网络的冰箱订单预测算法流程如图 7.13 所示。其中,灰色神经网络构建根据输入/输出数据维数确定灰色神经网络结构。由于本案例输入数据为 5 维,输出有 1 维,所以灰色神经网络结构为 1-1-6-1,即 LA 层有 1 个节点,输入为时间序列 t,LB 层有 1 个节点,LC 层有 6 个节点,从第 2 个到第 6 个分别输入市场份额、需求趋势、价格波动、订单满足率、分销商联合预测等 5 个因素的归一化数据,输出为预测订单量。

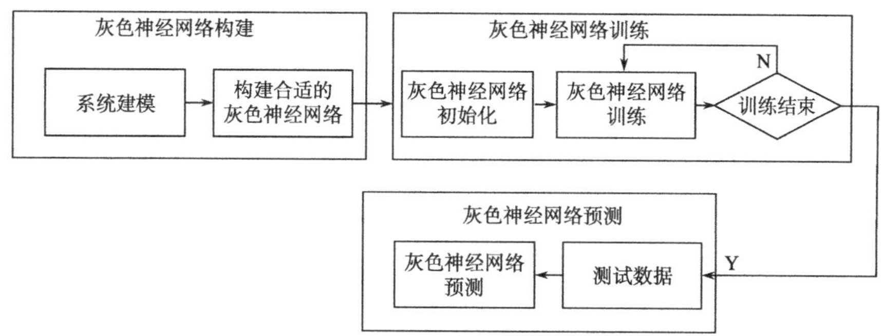

图 7.13　灰色神经网络预测流程

灰色神经网络训练用训练数据训练灰色神经网络,使网络具有订单预测能力。灰色神经网络预测用网络预测订单数量,并根据预测误差判断网络性能。共有过去 3 年(36 个月)的数据,首先取前 30 个月的数据作为训练数据训练网络,网络共学习进化 100 次,然后用剩余 6 组数据评价网络的预测性能。

C. 编程实现

(1) 数据处理。

对原始数据进行累加作为网络的输入/输出参数,冰箱原始订单数据存储在data.mat 文件的矩阵 X 中。X 为 36 行 6 列矩阵,第 1 列为冰箱订单数,第 2 到 6 列分别为需求趋势、产品的市场份额、销售价格波动、订单缺货情况和分销商的联合预测。

```
%%清空环境变量
clc
clear
load data
%%数据累加作为网络输入
[n,m] = size(X);
for i = 1:n
    y(i,1) = sum(X(1:i,1));
    y(i,2) = sum(X(1:i,2));
    y(i,3) = sum(X(1:i,3));
    y(i,4) = sum(X(1:i,4));
    y(i,5) = sum(X(1:i,5));
```

```
    y(i,6) = sum(X(1:i,6));
end
```

(2) 网络初始化。

初始化灰色神经网络权值和阈值。

```
%%网络参数初始化
a = 0.3 + rand(1)/4;
b1 = 0.3 + rand(1)/4;
b2 = 0.3 + rand(1)/4;
b3 = 0.3 + rand(1)/4;
b4 = 0.3 + rand(1)/4;
b5 = 0.3 + rand(1)/4;

%%学习速率初始化
u1 = 0.0015;
u2 = 0.0015;
u3 = 0.0015;
u4 = 0.0015;
u5 = 0.0015;

%%权值阈值初始化
t = 1;
w11 = a;
w21 = - y(1,1);
w22 = 2 * b1/a;
w23 = 2 * b2/a;
w24 = 2 * b3/a;
w25 = 2 * b4/a;
w26 = 2 * b5/a;
w31 = 1 + exp( - a * t);
w32 = 1 + exp( - a * t);
w33 = 1 + exp( - a * t);
w34 = 1 + exp( - a * t);
w35 = 1 + exp( - a * t);
w36 = 1 + exp( - a * t);
theta = (1 + exp( - a * t)) * (b1 * y(1,2)/a + b2 * y(1,3)/a + b3 * y(1,4)/a + b4 * y(1,5)/a + b5
* y(1,6)/a - y(1,1));
```

(3) 网络学习。

利用训练数据训练灰色神经网络。

```
%%循环迭代
for j = 1:10
```

```
%循环迭代
E(j) = 0;
for i = 1:30

    % %网络输出计算
    t = i;
    LB_b = 1/(1 + exp( - w11 * t));        %LB层输出
    LC_c1 = LB_b * w21;                    %LC层输出
    LC_c2 = y(i,2) * LB_b * w22;           %LC层输出
    LC_c3 = y(i,3) * LB_b * w23;           %LC层输出
    LC_c4 = y(i,4) * LB_b * w24;           %LC层输出
    LC_c5 = y(i,5) * LB_b * w25;           %LC层输出
    LC_c6 = y(i,6) * LB_b * w26;           %LC层输出
    LD_d = w31 * LC_c1 + w32 * LC_c2 + w33 * LC_c3 + w34 * LC_c4 + w35 * LC_c5 + w36 * LC_c6;   %LD层输出
    theta = (1 + exp( - w11 * t)) * (w22 * y(i,2)/2 + w23 * y(i,3)/2 + w24 * y(i,4)/2 + w25 * y
(i,5)/2 + w26 * y(i,6)/2 - y(1,1));     %阀值
    ym = LD_d - theta;     %网络输出值
    yc(i) = ym;
    % %权值修正
    error = ym - y(i,1);     %计算误差
    E(j) = E(j) + abs(error);     %误差求和
    error1 = error * (1 + exp( - w11 * t));     %计算误差
    error2 = error * (1 + exp( - w11 * t));     %计算误差
    error3 = error * (1 + exp( - w11 * t));
    error4 = error * (1 + exp( - w11 * t));
    error5 = error * (1 + exp( - w11 * t));
    error6 = error * (1 + exp( - w11 * t));
  error7 = (1/(1 + exp( - w11 * t))) * (1 - 1/(1 + exp( - w11 * t))) * (w21 * error1 + w22 * error2 +
w23 * error3 + w24 * error4 + w25 * error5 + w26 * error6);
    %修改权值
    w22 = w22 - u1 * error2 * LB_b;
    w23 = w23 - u2 * error3 * LB_b;
    w24 = w24 - u3 * error4 * LB_b;
    w25 = w25 - u4 * error5 * LB_b;
    w26 = w26 - u5 * error6 * LB_b;
    w11 = w11 + a * t * error7;
end
end
```

(4) 结果预测。

用训练好的灰色神经网络预测冰箱订单。

```
%根据训出的灰色神经网络进行预测
```

```
for i = 31:36
    t = i;
    LB_b = 1/(1 + exp( - w11 * t));        % LB 层输出
    LC_c1 = LB_b * w21;                    % LC 层输出
    LC_c2 = y(i,2) * LB_b * w22;           % LC 层输出
    LC_c3 = y(i,3) * LB_b * w23;           % LC 层输出
    LC_c4 = y(i,4) * LB_b * w24;           % LC 层输出
    LC_c5 = y(i,5) * LB_b * w25;
    LC_c6 = y(i,6) * LB_b * w26;
    LD_d = w31 * LC_c1 + w32 * LC_c2 + w33 * LC_c3 + w34 * LC_c4 + w35 * LC_c5 + w36 * LC_c6;   % LD 层输出
    theta = (1 + exp( - w11 * t)) * (w22 * y(i,2)/2 + w23 * y(i,3)/2 + w24 * y(i,4)/2 + w25 * y
(i,5)/2 + w26 * y(i,6)/2 - y(1,1));     % 阈值
    ym = LD_d - theta;       % 网络输出值
    yc(i) = ym;
end
yc = yc * 100000;
y(:,1) = y(:,1) * 10000;
% 计算预测的每月需求量
for j = 36: - 1:2
    ys(j) = (yc(j) - yc(j - 1))/10;
end
```

(5) 结果分析。

灰色神经网络网络训练过程如图 7.14 所示。从图 7.14 可以看出,灰色神经网络收敛速度很快,但是网络很快陷入局部最优,无法进一步修正参数。用训练好的灰色神经网络预测冰箱订单,预测结果如图 7.15 所示。

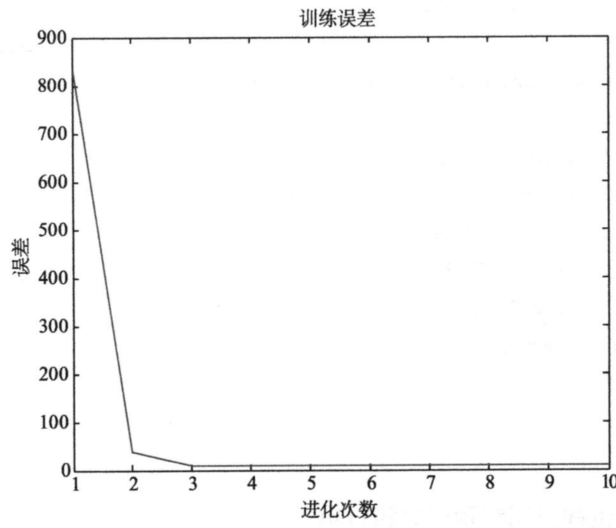

图 7.14　灰色神经网络训练过程

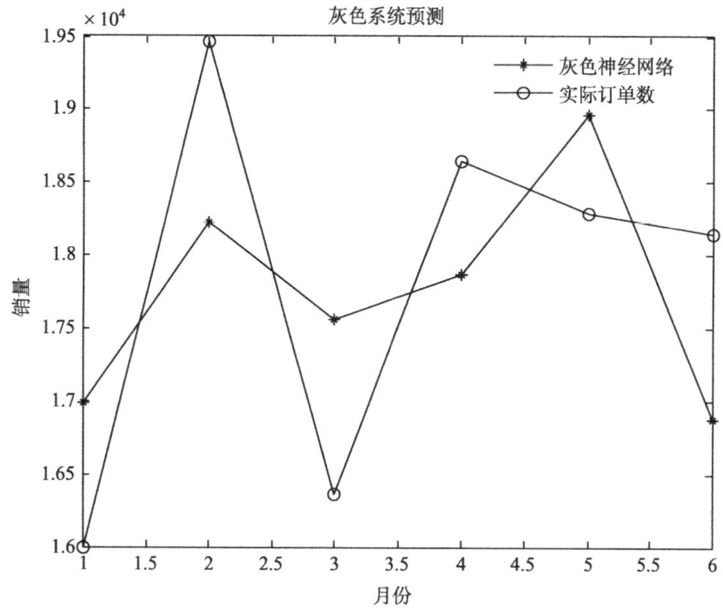

图 7.15 灰色神经网络预测结果

灰色神经网络预测的平均误差为 7.20%，同样数据环境下 BP 神经网络预测的平均误差为 10.74%，说明灰色神经网络比较适用于小样本预测问题。

7.2 遗传算法

7.2.1 遗传算法简介

与人工神经网络类似，另外一种学习进化模型也是从生物学领域获得启发的。从进化的自然选择理论中得到的启发，模仿一个选择进化、适者生存的演化过程。例如有一个兔子群落，在一个特定环境中生长、繁衍、死亡。在大自然的残酷法则下，它们必须面临来自肉食动物的捕食、有限食物资源和配偶的竞争以及饥饿灾荒和疾病的挑战，并非所有的兔子都能够顺利成熟并繁衍。假设一种大耳朵的兔子更适合于应对外部环境的挑战，于是它们繁衍的数量就会慢慢地比小耳朵的兔子多得多。而一对兔子夫妇的后代继承了它们的基因后，会继承和加强大耳朵这一特征。这样在自然的选择下，兔子的耳朵就会越来越长。这个过程相当于这个兔子群落具有对环境适应的学习能力，学习如何增长自己的耳朵(这里并不需要单只兔子都知道这点)。

遗传算法(genetic algorithm，GA)正是在模仿这种遗传选择和自然淘汰生物进化过程的基础上发展起来的(Holland，1975)，它对于复杂问题寻找最优解特别适用。如著名的旅行推销员问题：一个推销员希望设计一个送货车的路线计划，送货车需要送到许多商店，商店的先后顺序并不重要，主要是如何确定路线使得总里程最节省。人们已经发现这个问题没有常规的解决策略。然而，通过模拟一大批智能车(每一辆车相当于自然群落中的一个生命个体)，开始每辆车都随机地选择行驶路径，通过比较他们完成任务所必需的里程数的长短进行类似自然淘汰的过程(短的在竞争中胜出)，然后从这些竞争中胜出的车辆中随机地选择配对，混合他们的路径选择产生新一代的车辆，这样新生代车辆中含有上一代车辆双方的部分特征，那些产生的后代所选路径优于自己的车辆配偶被保留下来，这样慢慢地车辆会变得越来越聪敏，选择的路径也越来越优化。

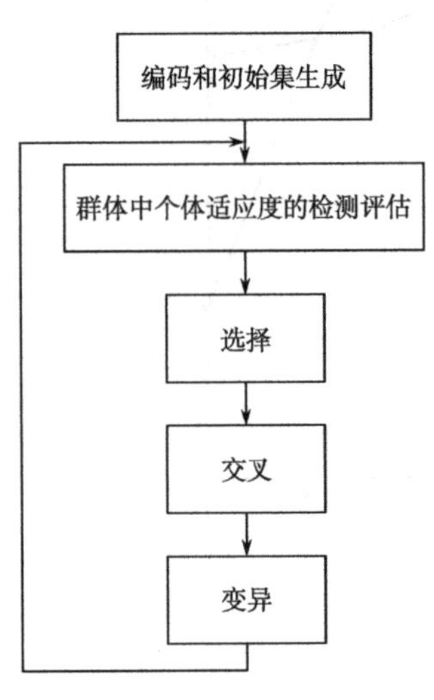

图 7.16 遗传算法的基本流程

遗传算法也可以很好地应用到社会科学仿真模型中，模仿类似后代从祖先中继承一些习性的过程，这个继承可以是某种共同规范形成过程中的学习与传播，也可以作为个体对环境不断适应调节策略的过程。

遗传算法的基本流程如图 7.16 所示。由图 7.16 可见它是一种群体型操作，该操作以群体中的所有个体为对象。选择(selection)、交叉(crossover)和变异(mutation)是遗传算法的三个主要操作算子，它们构成了所谓的遗传操作(genetic operation)，使遗传算法具有其他传统方法没有的特征。遗传算法的实现涉及五个主要因素：参数编码、初始群体的设定、评估函数(即适应函数)的设计、遗传操作的设计和算法控制参数的设定。遗传算法发展至今，已产生了多种修正的遗传算法，并推广到多重遗传算法。一般把具有以下 6 个操作的遗传算法称为标准遗传算法。

(1) 编码。通过这个步骤，将处理空间的解数据表示成遗传空间的基因型串结构数据。

(2) 初始群体的生成。通过随机方法产生初始群体的每个个体，即进化的第一代(first generation)。

(3) 适应度评估检测。构成一个适应度函数，用来评价个体或解的优劣，并作为以后遗传操作的依据。

(4) 选择。选择或复制操作的目的是为了从当前群体中选出优良的个体，使它们有机会作为父代，为下一代繁殖子孙。

(5) 交叉。对配对库中的个体进行随机配对，并在配对个体中随机设定交叉处，使配对个体彼此交换部分信息。

(6) 变异。把某一位的内容进行改变，这是十分微妙的遗传操作，它需要和交叉操作妥善地配合使用。

随着应用领域的扩展，遗传算法的研究出现了几个引人注目的新动向。其中之一是基于遗传算法的机器学习(genetic base machine learning)，这一新的研究课题把遗传算法扩展到具有独特的规则生成功能的崭新的机器学习算法。这一新的学习机制给解决人工智能中知识获取和知识优化精炼的瓶颈难题带来了希望。

为解决专家系统设计中的知识获取“瓶颈”问题而兴起的机器学习研究，其目标之一是能够实现知识的自动获取。时至今日，机器学习的研究仍方兴未艾，其方法也是多种多样的。遗传算法作为模拟生物界中的自然选择与生物遗传机制的一种搜索算法，从开始就与机器学习有着密切联系。

7.2.2　遗传算法的 MATLAB 实现

1. MATLAB 中的遗传算法工具箱

在 MATLAB 中提供了两种方法使用系统自带的遗传算法工具箱：①在命令行中调用 GA 函数；②通过 gatool 命令使用图形化的遗传算法工具箱。其界面如图 7.17 所示。

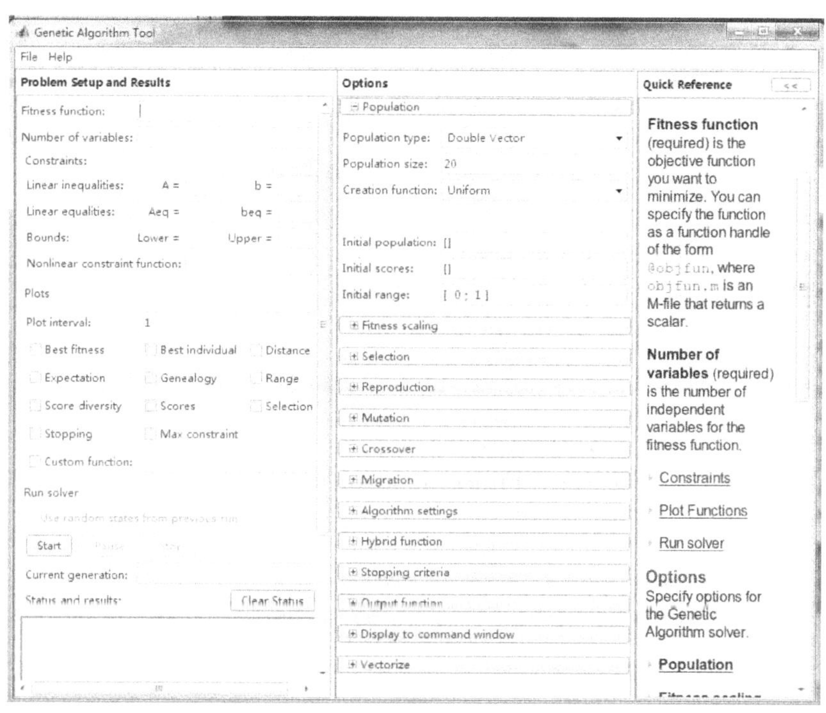

图 7.17　MATLAB 中的 gatool 遗传算法工具箱

在该工具箱界面中，使用者可以在 Options 栏对诸如基因编码类型、种群中个体数量、选择、交叉和变异策略等遗传算法参数进行填写和选择，还可选择输出图形结果的类型。其中，使用者必须输入以下内容：Fitness function 为需要优化的目标函数@fitnessfun；fitnessfun. m 为以 M 文件保存的适应值函数；@为文件的句柄；Number of variables 为变量的个数。

使用者完成相关参数设定后，点击 Start 按钮就可以运行遗传算法，结果显示在 Status and results 面板中。

2. MATLAB 遗传算法实例

问题：求 rastriginsfcn 函数的最小值。

$$\mathrm{Ras}(x)=20+x_1^2+x_2^2-10(\cos 2\pi x_1+\cos 2\pi x_2)$$

Rastriginsfcn 函数的图形如图 7.18 所示。

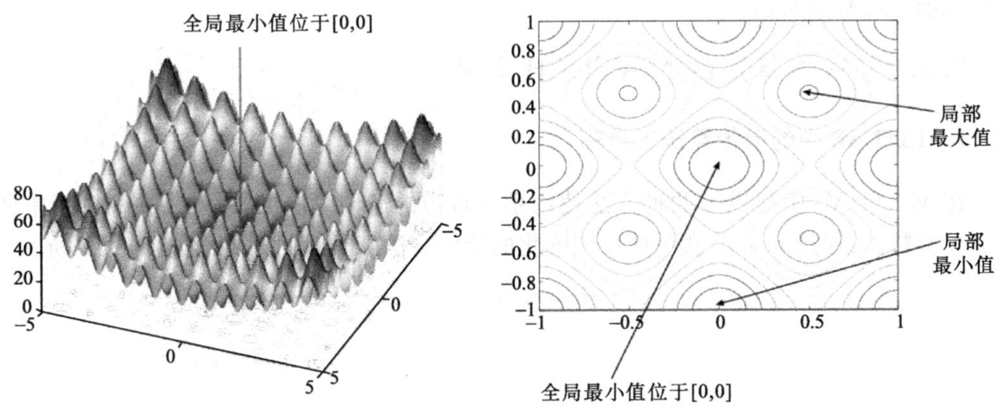

图 7.18 Rastriginsfcn 函数图形

在 gatool 遗传算法工具箱中的求解过程如下：

(1) 将目标函数编制成 M 文件 rastriginsfcn. m

```
function scores = rastriginsfcn(pop)
scores = 10.0 * size(pop,2) + sum(pop.^2 - 10.0 * cos(2 * pi. * pop),2);
```

(2) 在 MATLAB 命令窗口中输入 gatool 命令；

(3) 在遗传算法工具箱窗口的 Fitness function 中输入@rastriginsfcn，在 Number of variables 中输入 2(图 7.19)；

图 7.19 适应值函数设定

(4) 点击 Start 按钮，开始计算(图 7.20)。

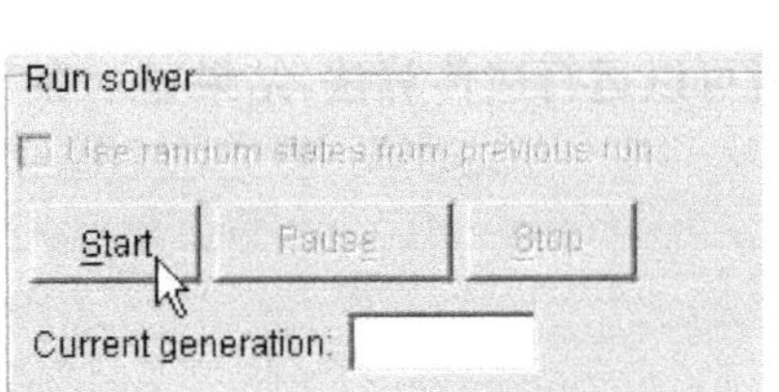

图 7.20 开始计算按钮

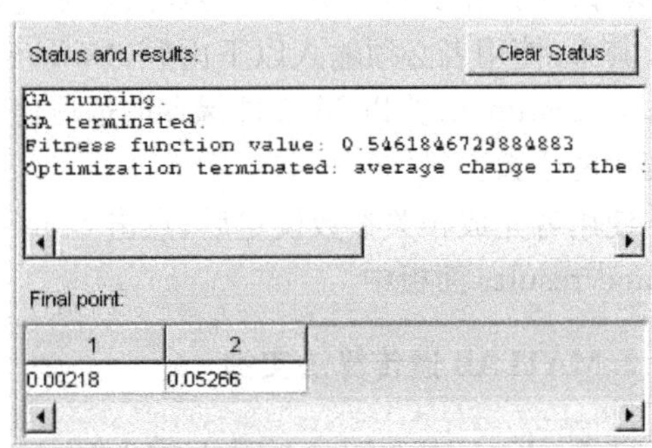

图 7.21 计算结果

在 Status amd results 面板中显示结果：目标函数的优化值：0.546 184 672 988 488 3，x_1 和 x_2 分别为 0.002 18 和 0.052 66(图 7.21)。

在 Plots 面板中提供了很多可视化的量以监测运算过程(图 7.22)。

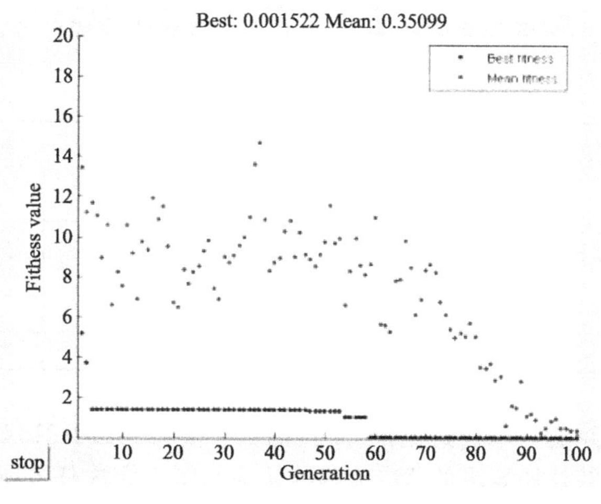

图 7.22　监测运算过程

对各项遗传算法参数进行调整，可观察到不同的运行过程和结果，请读者自行尝试。

7.2.3　运用遗传算法解决复杂管理问题

1. 任务分配模型

在现实生活中常常会遇到任务分配的问题。如果一项任务由多人完成，那么如何在这多人之间分配任务是一个非常现实的问题。通常的情况下，由于这些人的自身条件不同，因此完成不同工作的效率也不相同。此时，有必要将任务的不同内容具体分配到不同的执行者，以达到最高的工作效率。

这里，我们使用牛奶公司的例子作为具体的说明。假设有一个牛奶公司负责一个特定社区内居民的牛奶供应。该公司拥有若干送牛奶的工人，分别居住在社区内不同的位置，他们负责将牛奶发送到居民家中。每天，牛奶公司首先用汽车将牛奶(成批)送到这些工人家里，然后这些工人再将牛奶送给居民。如果不进行特定的任务分配，这意味着对于某个给定的居民家庭来说，由哪个工人将牛奶送来是随机的，此时的工作效率明显是很低的。因为每个工人在完成自己的任务时所走的距离可以看做成本，如果任务分配得当——如每个工人负责为离自己居住位置相对较近的家庭送牛奶——可以减少这些工人完成每天的工作所需要走的距离，也就是实现较高的工作效率。这个模型的目的就是通过演化的算法(遗传算法)找出最有效的任务分配模式。

这里我们采用经典的遗传算法实现模型。

首先，假设社区可以表示为一个长度为 m，宽度为 n 的矩形区域。并且假设牛奶公司的客户均匀分布在社区内。假设公司有 h 个工人，他们居住的位置分别表示为(x_1，y_1)，

(x_2,y_2),…,(x_k,y_k)。按照遗传算法的要求,我们需要用一个代码串来表示一种任务分配的模式。一个任务分配的模式就是该问题的一个解,我们的目的是找到使得所有工人每天行走的距离最小的解。这里我们用一个长度为 $m\times n$ 的 h 进制数字串来表示一个候选解,数字串中的每一位数字代表了负责为社区内相应位置的居民送牛奶的工人的代码。例如,在一个长度为 6,宽度为 4 的社区内,由 3 个工人负责完成任务,如表 7.2 所示。

表 7.2 一个候选解

工人编号 \ 社区长度 / 社区宽度	1	2	3	4	5	6
1	1	2	3	2	1	2
2	1	2	1	3	2	3
3	3	2	1	3	1	2
4	1	3	2	3	1	3

此时,候选解表示为一个三进制的 24 位的数字串:123212121323321312132313。在我们的模型中,遗传算法所要求的适应度函数认为与工人完成任务所需要走过的全部距离之和成反比。对于每一个候选解来说,该距离之和的值越小,则适应度越高。每个工人在完成任务时选择路线的原则是从自己居住的位置开始,不断寻找下一个离当前位置最近的由自己负责的居民。例如,图中第一个工人所选择的路线可能是(0,1),(2,1),(4,1),(3,3),(3,2),(1,5),(3,5),(4,5),其所经过的距离为 13。

在模型初始化阶段,按照给定的参数生成 s 个随机的候选解,分别计算它们的适应度,也就是工人所走的距离总和。然后在每一轮的迭代过程中,不断演化生成新的可行解。生成新的可行解的方法有三种:复制、交叉和突变。复制指的是从原有的一组候选解中挑选出两个加入到新的候选解组中。交叉是指按照一定的概率(交叉率)从原有的一组候选解中挑选出两个并随机选择一个位置,在该位置上将两个解进行交叉互换,生成两个新的候选解。突变是指按照一定的概率(突变率)在新生成的候选解的每一位上发生改变,用其他的有效数字代替该位上的数字。注意交叉率一般不大于 0.2,突变率一般不大于 0.05。原有的候选解被选中进行复制或交叉的概率是根据各个候选解的适应度而分配的。适应度越高的候选解被选中的概率也就越大。关于遗传算法的具体的实现细节可以参看有关书籍。按照遗传算法的理论,适应度较高的候选解中含有具有较高适应性的"基因"——代码段,而通过复制、交叉和突变的方法可以使这些基因保留下来并组合成新的具有更高适应性的解。因此,每一次迭代过程之后生成的新的可行解的平均适应度会不断提高。经过反复的迭代过程,有可能找到具有最大适应的解。

上述模型的算法用 MATLAB 实现后,可观察每次迭代之后新的候选解的平均适应度和最大适应度及其分配模式。

在运行模型时我们采用了不同的参数。下面给出的是一组典型的参数:$m=10$;$n=10$;$k=2$;$s=300$;交叉率=0.2;突变率=0.03;迭代次数定为 5000 次。

在运行的过程中,可以看到每次迭代后的平均适应度基本上呈现出先不断上升然后逐渐趋于稳定的发展过程。如图 7.23 所示,这个模型虽然很简单,但是具有一定的实用性。如果将社区表示为有向图的方式，将距离表示为有向图上各个边的权重，并在路线选择上同样用遗传算法加以实现。那么该模型就非常接近于现实生活中各种配送系统的模式，从而可以得到广泛的应用。

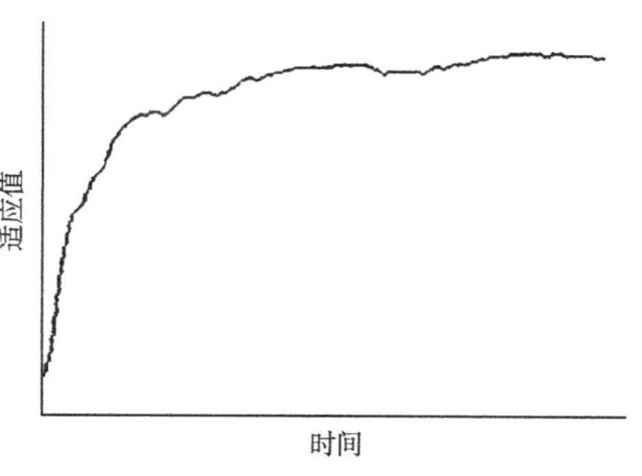

图 7.23 任务分配模型中的适应值发展过程

2. 民航机场机位分配模型

1) 机位分配问题描述

随着我国民航事业的发展，各机场的航班起降架次逐渐增多。在这种情况下，各机场在考虑实施扩建工程的同时，也越来越关注如何更有效地利用机场现有资源以满足机场运作和提高旅客满意程度的需要。停机位是机场生产管理过程中最重要的资源，对它的分配使用更需要按照科学合理的方案进行。在传统的算法中，可直接用于求解这类问题的方法是回溯法，但回溯法的时间复杂性为$n!$，从理论上说，如果不加改进地直接应用回溯法，是无法在合理的时间内求解该问题的；而且回溯法只能求出一个可行的机位分配方案，对于在所有可行解中寻找出符合管理目标的最优方案问题，回溯法并不适用。在机场每日运行的航班中，每个航班均由一个特定的飞机来执行。从机位分配问题出发，可将航班分为两大类：进港航班和离港航班。一般说来，将某架飞机飞抵本站时执行的航班称为进港航班，而将飞机飞离本站时执行的航班称为离港航班。这样，由某一架飞机执行的进港航班就与该飞机执行的下一个离港航班构成了一组配对航班，飞机在停机位上停留的时间，就是该离港航班起飞时间与进港航班到达时间之差。由于停机位尺寸、位置及航班性质等因素限制，执行配对航班的飞机只能停靠在相应的停机位上，这些停机位称为该配对航班的可分机位列表。相对于航班数量及其可分机位来说，机场的停机位数量可能是稀缺的，分配算法所需要解决的问题，就是寻找出一种可行的分配方案，使得在不发生冲突（"冲突"指某飞机对停机位的占用时间与其他飞机对该停机位的占用时间互有重叠）的情况下使得分配方案更符合机场管理的要求。一般认为，若将停机位上的空闲时间（即未被任何飞机占用的时间）尽量均匀地分布，则在某航班发生延误时对其他航班的影响最小。下面描述在此基础上建立的机位分配问题模型。

令PF为配对航班集合（不失一般性，假设PF已按进港航班到达时间排序），配对航班数量为N；G为停机位集合，停机位数量为M，$M \ll N$；n_k为分配在第k个停机位上的配对航班数量，显然，$\sum_{k=1}^{M} n_k = N$；$E_{i,k}$为分配在第k个停机位上的第i个配对航班对该停机位的占用起始时间（单位：h），它可近似等于该配对航班的进港到达时间；$L_{i,k}$为分配在第k个停机位上的第i个配对航班对该停机位的占用结束时间，近似等于该配对航班的离港起飞时间；$s_{i,k}$为分配在第k个停机位上的第i个配对航班与该停机位下一个配对航班间的空闲时间，则$s_{0,k}$即为第k个停机位上从0点开始到第一个配对航班开始占用该机位之间的时间间隔，$s_{n_k,k}$为第k个停机位上最后一个配对航班离港起飞至午夜24时之间的时间间隔；x_{ij}表示航班分配结果，如果第i个配对航班分配到第j个机位，其值为1，否则为 0；T_s 表示处于同一停机位上相邻两配对航班的安全时间间隔；P_i 表示第 i 个配对航班的可分停机位集合；则可将式(7.4)作为机位分配问题的目标函数

$$f(x_{ij}) = \min\left(\sum_{j=1}^{M}\sum_{i=0}^{n_j} s_{i,j}^2\right) \tag{7.4}$$

式中

$$s_{i,j} = E_{i+1,j} - L_{i,j}, \quad i = 1,2,\cdots,n_j - 1, j = 1,2,\cdots,M$$
$$s_{0,j} = E_{1,j}, \quad j = 1,2,\cdots,M$$
$$s_{nj,j} = 24 - L_{nj,j}, \quad j = 1,2,\cdots,M$$

约束条件为

$$\sum_{j=1}^{M} x_{ij} = 1, \quad i = 1,2,\cdots,N \tag{7.5}$$

$$j \in P_i, \forall (i,j) \in \{(i,j \mid x_{ij} = 1)\} \tag{7.6}$$

$$E_{i+1,j} - L_{i,j} - T_s \geqslant 0; i = 1,2,\cdots,n_j - 1, j = 1,2,\cdots,M \tag{7.7}$$

$$s_{i,j} \geqslant 0, 0 \leqslant L_{i,j}, E_{ij} < 24, 0 \leqslant i \leqslant n_j, 1 \leqslant j \leqslant M \tag{7.8}$$

式(7.5)表示同一个配对航班只能被分配到一个机位；式(7.6)表示为每个配对航班分配的机位必须是该配对航班的可分机位；式(7.7)表示同一个停机位上停放的相邻两次配对航班之间的空闲时间必须大于安全时间间隔；式(7.8)表示在问题模型中所有的时间变量都应是有效的。

2) 机位分配问题的遗传算法求解

A. 染色体编码设计

采用整数编码方式对机位分配问题的潜在解进行描述。用整数数串$(b_1, b_2, \cdots, b_N)$表示一个分配方案，N 为配对航班数量。其中每一位编码 b_i 代表将第 i 个配对航班分配到其可分停机位集合 P_i 中的第 b_i 个停机位。设第 i 个配对航班的可分机位集合 $P_i = \{2,3,5,10\}$(即该配对航班可被分配至第 2,3,510 号机位)，$b_i = 3$ 表示将该配对航班分配到 5 号机位。

B. 算法程序设计

对机位分配问题的遗传算法解决方案的操作步骤概括如下。

Step 0(预处理)：将航班组织成配对形式 PF，将其按进港航班到达时间排序，并生成每个配对航班的可分机位集合 P_i。

Step 1：为每个配对航班生成一个随机整数 $b_i \in [1, \text{count}(P_i)]$，则$(b_1, b_2, \cdots, b_N)$为初始种群一个个体的染色体。

Step2：重复 Step1，直到得到初始种群所有个体的染色体。

Step3：计算每个个体的适应度值，并按照精英遗传策略产生下一代群体。

Step4：对新一代进行单点交叉和变异操作。

Step5：重复 Step3、Step4，直到达到设定的进化代数。

C. 对目标函数和约束条件的履行

遗传算法的设计必须与问题模型相吻合。式(7.4)中给出的目标函数是一个最小化问题，在遗传算法的适应度函数设计中，应作适当转换，将其变更为一个极大值问题，在本书中使用了简单的转换方法 $\mathrm{Fit}(f(x))=C_{\max}-f(x)$，$C_{\max}$ 为 $f(x)$ 的最大值估计。

在式(7.5)～式(7.8)描述的约束条件中，式(7.8)在对航班进行预处理时可以得到满足；在本模型设计的染色体编码中，每个配对航班只在染色体中的出现一次，因此式(7.5)也自然得到了满足；由于对染色体中的每一位 b_i 进行了二次变换处理，在产生初始种群和进行遗传操作时也满足了式(7.6)的要求，避免了产生无效解的矛盾。对于式(7.7)的约束，采用了惩罚函数策略。当一个分配方案中出现一次同一个停机位上停放的相邻两次配对航班对机位的占用时间发生重叠或其之间的空闲时间小于安全时间间隔的情况时，对该染色体的适应度值进行一定程度的惩罚。这样，有效地解决了因之前的配对航班机位分配不合理导致后续配对航班无机位可分的问题，同时使得群体通过遗传过程逐渐逼近最优分配方案。

3) 实验与分析

为验证所设计遗传算法模型的有效性，采用一组模拟数据进行了程序运算实验。该数据中的航班数量为 93(组合成的配对航班数量为 50)，机场的可用停机位数量为 10，每个配对航班的可分机位数量在 3～6。图 7.24 为实验得出的机位分配结果。

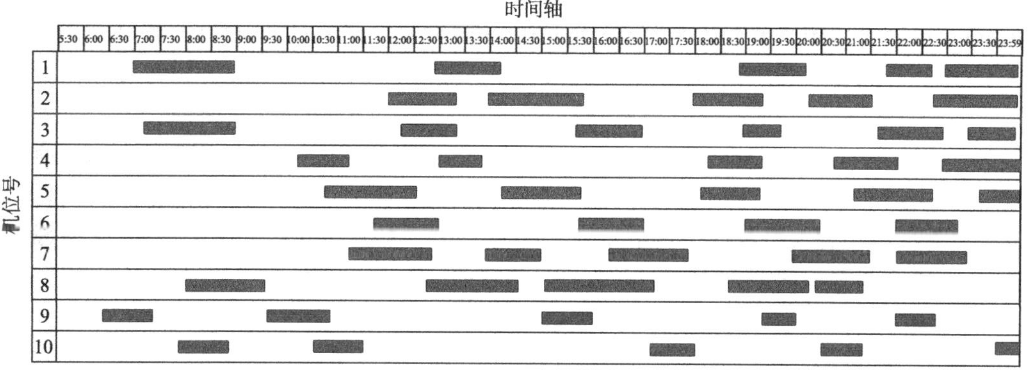

图 7.24　机位分配结果

习题与思考题

1. 学习和进化模型的特征是什么？
2. 人工神经网络有哪些组成要素？简述使用人工神经网络建模的过程。
3. 人工神经网络模型适合解决哪类问题？
4. 遗传算法有哪些组成要素？简述使用遗传建模的过程。
5. 遗传算法模型适合解决哪类问题？

第 8 章

基于 Simulink 的系统仿真

Simulink 软件包是 MATLAB 中的一个集建模、仿真和分析真实世界中动态行为为一体的环境，它提供了框图操作，是建立在 MATLAB 数值计算、图形和编程功能上的系统设计工具的一部分。在过去几年中，Simulink 已经成为院校和工程领域中广大师生及研究人员用来建模和仿真动态系统的软件包。使用 Simulink 可以轻松地搭建一个系统模型，并可设置模型参数和仿真参数，由于 Simulink 是交互式的应用程序，因此在仿真过程中，可以在线修改仿真参数，并立即观察到改变后的仿真结果。利用 Simulink，可以建立更趋于真实的非线性模型，这样，你的计算机就如真正的建模和系统分析实验室一样，在这个实验室中，可以分析汽车离合器系统的动作过程、经济学中的货币规律以及其他可以用数学方式描述的动态系统，这对进行更深入研究来说是非常重要的。正因为如此，全球数以万计的工程人员都使用 Simulink 创建模型并寻找解决实际问题的方法，掌握 Simulink 已经成为专业技术人员必不可少的一项技能。

8.1　Simulink 基础

本节介绍 Simulink 的基本知识，目的是希望读者通过阅读本节能够对 MATLAB 中的 Simulink 软件包有一个感性认识。

Simulink 中包括了许多实现不同功能的模块库，如 Sources（输入源模块库）、Sinks（输出模块库）、Math Operations（数学模块库），以及线性模块和非线性模块等各种组件模块库，用户也可以自定义和创建自己的模块，利用这些模块，用户可以创建层次化的系统模型，可以自上而下或自下而上地阅读模型，也就是说，用户可以查看最顶层的系统，然后通过双击模块进入下层的子系统查看模型，这不仅方便了工程人员的设计，而且可以使自己的模型方块图功能更清晰，结构更合理。

创建了系统模型后，用户可以利用 Simulink 菜单或在 MATLAB 命令窗口中键入命令的方式选择不同的积分方法来仿真系统模型，对于交互式的仿真过程，使用菜单是非常方便的，但如果要运行大量的仿真，使用命令行方法则非常有效。例如，执行蒙特卡罗仿真或想要扫描某一范围的参数值，可以在命令行中输入变参数值，观察参数值改变后的系统输出。此外，利用示波器模块或其他的显示模块，用户可以在仿真运行的同时观察仿真结果，而且还可以在仿真运行期间改变仿真参数，并同时观察改变后的仿真结果，最后的结果数据也可以输出到 MATLAB 工作区进行后续处理，或利用命令行命令在图形窗口中绘制仿真曲线。

Simulink 中的模型分析工具包括线性化工具和调整工具，这可以从 MATLAB 命令行获取，MATLAB 及其工具箱内还有许多其他的适用于不同工程领域的分析工具，由于 MATLAB 和 Simulink 是集成在一起的，因此无论何时用户都可以在这两个环境中仿真、分析和修改模型。

Simulink 系统建模的主要特性是框图式建模。Simulink 提供了一个图形化的建模环境，通过鼠标单击和拖拉操作进行框图式建模，支持非线性系统，支持混合系统仿真，即系统中包含连续采样时间和离散采样时间的系统；支持多速率系统仿真，即系统中存在以不同速率运行的组件。

8.1.1　运行 Simulink 演示程序

Simulink 提供了一些模型演示程序，这是 Simulink 自带的程序范例，这些演示模型分别说明了利用 Simulink 模块搭建的功能不同的模型系统，这里以房屋热力学系统模型为例介绍系统模型的组成及功能，以使读者对 Simulink 有一个基本认识。

首先运行 MATLAB，在 MATLAB 的命令窗口内键入 thermo 命令：

```
>>thermo
```

该命令启动 Simulink 并打开名称为“thermo”的热力学系统模型窗口，如图 8.1 所示。图 8.1 显示的是房屋热力学系统模型的全貌，在模型图的最右侧有一个标注为 Thermo plots（系统曲线图）的模块，它实际上实现的就是示波器功能，双击该模块，可以打开示波器。在这个例程中，示波器中显示的是 Indoor vs. Outdoor Temp（室内与室外

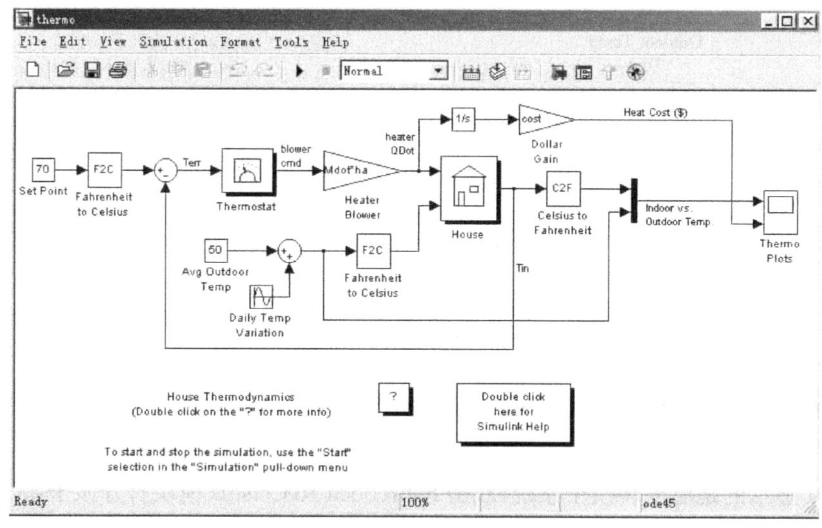

图 8.1　房屋热力学系统模型

温度)和 Heat Cost(加热费用)两条曲线。

为了仿真这个模型系统,首先设置仿真参数,这里就用模型中已设置好的仿真参数进行仿真。选择 Simulation 菜单下的 Start 命令,或者单击 Simulink 工具栏上的“开始”按钮 ▸,系统开始按照模型中设置的参数进行仿真,仿真结果曲线显示在示波器中。当打开加热器时,系统会自动计算加热所需要的费用,并将加热费用(Heat Cost($))曲线在示波器中显示出来,而室内温度(Indoor Temp)也同时显示在示波器中。若要停止仿真,选择 Simulation 菜单下的 Stop 命令,或者单击 Simulink 工具栏上的“停止”按钮 ▪。仿真结束后,选择 File 菜单下的 Close 命令关闭模型。

这个演示程序使用简单的模型建立了房屋的热力学系统模型,该模型使用 Simulink 中子系统模型的概念来简化模型图,并创建了可再使用系统。

Simulink 中的子系统是一组由 Subsystem(子系统)模块表示的模块组,房屋热力学系统模型包括 5 个子系统:Thermostat(恒温器)子系统、House(房屋)子系统和 Temp Convert(温度转换)子系统(该子系统由三个子系统组成,其中,两个子系统将华氏温度转换为摄氏温度,另一个子系统将摄氏温度转换为华氏温度)。

图 8.2 显示的是房屋子系统模型,双击 House 模块可以打开该子系统。在这个子系统中,内部温度和外部温度均传送到该子系统,并由该子系统经过转换后更新和输出内部温度。

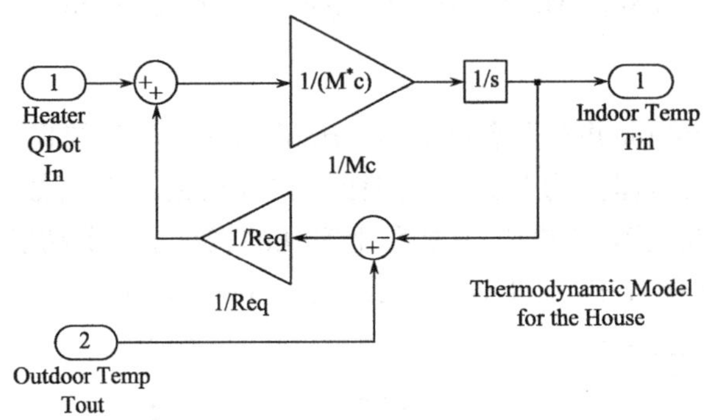

图 8.2 房屋子系统

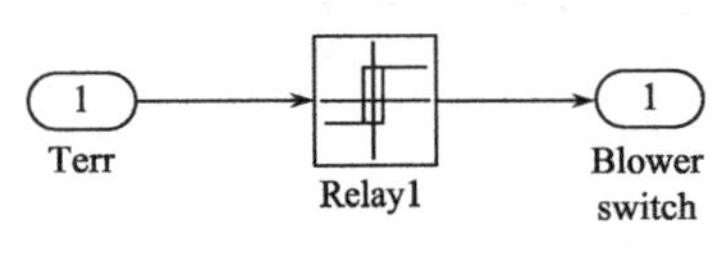

图 8.3 恒温器子系统

图 8.3 显示的是恒温器子系统模型。模型中的恒温器(Thermostat)系统设置为华氏 70F,这个温度受户外温度的影响,并按照幅值为 15F,基值温度为 50F 的正弦波变化,这个模型模拟了每天的温度波动。双击 Thermostat 模块打开子系统,该子系统由一个继电器模块组成,该模块将模块输入与阈值相比较,并输出指定的“打开”值和“关闭”值,它实际上控制了加热器系统的打开和关闭时间。

图 8.4 显示的是温度转换子系统,双击 Fahrenheit to Celsius 模块打开该子系统,这个子系统将外部温度和内部温度由华氏温度转换到摄氏温度,转换公式为 $C=5/9*(F-32)$,其中,F 为华氏温度,C 为摄氏温度。

房屋热力学系统是一个很典型的系统，它包括了模型创建过程中通常需要完成的某些工作，主要有：

(1) 运行模型仿真时需要指定仿真参数，并利用 Start 命令开始仿真；

(2) 用户可以把一组相关的模块组包含在一个模块中，这个模块称为子系统模块；

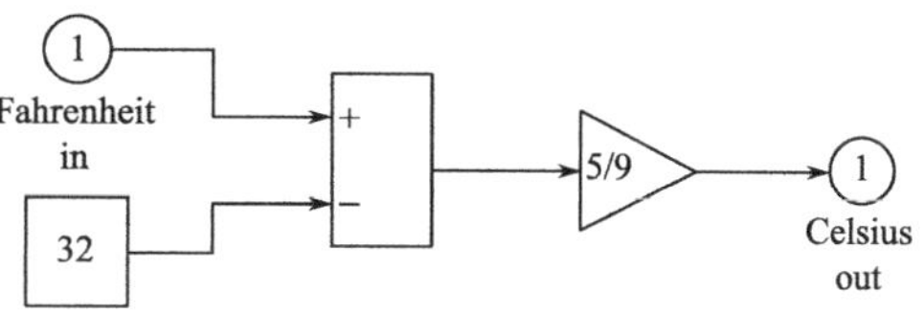

图 8.4　温度转换子系统(F2C)

(3) 在 thermo 模型中，所有的子系统都利用封装特性创建了自定义图标，用户也可以利用封装特性为模块创建自定义的图标，并设计模块对话框；

(4) Scope 模块与实际的示波器模块一样可以显示图形输出。

读者可以试一试下面的几种方法，看看模型的不同参数是如何影响响应曲线的：每个 Scope 模块包含一个或多个信号显示区域和控制，用户可以选择显示的信号范围，将信号区域放大，执行其他的任务，在显示区域内，水平轴是时间轴，垂直轴表示的是信号值。标有 Set Point(在模型的左上角)的 Constant(常值)模块设置所希望的温度值，打开该模块，并将温度值重新设置为 80F，看看室内温度和加热费用是如何变化的，也可以调整室外温度(Avg Outdoor Temp 模块)，看看它对仿真结果有何影响。打开标有 Daily Temp Variation(每日温度变化)的 Sine Wave(正弦波)模块，改变 Amplitude(幅值)参数，调整每日的温度变化值，观察输出曲线的变化。

Simulink 还提供了许多其他的演示程序，用以说明 Simulink 中的各种建模和仿真概念，用户可以从 MATLAB 的命令窗口中打开这些演示程序。

首先在 MATLAB 命令窗口的左下角单击 Start 按钮，打开 Start 菜单，如图 8.5 所示。在菜单中选择 Demos 命令，MATLAB 的帮助浏览器会显示 Simulink 的 Demos 选项面板，单击 Simulink 显示演示程序的目录，双击这些条目就可以启动相应的演示程序，如图 8.6 所示。

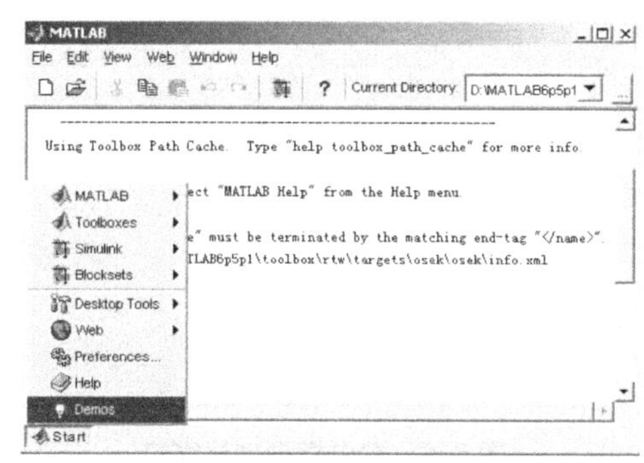

图 8.5　Start 菜单

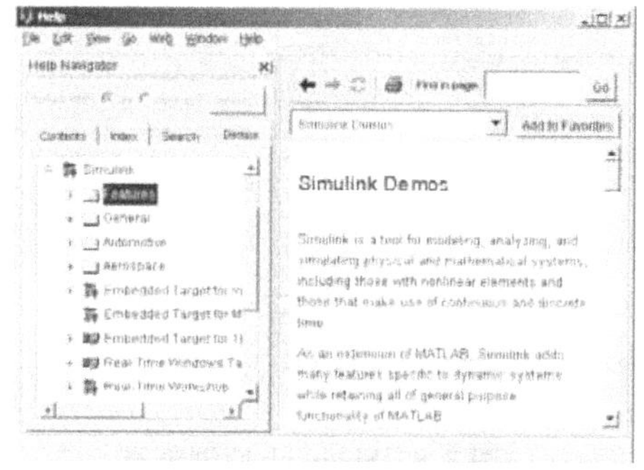

图 8.6　演示程序选项界面

8.1.2　建立一个简单的 Simulink 模型

本节引导读者自己创建一个如图 8.7 所示的简单的 Simulink 模型，模型中的输入是一个正弦波信号,该信号经过增益器放大 5 倍。

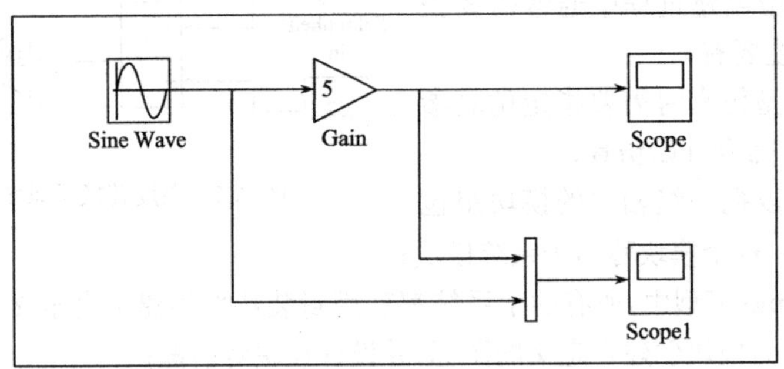

图 8.7 一个简单的 Simulink 模型

图 8.7 中用两个示波器显示波形,标注为 Scope 的示波器用来显示经过放大后的正弦波信号,标注为 Scope1 的示波器显示原正弦波信号和经过放大的正弦波信号的比较波形。

为了创建系统模型图,首先在 MATLAB 命令窗口中键入 Simulink 命令,或者单击工具条上的“Simulink”按钮 ,打开 Simulink 库浏览器,如图 8.8 所示。从图中可以看到,Simulink 库浏览器是一个以树状结构排列的浏览器,在 Simulink 目录下列举的是 Simulink 的模块库,不同功能的模块分类存放在各个模块库中,关于 Simulink 模块库中各模块的功能,读者可以参看相关资料。

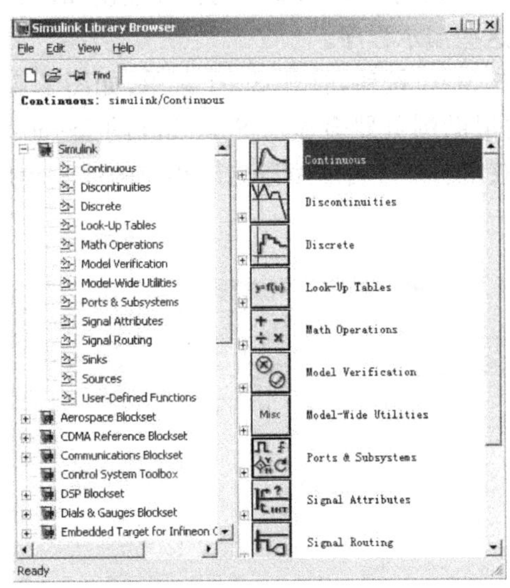

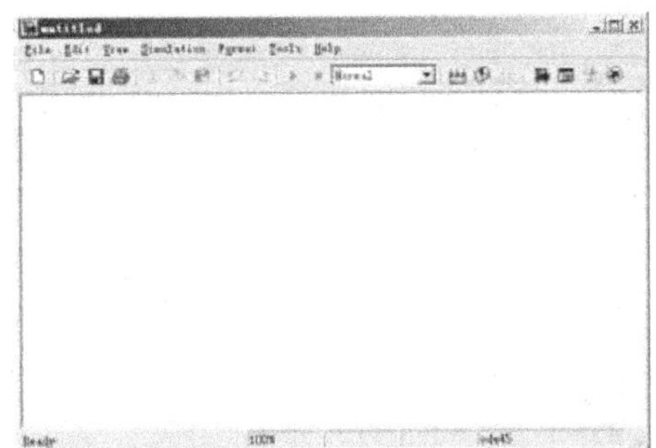

图 8.8 Simulink 库浏览器

图 8.9 空白模型创建窗口

接下来,在 Simulink 库浏览器的工具条上选择“新建”按钮 ,打开一个空白的模型创建窗口,如图 8.9 所示。

为了创建如图 8.7 所示的模型,需要在 Simulink 模块库中选择如下模块:

Sine Wave 模块(Sources 库);

Scope 模块(Sinks 库);

Gain 模块(Math Operations 库);

Mux 模块(Signals Routing 库)。

现在,将模块拷贝到模型窗口中。在 Simulink 库浏览器中单击 Sources 库,选中 Sine Wave(正弦波)模块,如图 8.10 所示;或者在 Sources 库上单击鼠标右键,打开 Simulink/Sources 库窗口,选中 Sine Wave 模块,如图 8.11 所示。

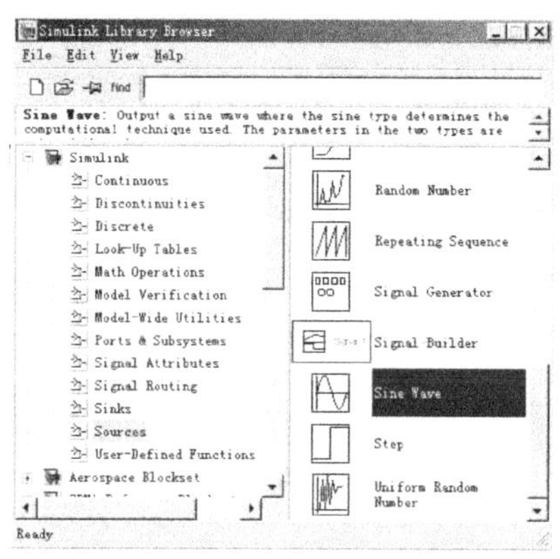

图 8.10 Sources 库

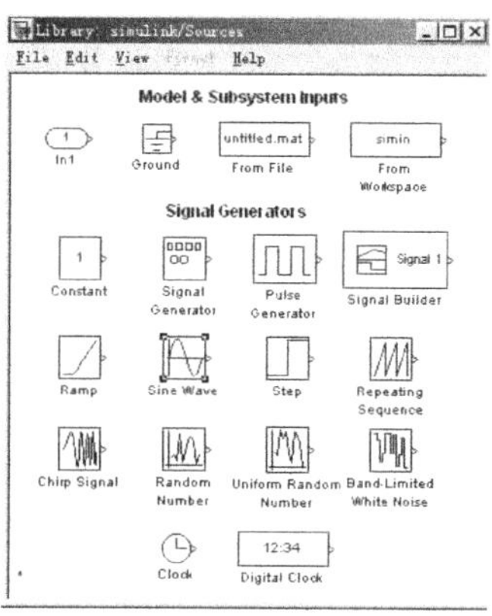

图 8.11 Simulink/Sources 库窗口

单击并拖动鼠标将 Sine Wave 模块拖动到模型窗口中,如图 8.12 所示,然后释放鼠标。按照这种方法,依次在 Sinks 库、Math Operations 库和 Signals Routing 库中将 Scope 模块、Gain 模块和 Mux 模块拷贝到模型窗口中,并移动模块将其排列在适当位置,如图 8.13 所示。在连接模块之前,先介绍一下模块上的">"符号,该符号用来表示进出模块的信号端口,其中,指向模块的">"符号表示模块的输入端口,指出模块的">"符号表示模块的输出端口,信号由输出端口传出,并经由"信号线"传递到下一个模块的输入端口,当模块被连接后,端口符号就会自动消失。

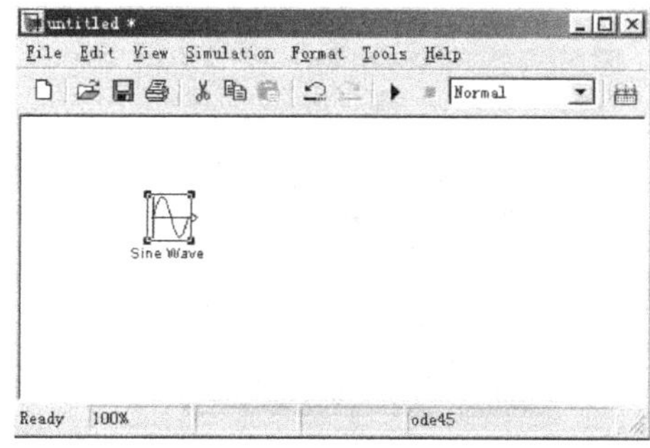

图 8.12 创建正弦波模型

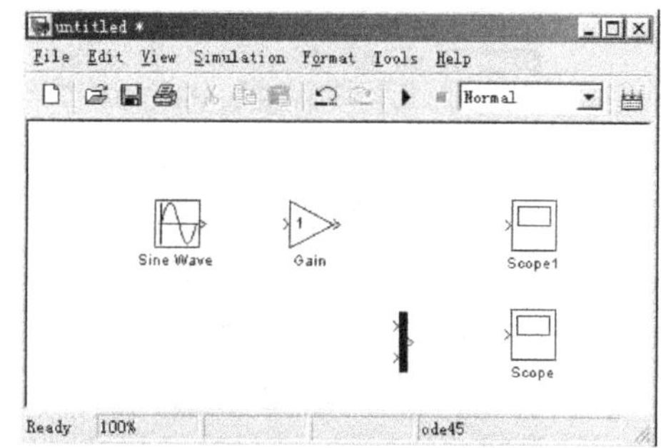

图 8.13 创建其他模型

将鼠标光标定位在 Sine Wave 模块的输出端口,按住鼠标按钮并拖动光标至 Gain 模块的输入端口,释放鼠标,这时两个模块用一个带有单箭头的线段连接起来,如图 8.14 所示。对于分支信号线的连接,例如,Mux 模块有两个输入端口,分别接收原正弦波信号和经过放大的正弦波信号,这样在传送这两个信号的信号线上就应该分别引出分支信号线。先选中连接 Sine Wave 模块和 Gain 模块的连线,然后按住 Ctrl 键并在连线的任意位置上单击鼠标,鼠标光标变成"十"字,拖动光标至 Mux 模块的输入端口,这时会发现,鼠标绘制的分支线是虚线,如图 8.15 所示,在 Mux 的输入端口处释放鼠标,连接为实线,按照这样的方法再连接另一个分支线,最后绘制的模块方框图如图 8.7 所示。

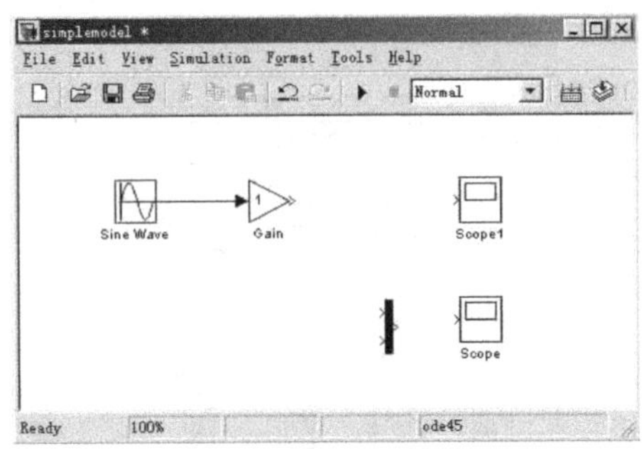

图 8.14 连接模块

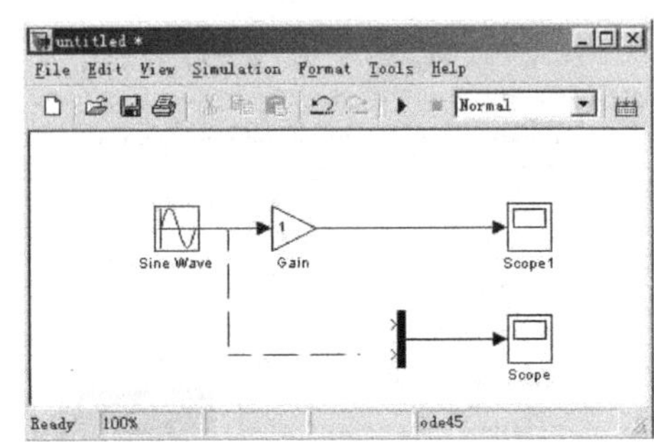

图 8.15 与 Mux 模块连接

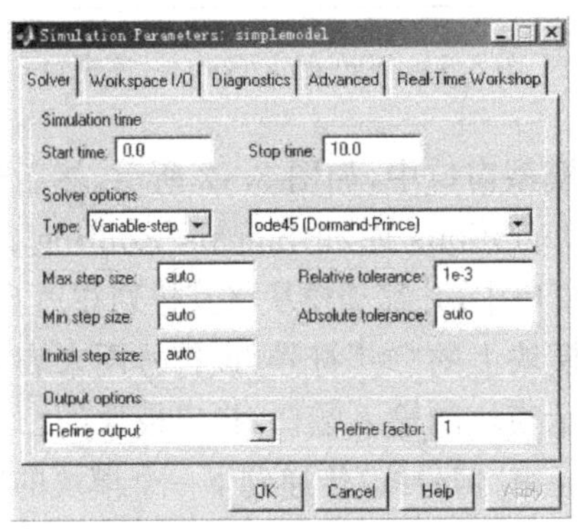

图 8.16 仿真参数对话框

现在就可以仿真运行这个模型了,单击 Simulation 菜单下的 Simulation parameters 命令打开仿真参数对话框,如图 8.16 所示,在这个对话框内设置仿真参数,这里使用对话框的缺省设置,缺省时的仿真时间为 10s。

单击工具条上的"开始"按钮 ▶ 运行仿真,同时打开 Scope 和 Scope1 示波器观察输出波形,最后的输出波形如图 8.17所示。

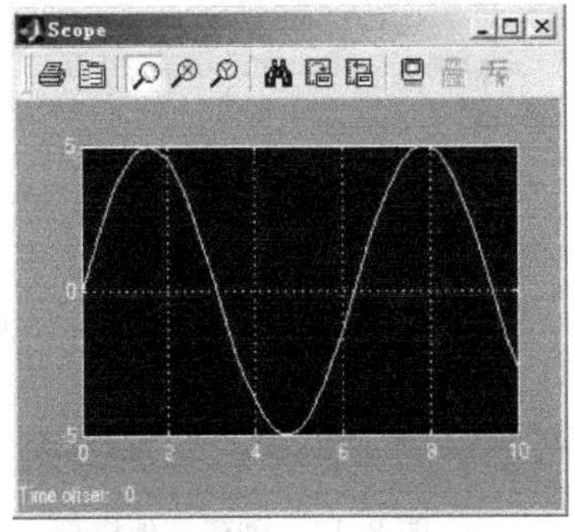

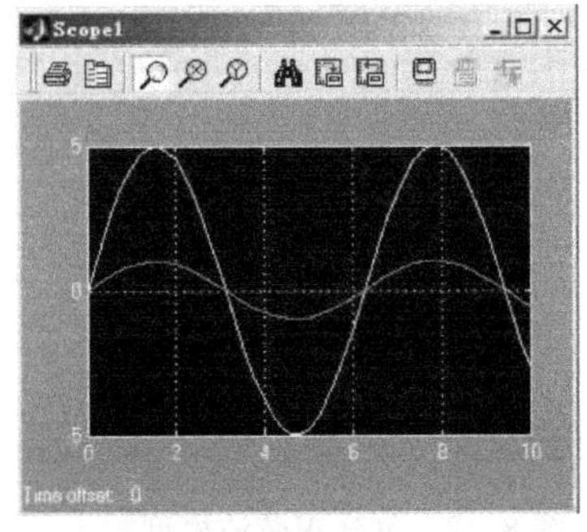

图 8.17 示波器输出波形

8.1.3　打印及 HTML 报告

用户可以选择 Simulink 模型窗口中 File 菜单下的 Print 命令来打印模型方块图(在 Microsoft Windows 系统下),该命令会打印当前窗口中的方块图,也可以在 MATLAB 命令窗口中使用 print 命令(在所有的系统平台上)打印方块图。当用户选择 Simulink 模型窗口中 File 菜单下的 Print 命令时,Simulink 会打开 Print 对话框,Print 对话框可以使用户有选择地打印模型内的系统,图 8.18 显示的是 Print 对话框中的 Options 选项区,这是在 Microsoft Windows 系统下的选项,图中选择的是打印当前系统。

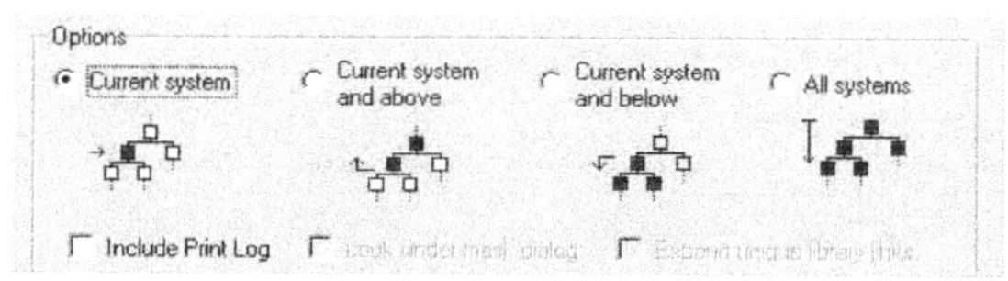

图 8.18　Print 对话框中的 Options 选项区

在这个选项区内,用户可以选择:

Current system:只打印当前系统。

Current system and above:打印当前系统和模型层级中在此系统之上的所有系统。

Current system and below:打印当前系统和模型层级中在此系统之下的所有系统,并带有查看封装模块和库模块内容的选项。

All systems:打印模型中的所有系统,并带有查看封装模块和库模块内容的选项;在打印时,每个系统方块图都会带有轮廓框,当选择 Current system and below 或 All systems 选项时,会激活下面的两个复选框,图 8.19 中选择的是 All system 选项。

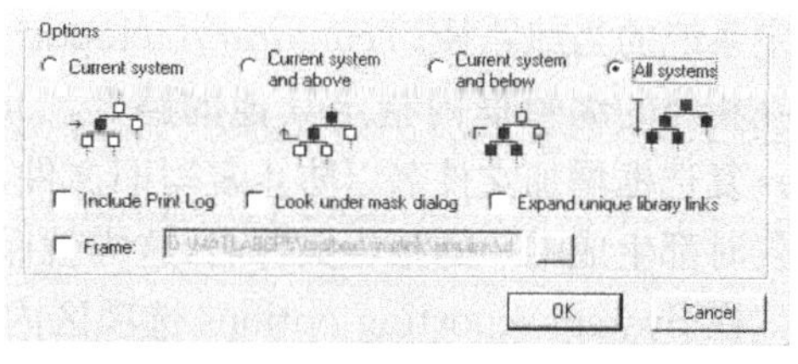

图 8.19　All system 选项

用户可以根据需要选择下面的复选框。

Include Print Log:打印记录列出被打印的模块和系统,若要打印打印记录,选择 Include Print Log 复选框。

Look under mask dialog:当打印所有系统时,最顶层的系统被看作是当前系统,若当前系统模块中有封装子系统或者在当前系统模块之下有封装子系统时,Simulink 会查看当前系统之下的任何封装模块,选择 Look under mask dialog 复选框则打印封装子系统中的内容。

Expand unique library links:当库模块是系统时,选择 Expand unique library links 复选框则打印库模块中的内容。不管模型中包含的模块被拷贝了多少次,打印时只拷贝一次模块。

Frame:选择 Frame 复选框会在每个方块图上打印带有标题的模块框图,在相邻的编辑框内键入这个标题模块框图的路径。用户也可以用 MATLAB 打印框图编辑器(Print

Frame Editor)创建用户化的标题模块框图。

Simulink 模型报告是描述模型结构和内容的 HTML 文档,报告包括模型方块图和子系统,以及模块参数的设置。

若要生成当前模型的报告,从模型窗口的 File 菜单上选择 Print details 命令,打 Print Details 对话框,如图 8.20 所示。

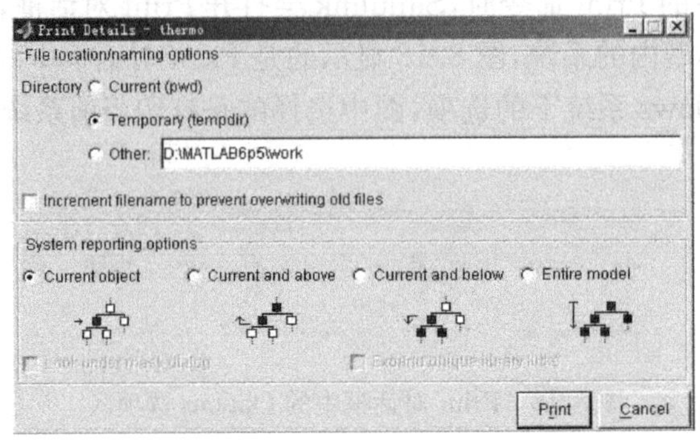

图 8.20　Print Details 对话框

这个对话框有两个选项区:File location/naming options(文件位置/名称选项)和 System reporting options(系统报告选项)。在 File location/naming options 选项区内,用户可以利用 Directory(路径)参数指定报告文件的保存位置和名称。Simulink 会在用户指定的路径下保存生成的 HTML 报告。Directory 参数有三个选项:Current(pwd)选项指定系统的当前路径;Temporary(tempdir)选项指定系统的临时路径(缺省值);Other 选项在相邻的编辑框内指定其他的路径。Increment filename to prevent overwriting old files 复选框增加文件名以防止复写旧文件,也就是每次在当前会话期为相同的模型生成报告时都生成唯一的报告文件名,这样就保护了每一个报告。

在 System reporting options 选项区内,用户可以选择下列报告选项。

Current object:在报告中只包括当前所选择对象。

Current and above:在报告中包括当前对象和在当前对象之上的所有模型级别。

Current and below:在报告中包括当前对象和在当前对象之下的所有模型级别。

Entire model:在报告中包括整个模型。

Look under mask dialog:在报告中包括封装子系统的内容。

Expand unique library links:包括作为子系统的库模块内容,这个报告只包括一次库子系统,即使这个子系统在模型中的多处位置上出现。

当完成报告选项的设置,单击 Print 按钮,Simulink 会在系统缺省的 HTML 浏览器内生成 HTML 报告并在消息面板内显示状态消息。这里以房屋热力学系统模型为例,使用缺省设置生成该系统的模型报告,单击 Print 按钮后,模型的消息面板替换了 Print Details 对话框,用户可以在消息面板的顶部单击"向下"按钮,从列表中选择消息的详细级别,如图 8.21 所示。

在报告生成过程开始时,Print Details 对话框内的 Print 按钮改变为 Stop 按钮,单击

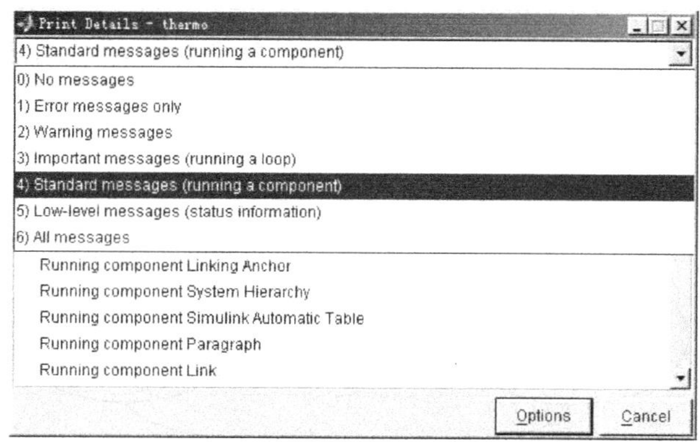

图 8.21　选择打印消息的详细级别

这个按钮终止报告生成。当报告生成过程结束时，Stop 按钮改变为 Options 按钮，单击这个按钮显示报告生成选项，并允许用户在不必重新打开 Print Details 对话框的情况下生成另一个报告。

图 8.22 是 thermo 系统的 HTML 模型报告，报告中详细列出了模型层级、仿真参数值、组成系统模型的模块名称和各模块的设置参数值等。

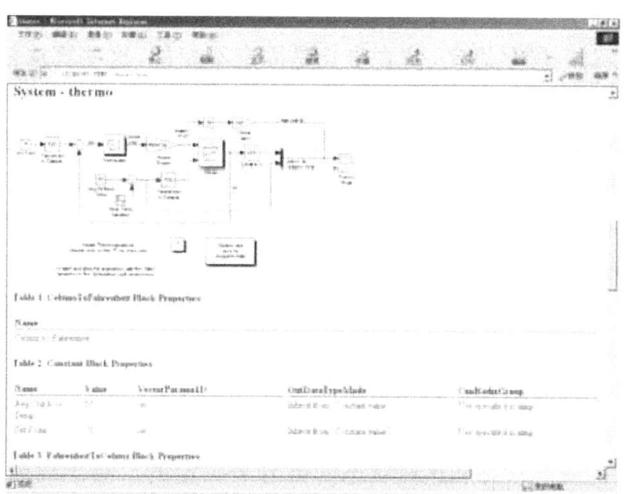

图 8.22　thermo 系统的 HTML 模型报告

8.2　Simulink 动态系统仿真

Simulink 利用模型提供的信息和求解器在指定的时间段内连续计算动态系统的状态来仿真动态系统，这个仿真计算系统模型状态的过程就是模型解算的过程。Simulink 通常利用求解器来求解，求解器的主要功能是计算模块的输出，Simulink 通过在系统和求解器之间建立对话的方式对系统进行求解，如图 8.23 所示，这里，求解器计算模块的输出以更新模块的状态并确定下一个时间步，而系统则把参数、模型方程等信息传递给求解器。

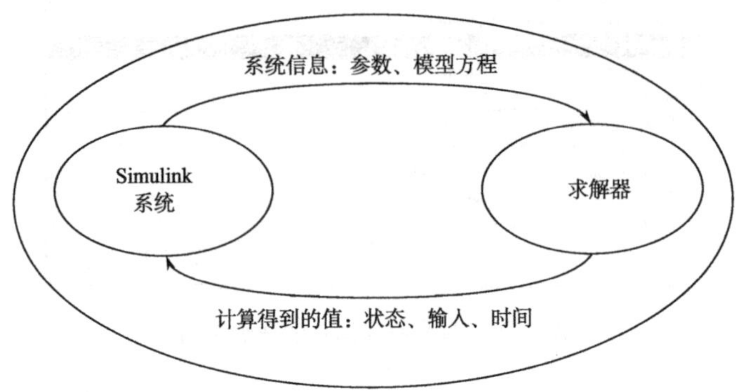

图 8.23　Simulink 与求解器的关系

在 Simulink 中求解器可进行以下两种分类，使用 Simulink 进行仿真时应根据模型类型选择不同的求解器。

1) 定步长求解器和变步长求解器

Simulink 算法分为定步长算法和变步长算法两类。

(1) 定步长求解器：顾名思义，仿真步长是固定不变的，这些算法依据相等的时间间隔来解算模型，时间间隔称为步长。用户可以指定步长的大小，或者由算法自己选择步长。通常，减小步长可以提高仿真结果的精度，但同时也增加了系统仿真所需要的时间。

(2) 变步长求解器：在仿真过程中，步长是变化的。当模型的状态变化很快时，步长减小以提高精度，而当模型的状态变化很慢时，步长增加以避免不必要的计算步数。当然，在每一步中计算步长势必增加了计算负荷，但却减少了仿真的总步数，而且对于快速变化的模型或具有分段连续状态的模型，在保证其所要求精度的前提下缩短了仿真时间。

2) 连续求解器和离散求解器

Simulink 提供了连续求解器和离散求解器。

(1) 连续求解器：利用数值积分计算当前时间步上模型的连续状态，当前时刻的状态是由在此时刻之前的所有状态和这些状态的微分来决定的。对于离散状态，连续算法依赖模型中的模块来计算每个时间步上模型的离散状态值。目前，有很多种数值积分算法可以求取动态系统连续状态的常微分方程(ODE)，Simulink 提供了多种定步长和变步长的连续算法，用户可以根据自己的实际模型来选择这些算法。

(2) 离散求解器：主要用来求解纯离散模型。这些算法只是计算下一步的仿真时刻，而不进行其他的运算。它们并不求解连续状态值，而且这些算法依赖模型中的模块来更新模型的离散状态。Simulink 有两种离散求解器：定步长离散求解器和变步长离散求解器。缺省时，定步长算法选择一个步长，选择的步长使仿真速度足以跟踪模型中最快速变化的模块；变步长算法调整仿真步长，以便与模型中离散状态的实际变化率相一致，这对于多速率模型来说可以避免不必要的仿真步数，并因此缩短仿真时间。

8.2.1　离散系统仿真

作为一般系统的定义，系统应该是由一组物理元素构成，能够接收一组输入，产生相对应的一组输出。对于不含有状态的系统，即在某一时刻的输出只依赖于该时刻的输入，而不依赖先前的输入值，而且系统对同一种输入信号的响应不会因时间的变化而变化，这样的系统通常称为简单系统，这种不含状态的简单系统采用代数方程、逻辑结构，或者二者结合的方式来表示。本节讨论如何在 Simulink 中仿真离散系统，包括纯离散系统、线性离散系统和多速率系统，以及如何在 Simulink 中实现离散差分方程，如何选择离散系统的仿真步长、仿真算法等。

1. 差分方程的实现

离散系统是包含有离散状态的系统。Simulink 可以仿真离散系统，包括组件以不同速率工作的系统(即多速率系统)和由离散组件和连续组件混合组成的系统(即混合系统)。在离散系统中，一个状态实际上是一个存储元素，它在一定的周期内保存输入或输出值，这个周期称为这个系统的采样时间，采样时间是离散系统的一个最重要特性，在 Simulink 中的所有离散模块中都要给出采样时间，一个离散状态实际上储存的就是上一个采样时刻的信号值。

离散系统通常用差分方程描述，因为系统当前时刻的输出通常依赖于当前时刻的输入和过去时刻的输入和输出量，例如：

$$y(n) = u(n) + u(n-1) + 3y(n-1)$$

在 Simulink 中，为了实现差分方程需要一个能够在时间步上提供 $y(n-1)$ 和 $u(n-1)$ 的模块，Simulink 提供了一个 Discrete 离散模块库，如图 8.24 所示。用户可以利用离散模块库中的 Unit Delay(单位延迟)模块可以实现上述功能，Unit Delay 模块是建立离散系统的基础，因为它给出了状态用来计算系统的输出。

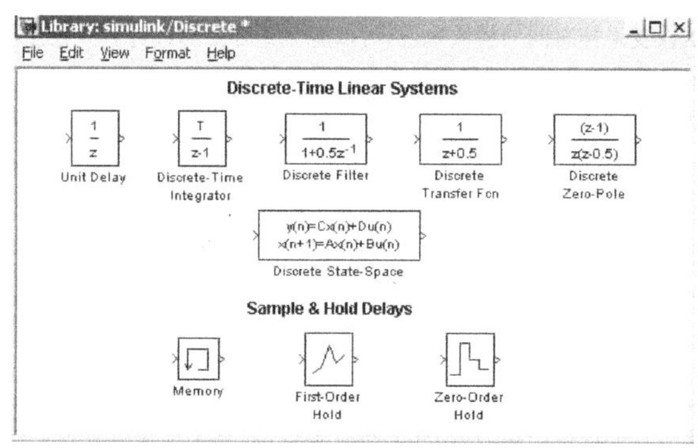

图 8.24　Discrete 离散模块库

要实现上面的差分方程，第一步就是确定方程中所需要的 Unit Delay 模块的数目，这里有两点是必需的：一是 $y(n-1)$ 来自于 $y(n)$；二是 $u(n-1)$ 来自于 $u(n)$。如果方程

中还包含 $y(n-2)$，那么这个值应当通过 $y(n-1)$ 经由另外一个 Unit Delay 模块传递，然后，以单位延迟模块开头，把它的输入输出分别标志为（$y(n)$，$y(n-1)$，$u(n)$，$u(n-1)$），并建立代数关系。

接下来需要设置初始状态和采样时间，Discrete 模块库中的所有模块在使用时都应该指定采样时间，这可以通过模块对话框中的 Sample time 参数设置，也可以通过前级提供输入的模块明确采样时间，也就是继承前级模块的采样时间，这种情况下采样时间应设置为−1。大多数标准的 Simulink 模块都可以继承与模块输入相连接模块的采样时间，但 Continous 库中的模块和没有输入的模块（如 Sources 库中的模块）是个例外。另外一个有关的参数就是模块输出的初始值。

2. 指定采样时间

Simulink 允许用户指定任何包含 Sample time 参数的模块的采样时间，用户可以在模块参数对话框中的 Sample time 文本框内设置采样时间。可以将采样时间指定为常数，也可以用向量的方式[T_s，T_O]表示采样时间，其中第一个元素表示采样时间，第二个元素表示偏差值，不同的采样时间和偏差值都有特定的含意。

表 8.1 概括说明了参数设置的有效值，并说明了 Simulink 如何对这些参数进行插值以确定模块的采样时间。

表 8.1 指定采样时间

[T_s，T_O] $0>T_s<T_{sim}$	指定模块在仿真时刻：$T_n=n\times T_s+\|T_O\|$ 处进行更新，这里，n 是 1～T_{sim}/T_s 之间的整数，T_{sim}是整个仿真时间，T_O 是偏差值。对于设置采样时间 T_s 大于 0 的模块，可以认为该模块为离散采样时间。偏差值表示 Simulink 在采样间隔内更新这个模块的时间迟后于以相同速率工作的其他模块
[0,0]，0	指定模块在每个主时间步和最小时间步进行更新，具有 0 采样时间的模块可以认为是具有连续采样时间的模块
[0,1]	指定模块跳过最小时间步，只在主时间步进行更新。这样的设置对于那些在主时间步之间无法改变采样时间的模块来说，可以避免不必要的计算。只在主时间步执行的模块的采样时间称为固定的最小时间步
[−1,0]，−1	如果模块不在触发子系统内，这种设置表明模块继承了与其输入相连模块的采样时间（继承性），或者说，在某些情况下，模块继承了与其输出相连模块的采样时间（向后继承性）；如果模块在触发子系统内，对于这种设置，用户还必须设置 Sample time 参数 需要说明的是，如果 Sources 模块驱动一个以上的模块，为 Sources 模块指定采样时间的继承性可能使 Simulink 为该模块指定一个不适当的采样时间，正因为如此，用户应该避免为 Sources 模块指定采样时间的继承性，如果这样做了，当更新或仿真模型时，Simulink 会显示一个错误消息

注意：用户不能在仿真运行期间改变模块的 Sample time 参数，如果想改变模块的采样时间，必须停止仿真，并重新设置采样时间后再运行仿真，以使新的采样时间生效。

在仿真编译阶段，Simulink 依据模块的 Sample time 参数（如果模块有该参数）、采样时间的继承性或模块类型（Continuous 模块总是具有连续采样时间）来确定模块的采样时间，这就是被编译的采样时间，它确定了仿真过程中模块的采样频率。用户可以通过先更新模型，然后用 get-param 命令获得模块 Compiled Sample Time 参数的方法来确定模型中任意模块的被编译采样时间。

Simulink 根据下面的原则设置不同模块的采样时间。

Continuous 模块（也就是，Integrator，Derivative，Transfer Fcn 等模块）根据定义，采样时间是连续的；

Constant 模块根据定义，是常值；

Discrete 模块（也就是，Zero-Order Hold，Unit Delay，Discrete Transfer Fcn 等模块）的采样时间由用户在模块对话框内指定。

所有其他模块的采样时间依其输入的采样时间来定义。例如，在 Integrator 模块后的 Gain 模块也被作为连续模块，而在 Zero-Order Hold 模块后的 Gain 模块则被作为离散模块处理，并与 Zero-Order Hold 模块有相同的采样时间。对于那些输入有不同采样时间的模块，如果所有的采样时间是最小采样时间的整数倍，那么模块的采样时间也是最小采样时间。若使用变步长算法，则模块被指定为连续采样时间；若使用定步长算法，而且可以计算出采样时间的最大公约数（即基本采样时间），则模块使用该采样时间，否则使用连续采样时间。

3. 采样时间的传递

Simulink 中模块的采样时间可以传递给下一个模块，以图 8.25 中的模型为例，模型中 Discrete Filter（离散滤波器）模块的采样时间为 T_s，它驱动 Gain 模块。

由于 Gain 模块的输出等于输入乘以常数，因此它的输出与滤波器的输出以相同的速率改变，换言之，Gain 模块的采样速率与滤波器的采样速率相等，这是 Simulink 中采样时间传递的基本机制。

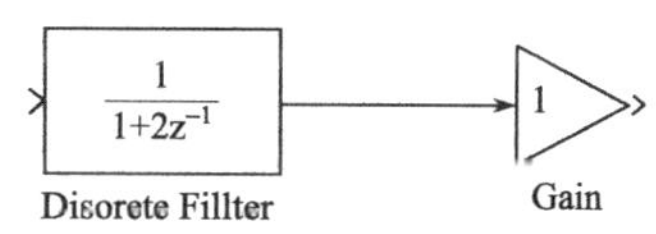

图 8.25　采样时间向前传递示例模型

在有些情况下，Simulink 也把采样时间向后传递给源模块，但这必须在不影响仿真输出的情况下才可以。例如，在如图 8.26 所示的模型中，Simulink 认为 Signal Generator 模块驱动 Discrete-Time Integrator 模块，因此，它指定 Signal Generator 模块和 Gain 模块与 Discrete-Time Integrator 模块具有相同的采样时间。

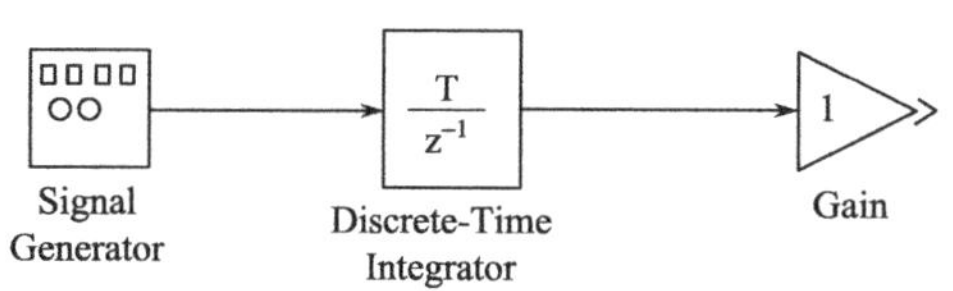

图 8.26　采样时间向后传递示例模型

用户可以选择 Simulink 模型窗口中 Format 菜单下的 Sample Time Colors 命令来证明这一点，此时所有的模块均被标记为红色，由于 Discrete-Time Integrator 模块只在采样时刻才有输入，因此这种变化不会影响仿真结果，但的确会改善仿真性能。

现在用连续积分模块 Integrator 代替 Discrete-Time Integrator 模块，并选择模型窗口中 Edit 菜单下的 Update diagram 命令为模型重新绘色，这会使 Signal Generator 模块和 Gain 模块变成连续模块，并重新标记为黑色，如图 8.27 所示。

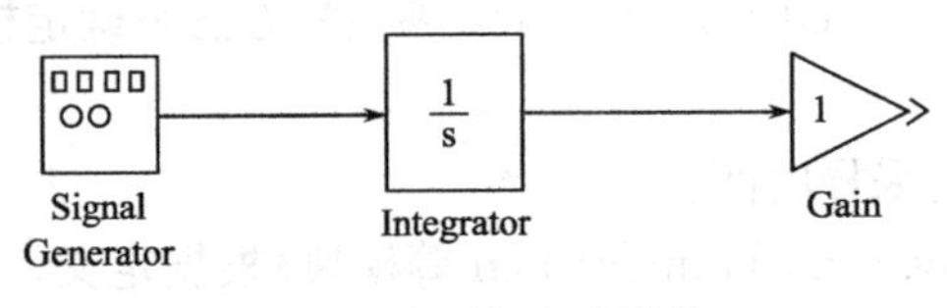

图 8.27　更换积分模块

Simulink 中的模块或者有用户明确定义的采样时间，或者继承其他模块的采样时间。例如，Simulink 指定 Constant 模块的采样时间为无穷大(inf)，也就是该模块具有常值采样时间(constant sample time)，如果某些模块从 Constant 模块获得输入，并且不继承其他模块的采样时间，那么这些模块也具有常值采样时间，这就意味着这些模块的输出在整个仿真期间都不会改变，除非用户更改模型参数。

例如，在如图 8.28 所示的模型中，Constant 模块和 Gain 模块都有常值采样时间。

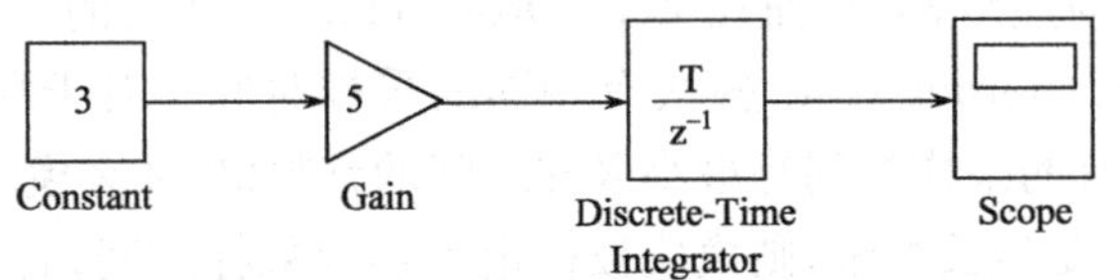

图 8.28　常值采样时间示例模型

由于 Simulink 可以在仿真过程中更改模块参数，因此，所有的模块，甚至具有常值采样时间的模块都必须在模型有效的采样时刻生成输出，正因为 Simulink 具有这样的特性，因此，所有的模块均在每个采样时刻计算模块输出，至于纯连续系统，则是在每个仿真步上产生输出。对于那些具有常值采样时间，而且在仿真过程中不改变参数的模块，在仿真过程中求取这些模块的值是无效的，而且还会降低仿真速度。

4. 确定离散系统的步长

对离散系统进行仿真时要求仿真器在每个采样时刻都增加一个仿真步，这个采样时刻就是系统最小采样时间的整数倍，否则，仿真器可能会错过系统状态的关键转换。为了避免这种错误，Simulink 通过选择仿真步长来保证仿真步与采样时刻的一致性。Simulink 选择的步长取决于系统的基本采样时间和仿真系统时所使用的算法类型。

离散系统的基本采样时间(fundamental sample time)是系统实际采样时间的最大整数公约数，例如，假设系统的采样时间为 0.25s 和 0.5s，此时的基本采样时间为 0.25s；若采样时间为 0.5s 和 0.75s，这时的基本采样时间仍为 0.25s。

用户可以让 Simulink 使用定步长或变步长离散求解器求解离散系统。定步长求解器设置仿真步长等于离散系统的基本采样时间；变步长求解器改变步长，以使步长大小等于实际采样时刻之间的差值。

以如图 8.29 所示的离散系统模型为例，模型中的 Sine Wave 模块设置的采样时间为 0.25s。

图 8.30 说明了该模型使用定步长求解器和变步长求解器时在仿真时间上的不同，图中的箭头表示各仿真步，圆圈表示各采样时刻。定步长求解器以 0.25s 作为模型的时间步采样一次，这也是模型的基本采样时间，即采样的时间步为[0.00，0.25，0.50，0.75，1.00，1.25，…]；与此不同，变步长求解器只有在模型真正产生输出时才花费一个时间步

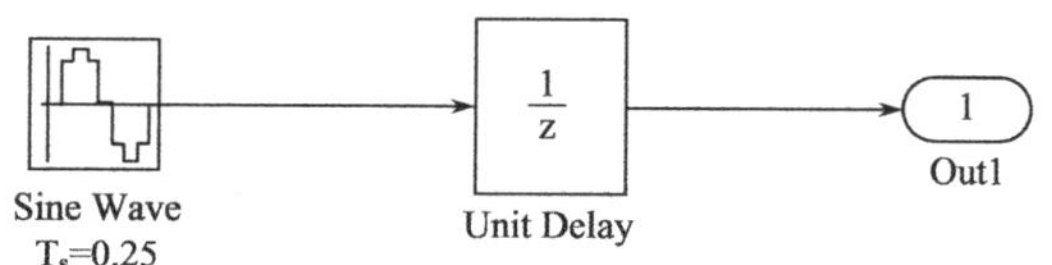

图 8.29　离散系统步长示例模型

的时间，即[0.00,0.50,0.75,1.00,1.50,2.00,2.25,…]，这就大大减少了仿真模型时所需要的步数，因此也就缩短了仿真时间。

从图 8.30 可以看到，如果基本采样时间小于实际被仿真系统的任何一个采样时间，变步长求解器会用较少的仿真步数仿真系统；另一方面，对于定步长求解器，如果系统的任一采样时间是基本采样时间，那么它会利用较少的内存来实现仿真，这对于需要用 Simulink 模型转换为快速仿真代码的应用程序来说，可以节省大量的时间（如使用 Real-Time Workshop 工具）。

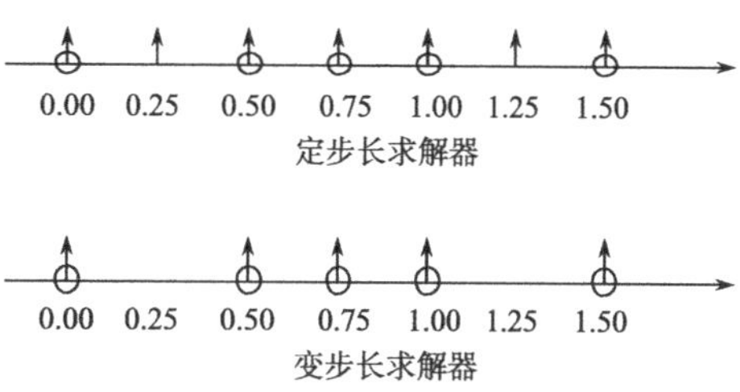

图 8.30　不同求解器仿真时间比较

例 8.1　人口的动态变化。

要求：这个例子通过一个非线性离散模型描述人口的动态变化。一年的人口依赖于：前一年的人口；人口的繁殖速率 r，这里假设 $r=1.05$；资源 K，这里 $K=1e6$；人口的初始值是必不可少的，假设初始值为 100 000。

在模型中，某一年的人口数 $p(n)$ 与上一年的人口数 $p(n-1)$ 成比例，因此乘上一个繁殖速率 r，但是，资源只能够满足 K 个个体的需求。整个系统的动力学模型由下面的差分方程给出：

$$p(n) = r \times p(n-1) \times (1 - p(n-1)/K)$$

解　在建立差分方程的 Simulink 模型时，可以看到，当年的人口数由上一年的人口数推导得出，因此利用一个延迟模块 Unit Delay，将 $p(n)$ 输入给延迟模块，得到输出 $p(n-1)$，$p(n)$ 表达式包含 $p(n-1)$ 项和常数项，这个系统没有输入，只需给出人口的初始值便可，这里给定初始值 $p(0)$ 为 100 000，建立的系统模型如图 8.31 所示，仿真这个系统 100 个时间单位，在示波器内观察仿真结果，如图 8.31 所示。

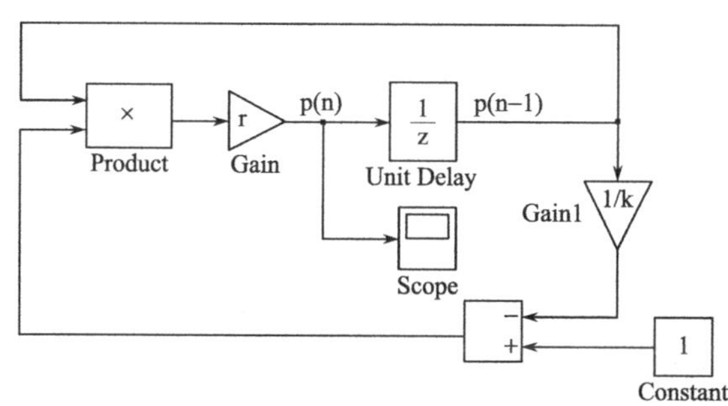

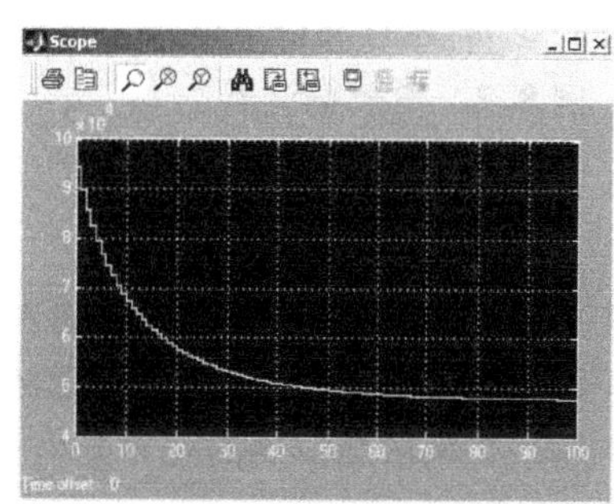

图 8.31　人口动态变化模型

5. 线性离散系统

尽管这里提出的方法可以适用于所有的离散系统，但对于一个线性时不变系统，可以大大简化，利用 Z 变换建立传递函数，Z 变换可以保持系统的线性特性。Discrete 模块库中提供了建立线性离散系统模型时使用的 Discrete Transfer Fcn 模块、Discrete Filter 模块和 Discrete Zero-Pole 模块。

1）离散传递函数

Discrete Transfer Fcn 模块主要是控制工程人员以 z 多项式形式描述离散系统。DiscreteTransfer Fcn 模块实现如下标准形式的传递函数：

$$H(z)=\frac{\mathrm{num}(z)}{\mathrm{den}(z)}=\frac{\mathrm{num}_0 z^n+\mathrm{num}_1 z^{n-1}+\cdots+\mathrm{num}_m z^{n-m}}{\mathrm{den}_0 z^n+\mathrm{den}_1 z^{n-1}+\cdots+\mathrm{den}_n}$$

其中，$m+1$ 和 $n+1$ 分别是分子和分母系数的总和，num 和 den 包含 z 按降幂排列的分子和分母系数，分子的阶次必须大于或等于分母的阶次。num 可以是一个向量或矩阵，但 den 必须是一个向量，两者均为模块对话框中的参数。

2）离散滤波器

Discrete Filter 模块实现 IIR 和 FIR 滤波器，用户必须以 z^{-1} 的降幂排列指定分子和分母系数。Discrete Filter 模块通常是信号处理人员以 z^{-1} 多项式形式描述数字滤波器，当分子系数向量与分母系数向量等长度时，离散传递函数和离散滤波器这两种方法是完全相同的。

$$H(z^{-1})=\frac{\mathrm{num}(z^{-1})}{\mathrm{den}(z^{-1})}=\frac{\mathrm{num}_0+\mathrm{num}_1 z^{-1}+\cdots+\mathrm{num}_n z^{-m}}{\mathrm{den}_0+\mathrm{den}_1 z^{-1}+\cdots+\mathrm{den}_n z^{-n}}$$

其中，$m+1$ 和 $n+1$ 分别是分子和分母系数的总和，num 和 den 包含 z^{-1} 按升幂排列的分子和分母系数，分子的阶次必须大于或等于分母的阶次。

3）零极点传递函数

Discrete Zero-Pole 模块实现零极点形式的离散系统，对于单输入单输出的系统，传递函数的形式如下：

$$H(z)=K\frac{Z(z)}{P(z)}=K\frac{(z-Z_1)(z-Z_2)\cdots(z-Z_m)}{(z-P_1)(z-P_2)\cdots(z-P_n)}$$

其中，Z 是零点向量，P 是极点向量，K 是零极点增益，极点的数目必须大于等于零点数目，即 $n\geqslant m$，零点和极点可以为复数。

例 8.2 离散解调器。

要求：离散滤波器的差分方程为

$$y(n)-1.6y(n-1)+0.7y(n-2)=0.04u(n)+0.08u(n-1)+0.04u(n-2)$$

利用 AM 调幅信号作为源信号，将发射信号与离散载波信号相乘（频率=100Hz，采样时间=5ms），将产生的信号通过离散滤波器，在示波器上显示发射信号和输出信号。

解 将离散滤波器的差分方程转换为以 z^{-1} 形式表示的离散滤波器方程如下：

$$H(z^{-1})=\frac{\mathrm{num}(z^{-1})}{\mathrm{den}(z^{-1})}=\frac{0.04+0.08z^{-1}+0.0z^{-2}}{1-1.6z^{-1}+0.7z^{-2}}$$

根据系统要求，选择的 Simulink 模型组件如下：

(1) AM 调制信号；

(2) Sources 库中的 Sine Wave 模块；

(3) Math Operations 库中的 Product 模块；

(4) Discrete 库中的 Discrete Filter 模块；

(5) Sinks 库中的 Scope 模块。

设置 Discrete Filter 和 Sine Wave 模块中的采样时间为 0.005s，也可以用 Discrete Transfer Function 模块代替 Discrete Filter 模块，此时离散滤波器的差分方程可以转换为 z 形式的标准离散传递函数，最后的系统模型图如图 8.32 所示。选择变步长 ode45 算法，仿真时间为 10 个单位，仿真后的输出信号波形如图 8.32 中的示波器所示。

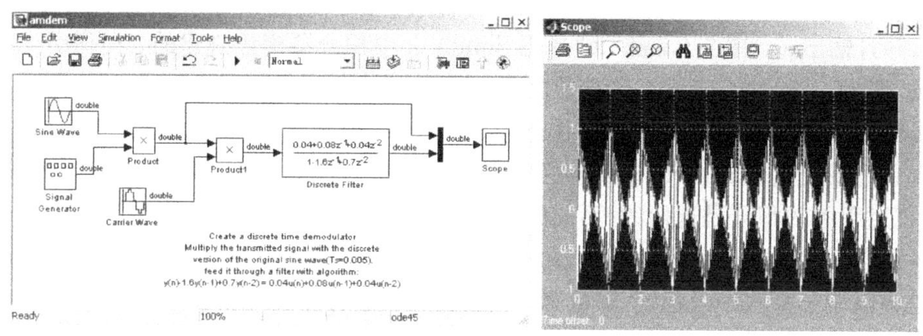

图 8.32　离散解调器模型

8.2.2　连续系统仿真

连续系统的输出是连续变化的，换句话说，连续系统以无穷小的时间间隔进行更新。在连续的动态系统中，系统的数学模型表达式中都包含输入和/或输出的连续导数。Simulink 中的积分器就是一个很好的例子，输出的导数等于输入，即 $\dot{y}=u$，连续系统包含连续状态，在某种意义上说，连续状态是记忆元素，它们保存系统的信息，系统输出可以直接通过它们计算，而不涉及状态导数。

1. 微分方程的实现

对于大多数的连续系统，其系统方程多是由各阶导数组成的微分方程，求解微分方程可以使用不同的积分算法。Simulink 把动态系统模型转变为“状态空间”表达式的形式供求解器使用，而求解器则使用一种非常具体的系统表达式求解系统，其表达式如下。

(1) 离散系统。

更新方程：$x(n+1)=f_d(x(n),u(n),n)$

输出方程：$y(n)=g(x(n),u(n),n)$

更新方程利用状态前一时刻的值计算当前值，输出方程使用当前的状态值计算当前的输出值，与先前的状态值没有关系。

(2) 连续系统。

导数方程：$\dot{x}(t)=f_c(x(t),u(t),t)$→导数方程

输出方程：$y(t)=g(x(t),u(t),t)$→输出方程

在连续系统中，状态的表达式包含状态的一阶导数，在大多数情况下，x 是一个向量，它包含若干个状态。

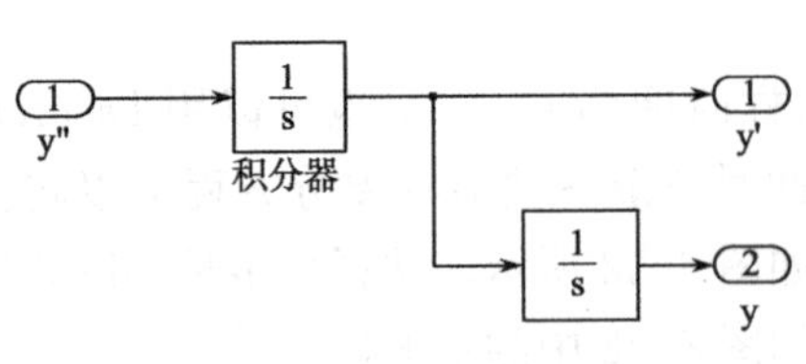

图 8.33　二阶微分模型

在 Simulink 中，实现微分方程的第一步是确定模型中所需要的 Integrator 模块的数目，这一点非常重要，因为积分器模块是建立微分方程的基础，一个积分器就表示一阶微分。例如，如果方程中包含 y 的二阶导数，就需要两个积分器，一个输入 $\mathrm{d}^2y/\mathrm{d}t^2$，并且输出 $\mathrm{d}y/\mathrm{d}t$；第二个输入 $\mathrm{d}y/\mathrm{d}t$，并且输出 y。图 8.33 表示的是用 Simulink 中积分器模块搭建的二阶微分，它说明了变量、变量一阶导数、变量二阶导数之间的关系。

Simulink 模型指定了模型连续状态的时间导数，但并没有给出状态自身的值，这样，当仿真一个系统时，Simulink 求解器必须对状态的微分值进行多次积分以计算连续状态值，仿真过程中的积分是近似的，不同的连续求解器使用不同的方法近似积分。当然，目前有各种各样的通用数值积分算法，每种算法对特定的应用也都各有优势。Simulink 使用的是数值积分算法中最稳定、最高效，而且精度最好的 ODE(常微分方程，ordinary differential equation)算法，用户可以在模型中直接指定这些算法求解器，也可以在运行仿真时指定求解器。

有些 Simulink 中的连续求解器将仿真时间区域细分为主时间步和最小时间步，最小时间步是由主时间步再细分而成。仿真算法在每个主时间步上生成结果，并在最小时间步上应用这些结果以改善主时间步的结果精度。

2. 线性连续系统

严格说来，一个具体的物理系统通常都是非线性系统，而且是以分布参数的形式存在的，但这样的非线性系统建立的数学模型，需要求解非线性方程和偏微分方程，这是非常困难的，因此，如果在误差允许的范围内，可以将非线性模型线性化，或者直接用线性集总参数模型描述物理系统。

Simulink 中的 Continuous 模块库提供了适用于建立线性连续系统的模块，包括积分器模块、传递函数模块、状态空间模块和零极点模块等，这些模块为用户以不同形式建立线性连续系统模型提供了方便，如图 8.34所示。

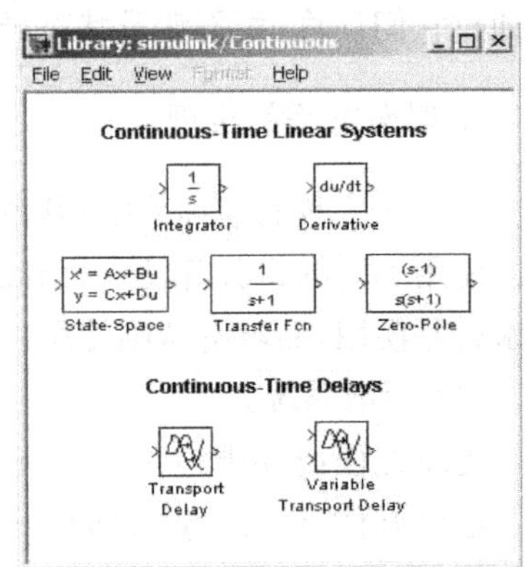

图 8.34　Continuous 模块库

利用积分器模块用户可以建立微分方程模型，这是非常一般的方法，也可以用来建立非线性系统模型，而且允许指定非零值的初始条件。下面介绍几个例子。

例 8.3　蹦极跳系统。

想象一下，当你系着弹力绳从桥上跳下来时，会发生什么？这里，我们以蹦极跳作为一个连续系统的例子。按照物理规律，自由下落的物体满足牛顿运动定律：$F=ma$。在这个系统中，假设绳子的弹性系数为 k，它的拉伸影响系统的动力响应，如果定义人站在桥上时绳索下端的初始位置为 0 位置，x 为拉伸位置，那么用 $b(x)$ 表示绳子的张力，这个影响可以表示为

$$b(x)=\begin{cases}-kx, & x>0\\ 0, & x\leqslant 0\end{cases}$$

设 m 为物体的质量，g 是重力加速度，a_1，a_2 是空气阻尼系数，则系统方程可以表示为

$$m\ddot{x}=mg+b(x)-a_1\dot{x}-a_2\mid\dot{x}\mid\dot{x}$$

在 MATLAB 中建立这个方程的 Simulink 模型，这里需要使用两个积分器，因为方程中包含的导数的最高阶数为 2，一旦 x 和它的导数已经搭好，可以使用一个增益模块（Gain 模块）表示空气阻力比例系数，使用 Function 模块表示空气阻力中的非线性部分。因为 $b(x)$ 是通过门槛为 0 的 x 条件式确定的，这里使用一个 Switch 模块实现判断条件。最终的系统 Simulink 模型方块图如图 8.35 所示。

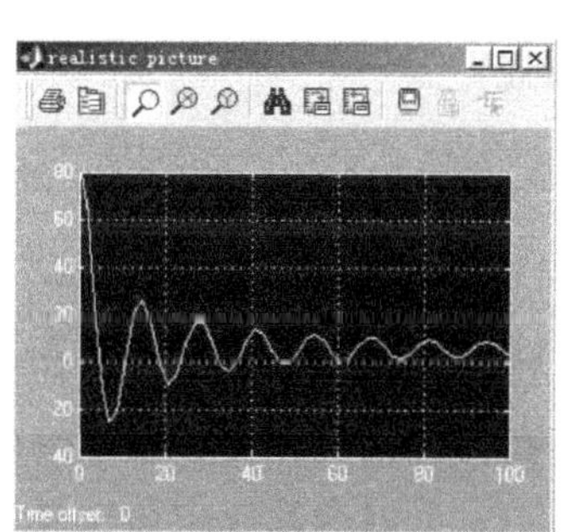

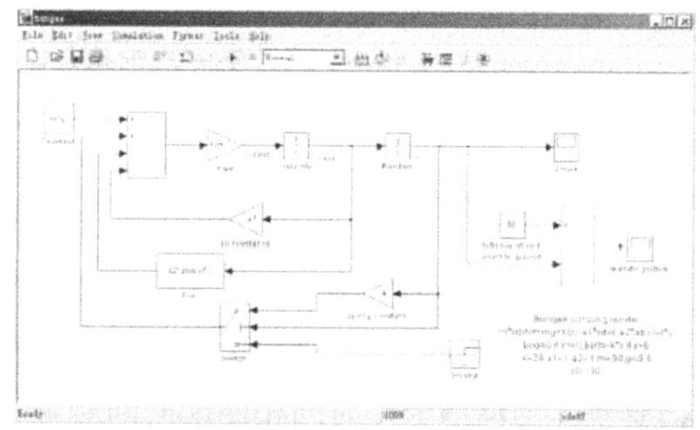

图 8.35　蹦极跳系统模型

设起始位置为绳索的长度－30m，起始速度为 0，这两个初始值在仿真参数对话框的 Workspace I/O 页内设置。未伸长时绳索的端部距地面为 50m，因此，为了得到更真实的曲线，将输出位置减去 50。物体的质量为 90kg，g 为 9.8m/s2，弹性系数 k 为 20，a_1 和 a_2 均为 1。

运行这个系统，利用示波器查看输出轨迹，如图 8.35 所示，可以看到，跳跃者已经撞到了地上。

例 8.4　汽车动力学系统。

要求：建立一个行驶控制系统，实现简单的汽车动力学系统。使用一个幅值为 500、频率为 0.002Hz 的方波作为输入信号，汽车的质量为 $m=1000$，阻尼因子 $b=20$。

解　速度动力学方程为

$$F=m\dot{v}+bv$$

根据系统要求，选择的 Simulink 模块组件如下：

(1) Sources 库中的 Signal Generator 模块，设置 Wave form 参数为 square，amplitude 参数为 500，frequency 参数为 0.002，units 设置为 Herz；

(2) Maths Operations 库中的 Gain 模块和 Sum 模块；

(3) Continuous 库中的 Integrator 模块；

(4) Sinks 库中的 Scope 模块；

建立的系统模型如图 8.36 所示，为了观察系统的动态行为，将信号发生器的周期设的足够长，这里设置仿真时间为 1000 个时间单位，初始条件为零，运行仿真，得到的输出速度曲线如图 8.36 所示。

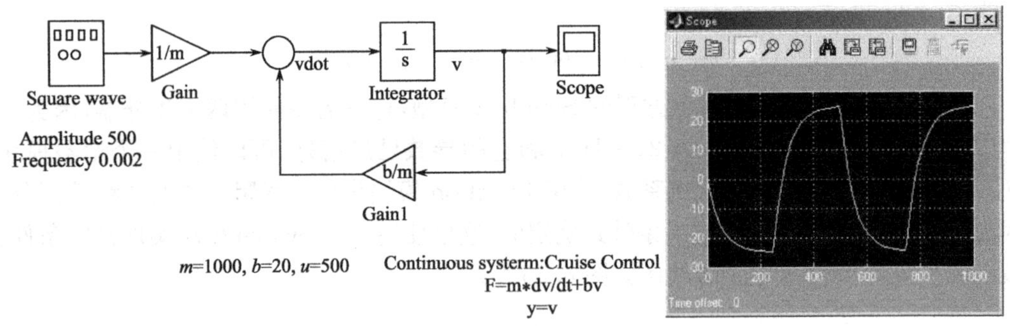

图 8.36 汽车动力学系统模型

8.2.3 混合系统仿真

混合的连续离散系统由离散模块和连续模块组成，这样的系统可以使用任何一种求解器进行仿真，尽管某些求解器可能比另一些求解器更高效和精确。变步长求解器充分考虑了仿真步长与离散采样时间相匹配的问题，所以对于一个混合系统应该选择一个变步长求解器。对于大多数混合的连续离散系统，龙格-库塔变步长求解器 ode45 和 ode23 比其他求解器在效率和精确度上都有优越性。由于离散模块中的不连续性与采样保持相关联，因此对于混合的连续离散系统不推荐使用 ode15s 和 ode113 算法。

混合系统在使用变步长求解器进行仿真时，步长应调整在误差容限以内，并且与离散模块的更新时间相匹配。

例 8.5 多速率混合系统。

图 8.37 是由连续模块和离散模块组成的混合系统，模型中的 Unit Delay 模块的采样时间设置为 0.7，Unit Delay1 模块的采样时间设置为 1.1，这样系统就是由两种不同的采样时间组成的混合系统，当选择 Format 菜单下的 Sample time colors 命令时，模型中的模块和信号线以不同的颜色标识。

在对系统仿真时，设置仿真时间为 5 个时间单位，并选择变步长 ode45 求解器，在仿真参数对话框的 Workspace I/O 选项页内设置输出时间变量为 t，输出变量为 y1，y2，y3，运行仿真。并在 MATLAB 窗口使用绘图命令绘制输出结果曲线。

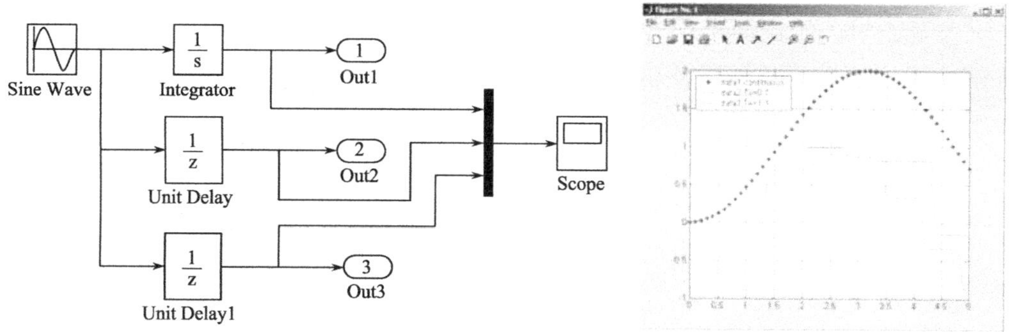

图 8.37　多速率混合系统模型

```
>> plot(t,y1,'*',t,y2,'-',t,y3,'-')
>> grid on
```

从图 8.37 中的输出曲线可以看到，标为"*"的曲线为积分器模块的输出曲线，它是连续信号，标为绿色"-"的曲线为 Unit Delay 模块的输出曲线，采样时间为 0.7，标为红色"-"的曲线为 Unit Delay1 模块的输出曲线，采样时间为 1.1，后两个信号都是离散数据信号。

例 8.6　行驶控制系统。

要求：已知设定的速度值和测量的速度值，使用一个离散时间 PID 控制器建立一个汽车行驶控制器，采样时间为 20ms，PID 控制器按下列规律工作。

(1) "积分环节"：$x(n)=x(n-1)+u(n)$。

(2) "微分环节"：$d(n)-u(n)-u(n-1)$。

(3) 系统初始状态值为 0。

系统 PID 控制器方程为 $y(n)=P*u(n)+I*x(n)+D*d(n)$。

试算：以正弦波信号作为 PID 控制器输入，查看当 PID 控制器中 $P=1,I=0.01,D=0$ 时的控制器输出。

解　根据系统要求，选择的 Simulink 模型组件为：

(1) Discrete 库中的 Unit Delay 模块，实现差分方程；

(2) Math Operations 库中的 Gain 模块和 Sum 模块；

(3) Sources 库中的 Sine Wave 模块；

(4) Sinks 库中的 Scope 模块。

这里单独建立比例、积分和微分环节，然后将它们相加组合成 PID 控制器，此外，在所有的 Unit Delay 模块中设置采样时间 Sample time 等于 0.02，最后的系统模型如图 8.38 所示。

在仿真参数对话框内设置仿真时间为 200 个时间单位，选择变步长 ode45 算法，运行仿真，打开示波器观察输出波形，如图 8.38 所示。

这个 PID 行驶控制器实际是一个混合系统。如果在这个系统模型中选择 Format 菜单下 Sample time colors 命令，可以清楚地看到系统中不同采样时间的信号线由不同的颜

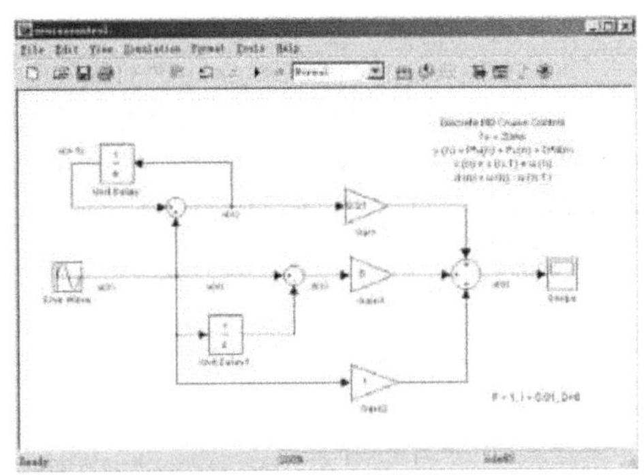

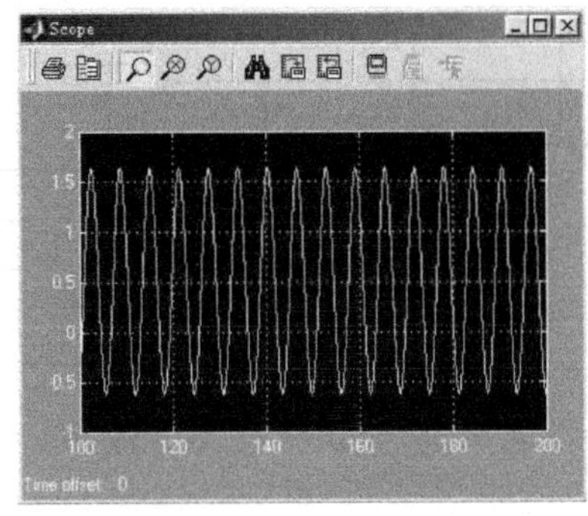

图 8.38 行驶控制系统模型

色表示，但大多数信号是连续的，因为它们是一个连续系统产生的。

习题与思考题

1. Simulink 适于对哪些系统进行仿真？
2. 使用 Simulink 对离散系统和连续系统进行仿真时有什么不同？
3. 什么是采样时间？如何在 Simulink 中设定和传递采样时间？
4. 使用 Simulink 进行仿真时，常用的模块有哪些，它们各自的含义是什么？

第 9 章

系统动力学模型与仿真技术

9.1 系统动力学概述

系统动力学是由美国麻省理工学院福瑞斯特(J. W. Forrester)教授于 1956 年提出的一种分析研究信息反馈系统动态行为的计算机仿真方法，它将信息反馈的控制原理与因果关系的逻辑分析结合，依据系统的内部结构建立传真模型，并对模型实施各种不同方案，寻求解决问题的正确途径。系统动力学专家认为，系统的行为模式和特性主要取决于其内部结构与反馈机制，因此按系统动力学理论和方法建立的模型，借助于计算机模拟可以用于定性与定量地研究系统问题。通常情况下，研究社会经济系统时的各种理论设想，一般都不宜直接在实际系统上做试验。而系统动力学则可以作为实际系统(特别是社会、经济、生态等复杂大系统)的“实验室”，来进行长期的、动态的、战略性的定量分析与研究。

系统动力学所探讨的问题，至少有两个共同的特征：

(1) 它们都是动态的，就是说包含的量具有随时间而变化的特性。如工业上雇佣人员的波动、城市中税收和生活水准的降低以及医药费明显的上涨。此外，建设筑工程经费的超支、政府的发展过程、癌症甚至心理上的抑郁症，这些都是动态问题，而且都可以用变量随时间变化的图形来表示。因此，学习系统动力学首先要建立一个动态的概念。

(2) 都具有反馈的特征，使用反馈来提示原因和寻找解决办法。

从控制论的角度看，对于系统的研究可分为开环和闭环两个角度。

开环指的是不用反馈的概念研究问题，系统中各主体之间的信息流动是单向的，即只有顺向方向，而没有反向联系。开环系统的作用路径不是闭合的。如交通指挥中的红绿灯转换。而对在十字路口的车辆、行人如何通过的问题，政府部门采取的是排队等停的方案，于是便在十字路口设置相应的红绿灯指示系统用来指挥交通。上述过程可用图 9.1 表示。

十字路口的交通通行问题 —— 排队等停方案 —— 设置红绿灯信号

图 9.1 开环方法举例示意图

描述成一般形式如图 9.2 所示。

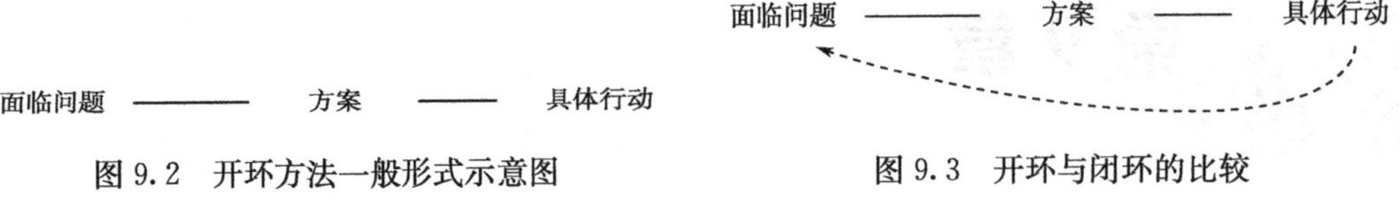

图 9.2 开环方法一般形式示意图　　图 9.3 开环与闭环的比较

从开环转换成闭环的过程就包含了反馈的观点。即通过一定的行为,改变某些或某个变量的特征,从而使系统达到新的运行状态。闭环方法与开环方法对于解决问题是不同环节比较见图 9.3。

在图 9.3 中,粗虚线所指代的环节即反馈过程中。

反馈系统中的反馈是指信息的传送和返回。比如,日常生活中我们用空调控制室内温度。空调设备内有一个温度感应器将室温的信息返回给供暖系统,以控制空调设备的工作状态,从而可以起到控制室温的作用。

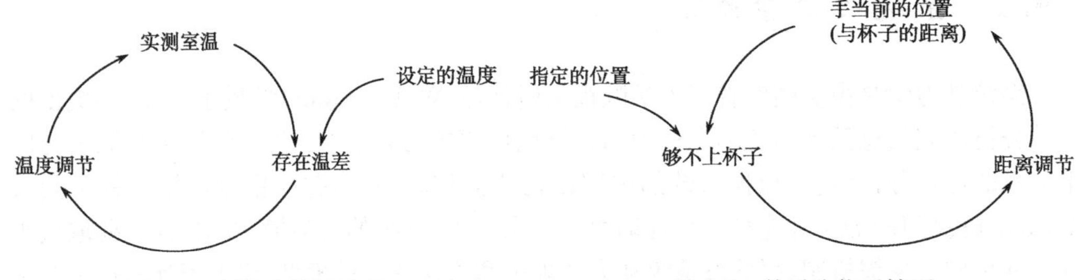

图 9.4 调节室温反馈环　　图 9.5 伸手取物反馈环

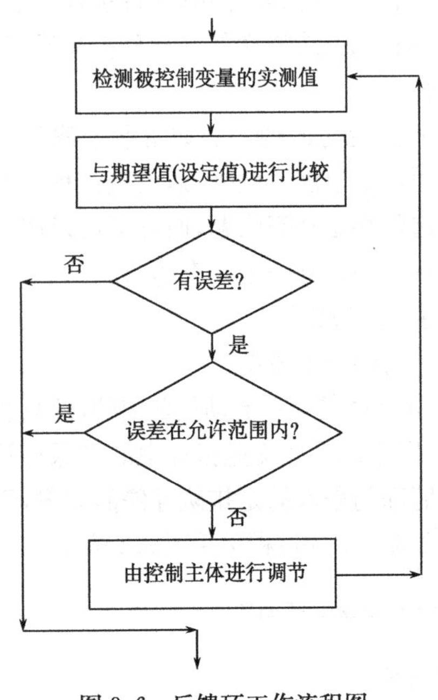

图 9.6 反馈环工作流程图

当反馈系统用图表示时,便形成我们在后面提到的因果环。乔治・P. 雷恰逊给反馈系统的定义是,反馈环是一个封闭的因果序列,作用力与信息的闭路。一组互连的反馈环是一个反馈系统。将上述空调调节室温的案例描述成反馈环如图 9.4 所示。

又如我们日常生活中的一个动作:伸手去取摆放在桌面上的一个杯子。这时,大脑、手、杯子也会构成一个反馈环的主体。当手伸向杯子的过程中,大脑不断判断手和杯子的距离能否够得上杯子。如果不能,则继续调节手和杯子之间的距离。

伸手取物的反馈环如图 9.5 所示。

在大多数情况下,反馈系统的"反馈"环节是遵从如图 9.6 中所示的流程对相应的控制对象起到调节、控制作用的。

综上所述,系统动力学则应于解决反馈系统中的动态问题。事实上,团体、机构、经济、社会等所有的人类系统都是反馈系统，见表9.1。

表9.1 社会反馈系统中的问题及其响应

问题	响应
交通拥挤	建设高速公路、高架公路、城市轨道
能源(如原油)费用上升	能源价格、相应服务(如计程车)费用上涨
城市房价过高	建设经济适用房

社会系统是一个反馈系统，已经成为越来越多人的共识。

在对反馈过程进行分析的过程中，要知道反馈过程有“正”和“负”之分。

回忆之前提及的空调调节室温反馈环。该环主要是使室温维持在设定温度。

若室温低于设定温度，则处于供暖状态，提高室温；若室温高于设定温度，则定调处于降低温度的工作状态。反馈环的目的是使实测温接近用户设定温度。

再如伸手取物的例子，也是一个目标接近系统。控制论中，对类似于这个阻碍或抵消偏差的环即称为负反馈环。相反，正反馈环则体现放大环的偏差。

9.2 DYNAMO 语言

9.2.1 DYNAMO 语言概述

DYNAMO是一种计算机模拟语言系列。取名来自Dynamic Models(动态模型)的混合缩写。顾名思义，DYNAMO命名的含义在于建立真实系统的模型，借助计算机进行系统结构、功能与动态行为的模拟。

DYNAMO和系统动力学的关系，可追溯到20世纪50年代系统动力学发展的初期。DYNAMO的前身称SIMPLE是“Simulation of Industrial Management Problems With Lots of Equation”的缩头词。目前流行的DYNAMO有DYNAMO Ⅱ与Ⅲ/F，DYNAMO Ⅲ与Min-DYNAMO。DYNAMOⅢ可处理带有下标的变量，Micro-DYNAMO可运行于微型计算机，已于1983年进入实用阶段。DYNAMOⅣ是目前本系列中功能最丰富的一种，它除了包括DYNAMOⅢ还加上能处理更高阶问题的方法。此外，功能与DYNAMO类同的模拟语言还有美国Ithink STELLA系列，Vensim、Powersim、NDTRAN和DYSMAP。

用DYNAMO写成的反馈系统模型经计算机进行模拟，可得到随时间连续变化的系统图像。换言之，模型描述系统的结构并模拟系统的功能与行为。譬如说，收货与发货可分别视为仓库的连续输入与输出。若输入等于输出，库存量不变；入大于出，库存增加，反之则库存减小。

下面继续以库存系统为例具体说明DYNAMO如何模拟一个连续变化的反馈系统。为简单起见，考虑输入、输出速率为常数的情况，假定每月发货与入库各为100与80件。则库存INV每月减少20件，其动态行为是线性的，以图形表示就是随时间变化的直线，上述可用数学式表达：

$$\mathrm{INVG}_{现在} = \mathrm{INV}_{过去} + (时间间隔) * (纯速率)$$

若库存量在5个月前为1200件，问$\mathrm{INVG}_{现在}$为多少，由上式得

$$\begin{aligned}\mathrm{INV}_{现在} &= 1200\text{件} + (5\text{月}) \times (80\text{件}/\text{月} - 100\text{件}/\text{月}) \\ &= 1200 + 5 \times (-20) \\ &= 1200 - 100 = 1100(\text{件})\end{aligned}$$

当速率随时间变化又如何办呢？很简单，DYNAMO能把连续的时间分割成小的时间间隔，并假定在各小间隔内速率是固定的，然后借助计算机逐段地一一加以计算。显然，其计算结果是近似的。不过若计算的时间足够小，速率变动不大，则此结果将与从微分方程获得的精确解(如果可能求得的话)十分接近。

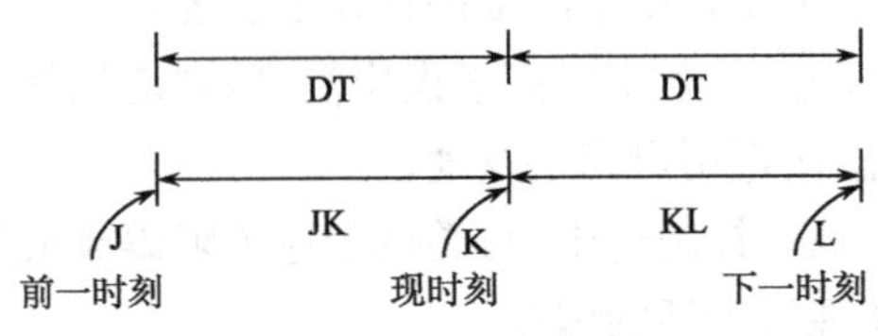

图9.7 DYNAMO中的时间下标

DYNAMO中的符号能清楚地说明计算机是如何进行计算的。DYNAMO中的变量，用时间下标以区别在时间上的先后，用英文字母K表示现在，J表示刚刚过去的那一时刻，L表示紧随当前的未来的那一刻，DT表示J与K或K与L之间的时间长度。它们之间的关系如图9.7所示。

库存方程可用DYNAMO表示如下：

$$\mathrm{INV.K} = \mathrm{INV.J} + \mathrm{DT} * (\mathrm{ORRE.JK} - \mathrm{SH.JK})$$

式中，INV. K为库存现有量；INV. J为DT前的库存量；DT为计算的时间间隔；ORRE为在JK间隔内收到的订货量；SH为在JK间隔内的发货量。

当模拟一个动态反馈系统的时候，DYNAMO按每一个DT为一步，对系统的定量模型逐步地模拟下去，从而得出系统的行为。上述计算可手算，显然这样做对复杂系统是不可能的，数字计算机正是此项繁重计算任务的理想承担者。读者或许会争辩说，FORTRAN、BASIC、PASCAL等计算机语言，不都能够完成计算任务，为什么非采用DYNAMO呢？简单地说，DYNAMO是特地为模拟反馈系统设计的专用语言，使用起来更加方便。所以发展DYNAMO一直受到重视，DYNAMO系列正是伴随系统动力学，相辅相成地发展起来的。

研制DYNAMO的一个目的是为了方便建模人员，使人熟悉计算机的人和有经验的程序人员都能使用。只需用简单的语句PLOT，就能得到图形输出，并选择所希望的比例尺。用语句PRINT可得到以表格形式输出的数据模拟结果。DYNAMO拥有一些专用的函数。十分有助于建模者的构思与书写模型的方程。

9.2.2 DYNAMO方程

1. 方程规定与规则

(1) 变量名称符号的规定。

DYNAMO能识别的变量名字符数不超过6个。变量名的第一字符必须是字母，其

后则可为字母或数字。任何具有字符数从 1 至 6 的变量名均能被识别。例如，在模型中有多个库存，可用 INV1，INV2，…以示区别。变量的命名，当然是建模者权限内的事，但以容易识别变量的含义为佳。比如用 X_1，X_2，…命名，在手算时可能有方便之处，然而在 DYNAMO 模型中，特别当模型方程数很多时，就令人眼花瞭乱，难于让人读懂，自然也就不便于交流。

(2) 代数运算符号的表示。

DYNAMO 采用通用的代数运算符号：

加法　　　+

减法　　　—

乘法　　　*

除法　　　/

乘法也可以用括号把相乘的各变量分开来表示，比如：(LABOR. K)(PROD. K) = LABOR. K * PROD. K。在代数运算中，其次序是先乘方、开方，再乘、除，最后是加、减。但在括号中的加、减却优先于括号外的运算符号。此外，同一层次的运算符，总是按先左后右的原则进行运算的。

(3) 一个方程中不能有空格，每行不能超过 72 列。一列不够可以另起一列，但第一列需要为字符“X”作为标志。

2. 变量与常数

在 DYNAMO 书写模型中的所有数量，可划分为两大类：常数，其值在一次模拟的全过程中不变；变量，其值是可变的。在 DYNAMO 里区别它们是很容易的，凡是变量都带有时间下标：K、J、KL 或 JK. 常数均不带时间下标，便如 SALE. K 表示变化的销售量，SALE 则表示固定的销售量。

3. 状态(State，Level)变量方程

状态变量：凡是能对输入和输出变量(或其中之一)进行积累的变量称为状态变量。在 DYNAMO 中计算状态变量(或称积累变量)的方程称为状态变量方程。

状态变量方程的 DYNAMO 模型中，须以 L 为标志写在第一列。例如：

L　LEVEL. K = LEVEL. J + DT * (INFLOW. JK—OUTFLOW. JK)

式中，LEVEL 为状态变量；INFLOW 为输入速率(变化率)；OUTFLOW 为输出速率(变化率)；DT 为计算间隔(从 J 时刻到 K 时刻)。

再如：

L　POP. K = POP. J + DT * (BIRTHS. JK—DEATHS. JK + INMIG. JK—OUTMIG. JK)

式中，POP 为人口变量(人)；BIRTHS 为出生率(人/年)；DEATHS 为死亡率(人/年)；INMIG 为迁出率(人/年)；OUTMIG 为迁出率(人/年)。

4. 速率(变化率)方程

在状态变量方程中代表输入与输出的变量称为速率，它由速率方程求出。在

DYNAMO中，速率方程以 R 为标志。

与状态变量方程不同，速率方程是没有标准格式的，下面给出一些例子。

R　BIRTHS. KL = BRF * POP. K

式中，BIRTHS 为出生率(人/年)；BRF 为出生率系数(人/年)；POP 为人口(人)。

又如：

R　DEATHS. KL = POP. K/AVLIFE

式中，DEATHS 为死亡率(人/年)；POP 为人口(人)；AVLIFE 为平均寿命(年)。

又如：

R　OR. KL = AVSH. K + (DSINV. K—INV. K)/TAI

式中，OR 为订货率(件/月)；AVSH 为平均发货量(件/月)；DSINV 为期望库存量(件)；INV 为实际库存量(件)；TAI 为库存调整时间(月)。

由上述可得出：

第一，速率方程无一定格式。因此建立速率方程式颇费功夫。可以说，构思与书写模型的工作中，考虑与建立速率方程的份量占了很大的比例。

第二，速率的值在 DT 时间内是不变的。进一步说，速率方程是在 K 时刻进行计算，而在自 K 至 L 的时间间隔(即 DT)中保持不变。速率的时间下标为 KL。

5. 输助方程

至今所述关于以 DYNAMO 语言建立模型问题，似乎只需确定状态变量，决定它们的速率方程和给定方程式中的所有常数而已。然而在建立速率方程之前，若未先做好某些代数计算，把速率方程中必需的信息仔细加以考虑，那么将遇到很大的困难。这些附加的代数运算。在 DYNAMO 中称为辅助方程，方程中的变量则称为辅助变量。

由上述我们可以把辅助方程定义为：在反馈系统中描述信息的运算式。“辅助”的含义就是帮助建立速率方程。

在 DYNAMO 语言中，书写辅助方程时要以字母 A 为标志，并写在第一列的位置上。

下面举例说明如何建立辅助方程。

先以茶水冷却模型为例。一杯茶置于桌上，其冷却速度(即温度的变化率)和茶水与室的温度差、周围介质的传热系数有关。用 DYNAMO 书写如下：

A　DISC. K = ROOM—TEA. K

R　CHNG. K = CONST * DISC. K

式中，DISC 为茶水与室温度差(℃)；ROOM 为室温度(℃)；TEA 为茶水温度(℃)；CHNG 为茶水的温度变化率(℃/min)；CONST 为介质传热系数(1/min)。

读者可能会认为本例的速率方程较简单，应用辅助方程是多余的，此评论言之有理，不过此例目的仅在于说明如何应用辅助方程帮助建立速率方程，故有意把辅助方程内容的难易、繁简问题先撇在一边。在实际建模中，读者应根据速率方程内容的繁简程度和实际需要，来确定如何应用辅助方程。

9.2.3　DYNAMO函数

DYNAMO提供多种类型的函数，以便于构模者建立方程和调试模型。前面已介绍过表函数TABLE，延迟函数DELAY与平滑函数SMOOTH，它们具有各自的特定功能。DYNAMO中余下的函数大体可划分为数学、逻辑和测试函数三类。

1. 数学函数

DYNAMO备有五种数学函数，采用标准数学符号：

SQRT(X)$=\sqrt{X}$，非负值变量X的开方；

SIN(X)$=\sin X$，变量X的正弦；

COS(X)$=\cos X$，变量X的余弦；

EXP(X)$=e^X$，指数函数，e=2.718…；

LOGN(X)$=\log_e X$，以e为底的自然对数。

由于读者对这些函数比较熟悉，它们在反馈系统模型中的应用颇广泛，故不再举例叙述。

在某些DYNAMO系列中的软件包，如Mini－DYNAMO和DYNAMOⅡ/370，为了计算幂函数需借助于指数函数EXP与自然对函数。

例如，表达式EXP(A＊LOGN(B))等于B^A。当A为非整数或数值较大时，采用此表达式计算就显得很有利。此外某些DYNAMO以B＊＊A表示B^A。

2. 逻辑函数

DYNAMO的逻辑函数有MAX、MIN、CLIP和SWITCH等。

(1) MAX(A,B)取A,B中较大者，即

$$\text{MAX}(A,B)=\begin{cases}A, & 若 A\geqslant B\\ B, & 若 A<B\end{cases}$$

(2) MIN(A,B)取A,B中较大者，即

$$\text{MAX}(A,B)=\begin{cases}B, & 若 A\geqslant B\\ A, & 若 A<B\end{cases}$$

MAX函数可用来产生数的绝对值，表达式为MAX(A,$-A$)

则不论A本身是正或负，此式总是取非负的A值。

MAX函数有时也用于防止出现除式分母为0和负值的情况，表达式可取为

$$A/[\text{MAX}(B,0.01)]$$

若分母MAX函数中的$B\leqslant 0$，则MAX(B,0.01)=0.01，故有效地防止了除式被0除的情况。此表达式有时在模型中颇有用处。因为只要当MAX(B,0.01)>0，此除式的商就有意义，所以若在模拟过程中，由于偶然的原因出现$B=0$的情况，但MAX(B,0.01)仍大于"0"，故模拟不会发生停顿。

在建立方程时易出错用MAX与MIN函数，下面讨论一个不适当使用MIN函数的

例子:库存的输出控制问题,常使人认为采用 MIN 函数是万无一失的。人们可能这样设想,交货率 SHIP 应由需求 DMND 决定,若库存 INV 小于 DMND,则由 INV 来决定,于是用 MIN 函数:

R SHIP. KL = MIN(DMND. K, INV. K)

且不说此方程的右边变量的量纲是错的,错在何处与如何更正请读者思考,更主要的是 MIN 函数的功能并不符合库存输出控制的客观规律。因为管理人员绝不会让库存只剩下几件产品并和盘交付出去,当库存量趋于危险水平时,他就会预先采取措施逐渐减小交货率。换言之,建此方程应考虑库存量趋于危险水平时,他就会预先采取措施逐渐减小交货率。换言之,建此方程应考虑库存量多寡对交货率的影响,一般此影响因素为连续的非线性函数,采用前述的表函数来描述才合理,而 MIN 函数却隐含突变的特点,不适于描述此客观规律。

(3) CLP(A,B,X,Y),此函数的功能为

$$\text{CLIP}(A,B.\,X,Y)=\begin{cases}A, & \text{若 } X\geqslant Y\\ B, & \text{若 } X<Y\end{cases}$$

此函数使构模者能在模拟过程中,更换或改变原来的函数的常数值。

此函数另一表示式为

$$\text{FIFGE}(A,B,X,Y)$$

FIFG 含义是,若第 3 项的值大于第 4 项的值,此函数取第 1 项的值。

(4) SWITCH(A,B,X),此函数功能为

$$\text{SWITCH}(A,B,X)=\begin{cases}A, & \text{若 } X=Y\\ B, & \text{若 } X\neq Y\end{cases}$$

显而易见,其功能类似于 CLIP 函数。只不过是没有第 4 项,只根据第 3 项是 0,还是非 0 进行判断选择。SWITCH 函数也有一个别名 FIFZE。其含义为,若第 3 项等于 0,取第 1 项的值。请读者注意的是,此函数只要第 3 项为非 0(不认它是正还是负)均取第 2 项的值。

CLIP 与 SWITCH 函数常常用于改变政策的测试。

在重复运行模型时 SWITCH 函数还可用于改变部分方程式结构的测试。

3. 测试函数

通过不同类型的摄动实验可从模型及其代表的反馈系统获取大量信息。这些摄动实验是借助各类测试函数进行的。在模型测试中可采用变量的增加,斜坡函数,振荡与随机干扰等。这些实验均有助于了解模型内部结构与其动态行为的关系。这类测试的目的在于深入地研究模型和它所代表的信息反馈系统。DYNAMO 备有各类模拟外生摄动的测试函数,包括:斜坡 RAMP、脉冲 PULSE、正弦 SIN 和噪声 NOISE。

为了说明这些测试函数的含义、使用方法、函数的特点以及预期测试结果,下面以一个简化的库存模型为例讨论刚才提出的问题。

简化的库存模型流图如图 9.8 所示。

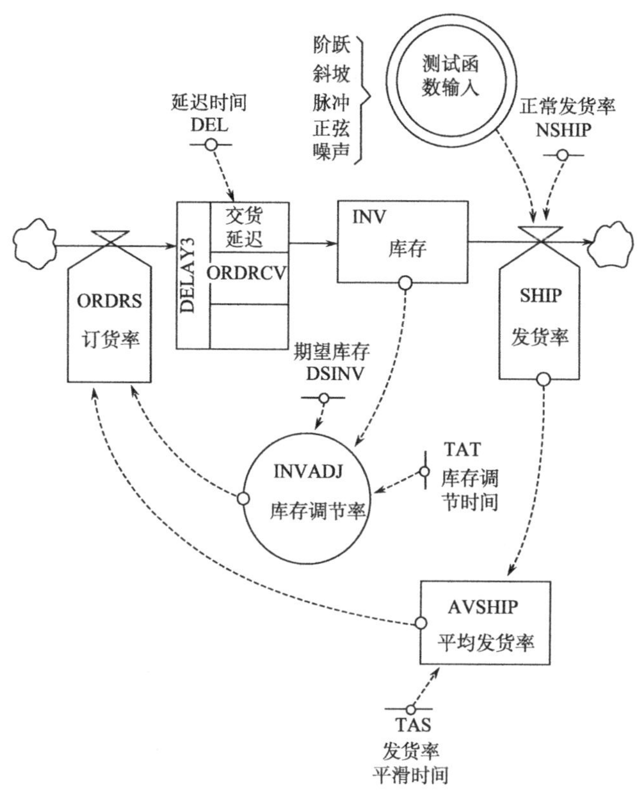

图 9.8 简单库存控制系统模型流图

下面给出简单库存控制系统模型的方程式清单，这里不准备仔细说明这些方程式的组建过程，读者可自行研究图 9.8 与模型方程式清单，首先弄清模型的基本结构进而读懂与其对应的方程表达式。在此只对变化率订货变量 ORDRS 的来历略加说明。从模型方程清单中可知：

R　　ORDRS. KL = AVSHIP. K + INVADJ. K

A　　AVSHIP. K = SMOOTH(SHIP. JK，TAS)

A　　INVADJ. K = (DSINV—INV. K)

式中，ORDRS 为订货率(件/周)；AVSHIP 为平均发货率(件/周)；SHIP 为发货率(件/周)；INAVDJ 为库存调节率(件/周)；DSINV 为期望库存(件)；INV 为库存(件)；TAS 为发货率平滑时间(周)；TAT 为库存调整时间(周)。

隐含在这一组方程中的思想是，订货率 ORDRS 等于平均发货率加上库存调节率 INVADJ。当库存 INVi 小于期望库存 DSINVj 时，INVADJ 值为正。ORDRS 值高于近期的平均发货率，使库存量增长并趋向期望值；若 INV 大于 DSINV，则产生与上述相反的过程，使库存量 INV 降低，最终也趋向于期望值 DSINV。

发货率 SHIP 方程包含测试函数，测试函数系一长串函数的相加，模拟时可选用其中任一函数。这些函数分别乘以常数 TEST1，TEST2，…，它们的初值均为 0，当模型运行者欲选用某测试函数时只需将其相应常数置为 1 即可。

9.3 系统动力学仿真主要环节与建模步骤

9.3.1 系统动力学仿真的主要环节

1. 确定流位量和速率

系统动力学模型是由因果反馈回路相互连接和作用构成的。一个反馈回路一定包含两个基本变量:一个是流位变量,另一个是速率变量,这两个基本变量是构成反馈回路的必要条件。

(1) 流位变量。流位变量表示对象系统在某一特定时刻的状态,而速率变量则表示某个流位变量变化的快慢。如果用“流”的概念看待流位变量,则流位量是系统流的积累,所以,也可以将流位量称作状态变量,它等于流的流入率与流出率的差额。或者说,流位变量的大小就是系统内各种行动或活动结果的积累。流位变量不可能自我产生瞬间变化,它必须由速度与流出率的差额。或者说,流位变量的大小就是系统内各种行动或活动结果的积累。不过,速率变量并不直接决定流位变量现在时刻的大小,而是决定流位量的斜率,即单位时间内流位变量的变化量。因此,流位变量的当前值可以说是过去流经流位变量的速率变量的累积,是由前一时刻的流位变量值加上由前一时刻到现在时刻这段时间内流经流位变量的速率量的数值决定的。

(2) 速率变量。流位变量的现实数值与任何其他流位量的数值都没有直接的关系,因此,任何两个流位量如果相互影响,必然含有一个速率变量连接这两个流位变量。

由于流率之间不可能也不会相互影响,速率变量之间也不能相互影响。事实上,没有任何流体的瞬间流率能够在瞬间加以度量,一般都需要一定的度量间隔,因此,流率其实是某个时间间隔内速率变量,一般都需要一定的度量间隔,因此,流率其实是某个时间间隔内速率变量的平均值。

速率变量可以借助速率方程表示。速率方程描述了系统行动政策说明,即速率决策所根据的原则或方式。一个速率方程式是一个政策表达式,即速度方程如何产生“决策流”。

在确定速率变量和流位量的构造之前,弄清楚速率变量与流位变量之间的关系,了解区分这两个变量的方法很有必要。首先,速率变量是控制流位变量的变量,因此流位量和速率变量必须同时存在,而且相间设置。其次,确定动力学系统的一个要素是流位量还是速率变量不能用其容量单价来衡量,通常采用下述方法区分这两个变量。

由于速率变量是一个行动变量,因此,当行动停止下来,速率变量的作用也就终止或消失。而流位量是过去所有行动结果的积累,即使现在没有行动,流位变量仍然存在并且能观察到。所以,系统在静止状态下仍然存在并且观察得到的量就是流位变量。确定了流位量以后,再分析影响或改变流位变量的因素或动力,这些因素或动力就是速率变量。

2. 确定系统构造

一般地，状态变量的基本构造是流的积累和输入流、输出流；速率变量的基本构造是系统决策目标、系统现状观察的结果、目标与现状的差距，以及由这种差异引起的期望行动，如图9.9所示。

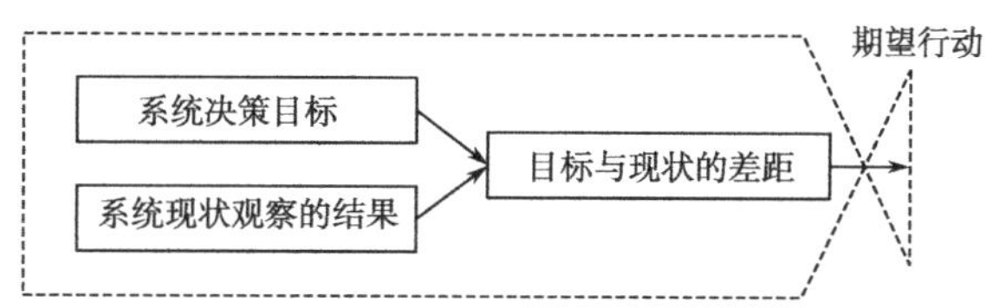

图9.9　速率变量的基本构造

3. 建立方程式

因果图和流图用于简明地描述出系统各要素间的逻辑关系与系统构造，方程式则用于定量分析系统动态行为，实现由系统流图设计到方程式的转化。

建立方程式是把模型结构"翻译"成数学方程式的过程，把非正规的、概念的构思转换成正式的、定量的数学表达式——规范模型，其目的在于使模型能用计算机模拟(或得到解析解)，以研究模型假设中隐含的动力学特性，并找到解决问题的方法与对策。从更真切地描述客观事物的意义上说，规范模型要精确得多，它可以利用计算机一步一步算出变量随时间的变化。另外，建立方程阶段所必需的精确性也迫使构模者清晰地思维，从而加深对系统结构的了解。

系统动力学首先要描述的是系统的状态即流位，"流位"是由系统内物质流的流动情况所决定的。对应每个系统状态或每个物质流经的流位实体，都江堰市有如同水箱一样的结构(图9.10)，此结构说明，系统的流位由流入、流出流决定，而流入流与流出流又分别受流率$R_{\text{in}}^{(r)}(t)$和$R_{\text{out}}^{(r)}(t)$的控制。因此，有如下流位方程式，即

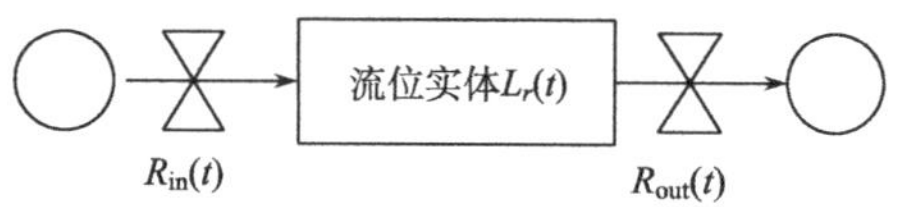

图9.10　"水箱"结构图

$$\dot{L}_r(t) = R_{\text{in}}^{(r)} - R_{\text{out}}^{(r)}(t) \tag{9.1}$$

式中，$r=1,2,\cdots,n$，n为系统流位变量的个数。

$R_{\text{in}}^{(r)}(t)$和$R_{\text{out}}^{(r)}(t)$的表达式是一组代数方程，即

$$R_{\text{in}}^{(t)}(t) = R_{\text{in}}^{(r)}(V_1(L_1, L_2\cdots, L_n; t)\cdots V_m(L_1, L_2\cdots, L_n; t))$$

$$R_{\text{out}}^{(r)}(t) = R_{\text{out}}^{(r)}(V_1(L_1, L_2, \cdots, L_n; t), \cdots V_m(L_1, L_2, \cdots, L_n; t)) \tag{9.2}$$

式中，$r=1,2,\cdots,n$；$V_i(i=1,2,\cdots,m)$为系统的m个辅助变量，它们由m个代数方程来描述，即

$$V_1 = V_1(L_1, L_2, \cdots, L_n; t), \quad i = 1,2,\cdots,m \tag{9.3}$$

方程式(9.1)、式(9.2)和式(9.3)组成了系统动力学的数学模型，分别称为系统的状态方

程(或流位方程)、流率方程和辅助方程。对系统的各状态赋以初值,就可以对方程式(9.1)求解,得到系统状态随时间变化的动态过程。

值得指出的是,方程式(9.1)对系统的描述完全是依据系统流量图而得出的。因此,可以说,系统流图是由现实系统的因果关系描述过渡到系统数学模型的桥梁。这就是系统动力学中系统流图的独特之处。越是复杂的系统,流图就优越性就越突出。

9.3.2 系统动力学建仿真的建模步骤

系统动力学建模步骤如下(图 9.11):

(1) 确定系统目标。主要包括预测系统的期望状态、观测系统的特征、弄清系统中的问题所在、划定问题的范围和边界、选择适当的变量等。

(2) 分析系统中的因果关系。在明确系统目标和系统问题后,就可根据系统边界诸要素之间的相互关系,描述问题的有关因素、解释各因素间的内在关系、画出因果关系图、隔离和分析反馈环路及它们的作用。

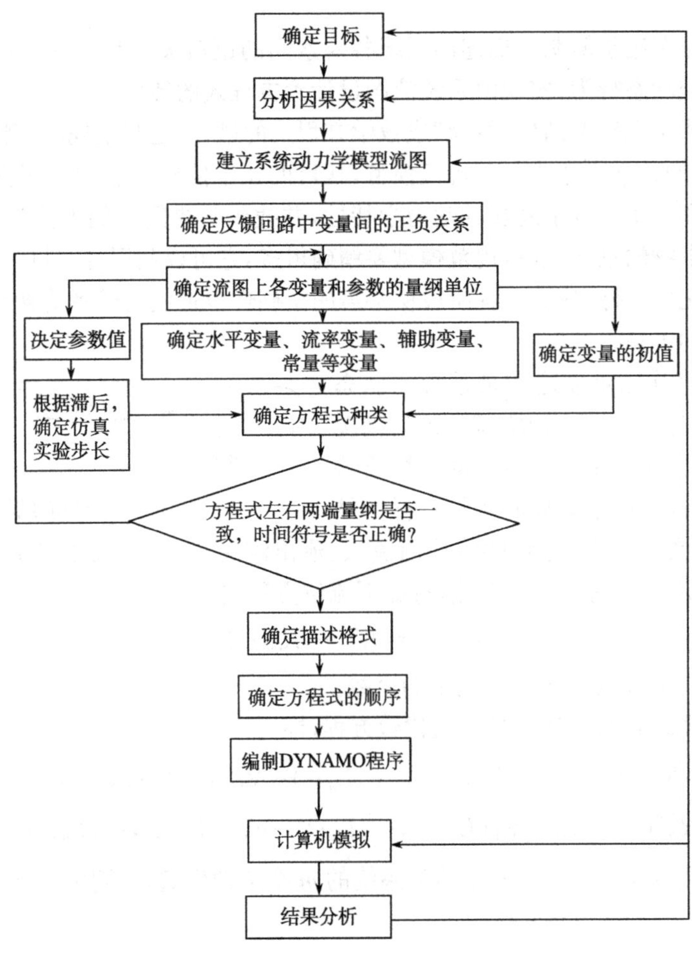

图 9.11 系统动力学建模与仿真流程图

(3) 建立系统动力学模型。建立流图，构造 DYNAMO 语言方程式。所谓建模就是要确定各反馈环中的流位与流率。

(4) 计算机模拟。将 DYNAMO 语言方程式和原始数据及相关数据(变量)在计算机上多方案模拟实验，得出结果，绘制结果曲线图，修改程序(方程式)，调整数据(变量)，进行反复模拟实验。

(5) 分析结果。通过对结果的分析，不仅可发现系统的构造错误和缺陷，而且还可找出错误和缺陷的原因。根据结果分析情况，如果需要，就对模型进行修正，然后再作仿真实验，直至得到满意的结果。

9.4　系统动力学仿真实例

下面以一个地区的林业系统作为实例，介绍系统动力学仿真设计过程。

9.4.1　系统描述

对于一个地区的林业系统，这里仅以提高生态效益指标——森林覆盖率为目标来研究这个系统。这个地区有大片的宜林荒地、已造林未来成林地及森林地。这三个量可作为系统流位变量，因为这三个量完全描述了系统过去、现在和将来的林业系统状况，即它们具有流位变量的特征，而且符合最小集合和独立性原则。

发展该地区的林业，其目的在于改善该地区的生态环境，并使其达到期望的森林覆盖率。

9.4.2　因果关系图绘制

为了实现这个林业系统的目的，就必须有保证造林速率的实施方案和对森林的保护措施。因此，系统中除了包含有宜林荒地、造林面积与森林面积三个要素外，还必须包含有其他有关的要素。通过分析可得该系统的因果关系图，如图 9.12 所示。从图 9.12 可见，该系统由两个负反馈环和一个正反馈环相互耦合而成。负环 1 使宜林荒地地不断减少。负环 2 又使期望森林面积的偏差不断缩小。正环通过“造林要求”到“造林面积”使森林面积增加同时也增加了毁林的可能生(包括自然毁林与人为毁林)，而毁林的可能性又受森林管理措施和管理水平的影响。

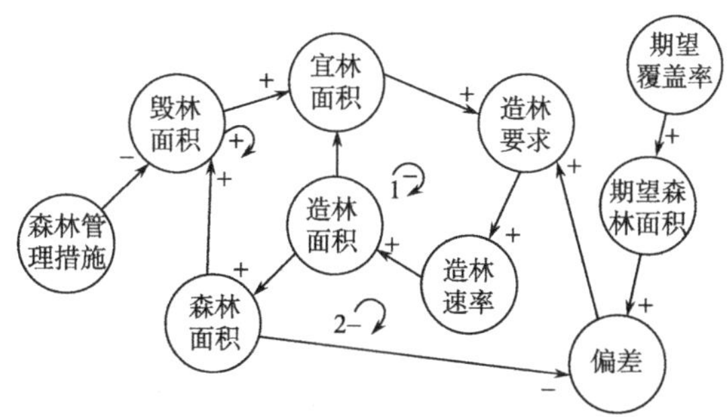

图 9.12　林业系统的因果关系图

9.4.3 系统流图绘制

根据因果关系图可以绘制出林业系统的流图，如图 9.13 所示。

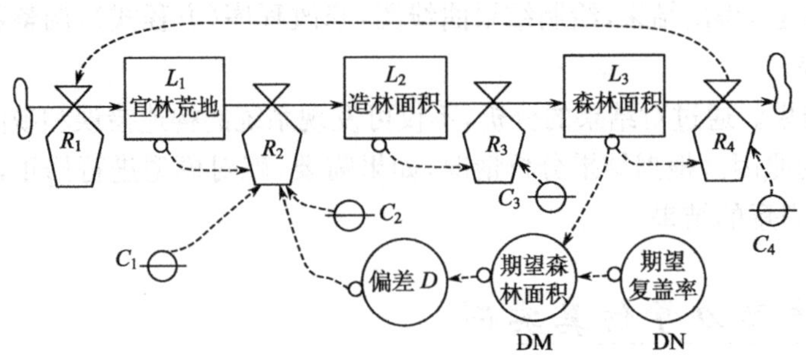

图 9.13 林业系统 SD 图

图 9.13 中，L_1、L_2、L_3 代表林业系统的三个流位变量；R_1 代表 L_1 的增加率；R_2 代表 L_1 的减少率，同时也是 L_2 的增加率；R_3 代表 L_3 的增加率，同时也是 L_2 的减少率；R_4 代表 L_3 的减少率；D、DM、DN 为辅助变量；C_1 和 C_2 是与造林方案有关的常数；C_3 是从造林面积的时间延滞常数；C_4 是森林管理措施与水平有关的常数，它代表毁林率。

9.4.4 系统模型的建立

根据如图 9.13 所示的林业系统动力学流图，我们可得到它的数学模型。

从图 9.13 可见，宜林荒地 L_1 的变化率 $\dot{L}_1$ 应等于增加率 R_1 减去减少率 R_2，即

$$\dot{L}_1 = R_1 - R_2 \tag{9.4}$$

同样可得

$$\dot{L}_2 = R_2 - R_3 \tag{9.5}$$

$$\dot{L}_3 = R_3 - R_4 \tag{9.6}$$

而且从图 9.13 可知，宜林荒地的增加率 R_1 应等于毁林率，即

$$R_1 = R_2 \tag{9.7}$$

R_3 等于单位时间造林面积过渡到森林面积的数量，即

$$R_3 = L_2 / C_3 \tag{9.8}$$

若 C_4 表示单位时间毁林面积与森林面积的比率，则森林面积的减少率为 R_4 为

$$R_4 = C_4 \cdot L_3 \tag{9.9}$$

再研究 R_2 的表达式，它是与造林决策方案有关的量。下述表达式表示一种决策，即

$$R_2 = \begin{cases} L_1 / C_1, & 当\ D < D_{\min} \\ D / C_2, & 当\ D < D_{\min} \end{cases} \tag{9.10}$$

式中，$D_{\min}$ 为给定的最小偏差；C_2 为 D 达到 $D_{\min}$ 的时间延滞常数；C_1 为宜林荒地改造或造林地时间延滞常数。改变 C_1、C_2 及 $D_{\min}$ 的值可以得到不同的决策方案。在式(9.10)

中，有

$$D = \mathrm{DW} - L_3 \tag{9.11}$$

式中，DW 为期望的森林面积。

在系统动力学中，式(9.4)～式(9.6)称为状态(或流位)方程；式(9.7)～式(9.10)称为流率方程；式(9.11)称为辅助方程。

设 L_1, L_2, L_3 的初值为

$$L_1(0) = C_5 \tag{9.12}$$

$$L_2(0) = C_6 \tag{9.13}$$

$$L_3(0) = C_7 \tag{9.14}$$

在系统动力学中，式(9.12)～式(9.14)称为初值方程。因此，式(9.7)～式(9.14)统称为林业系统的数学模型。

9.4.5　系统模型的求解

系统动力学的数学模型主要是一阶常微分方程组，见式(9.4)～式(9.6)。选择仿真算法(如欧拉法)将其离散，便得到差分流位方程，由此方程，可以从起始时刻开始计算，采用时间步的方法逐步求出任意时刻的流位值。对于高阶系统，可先将其方程变换为一阶微分方程组，然后应用上述方法。

关于“过去”、“现在”的时间表示，在系统动力学专用仿真语言 CYNAMO 中有下述专门的时间标注：

K 表示在时刻；

J 表示相对于 K 时刻一个 DT 的过去时刻；

L 表示相对于 K 时刻一个 DT 的过去时候；

JK 表示由 J 到 K 的时间间隔；

KL 表示由 K 到 J 的时间间隔。

这里，DT 是取定的等距时间间隔。

下面用 DYAMO 语言编写的求解林业模型的计算程序。

```
*   TREE MODEL
NOTE
L  L1.K = L1.J + (DT)(R1.JK - R2.JK)
N  L1 = 30
R  R1.KL = = R4.JK
N  R4 = 0.05
R  R2.KL = CLIP(D.K,0,D,K,DMIN)/C2 + CLIP(0,L1.K,D.K,DMIN)/C1
C  C1 = 10
C  C2 = 3
C  DMIN = 0.5
NOTE
L  L2.K = L2.J + (DT)(R2.JK - R3.JK)
```

```
N  L2 = 8
R  R3.KL = L2.K/C3
C  C3 = 6
NOTE
L  L3.K = L3.J + (DT)(R3.JK - R4.JK)
N  L3 = 25
R  R4.KL = L3.K * C4
C  C4 = 0.005
A  D.K = DW - L3.K
C  DW = 40
OPT  PR,PLW = 50
SPEC  DT = 1,LENGTH = 120,PRTPER = 5,PLTPER = 3
PRINT  L1,L2,L3
PLOT  L1 = 1/L2 = 2/L3 = 3
PRN  FIRST
C     C4 = 0.05
RUN  SECOND
NOTE
C  C1 = 5
C = DMIN = 5
RUN  THIRD
```

习题与思考题

1. 试举出一个开环系统和一个闭环系统(反馈系统)的实例。

2. 系统仿真在系统分析中起什么作用?

3. 系统动力学的基本思想是什么?

4. 请举例说明系统动力学的建模原理。

5. 系统动力学为什么引入专用函数?

6. 如何理解系统动力学在我国现实的社会经济和组织管理系统分析中更具有方法论意义?

7. 中国出口导致的美元外汇增加速率用 I 表示,进口导致美元外汇支付速率用 E 表示,美元外汇储备量用 D 表示,试用 DYNAMO 语言表示中国美元外汇当前储备量。

8. 试述系统动力学建模仿真的步骤。

9. 已知如下的部分 DYNAMO 方程:

```
MT · K = MT · J + DT * (MH · JK - MCT · JK)
MCT · KL = MT · K/TT · K
TT · K = STT * TEC · K
ME · K = ME · J + DT * (MCT · JK - ML · JK)
```

其中，MT 表示培训中的人员(人)、MH 表示招聘人员速率(人/月)、MCH 表示人员培训速率(人/月)、TT 表示培训时间、STT 表示标准培训时间、TEC 表示培训有效度、ME 表示熟练人员(人)、ML 表示人员脱离速率(人/月)。请画出对应的 SD 流图。

10. 教学型高校的在校本科生和教师人数(S 和 T)是按一定的比例而相互增长的。已知某高校现有本科生 100 00 名，且每年以 SR 的幅度增加，每一名教师可引起本科生人数增加的速率是 1 人/年。学校现有教师 1500 名，每个本科生可引起教师增加的速率(TR)是 0.05 人/年。请用 SD 模型分析该校未来几年的发展规模，要求：

(1) 画出因果关系图和流图。

(2) 写出相应的 DYNAMO 方程。

(3) 列表对该校未来 3～5 年的在校本科生和教师人数进行仿真计算。

(4) 请问该问题能否用其他模型方法来分析?

参考文献

丛爽. 2009. 面向MATLAB工具箱的神经网络理论与应用. 合肥:中国科学技术大学出版社

戈登. 1982. 系统仿真. 杨金标译. 北京:冶金工业出版社

郭齐胜. 2003. 系统建模原理与方法. 长沙:国防科技大学出版社

郭仕剑,邱志模,陆静芳,等. 2008. MATLAB入门与实践. 北京:人民邮电出版社

韩慧君. 1985. 系统仿真. 北京:国防工业出版社

贺建勋. 1995. 系统建模与数学模型. 福州:福建科学技术出版社

蒋宗礼. 2008. 人工神经网络导论. 北京:高等教育出版社

雷英杰,张善文,李续武,等. 2005. MATLAB遗传算法工具箱及应用. 西安:西安电子科技大学出版社

刘思峰,Jeffery F. 2011. 不确定性系统与模型精细化误区. 系统工程理论与实践,31(10):1960～1965

刘思峰,党耀国,方志耕,等. 2010. 灰色系统理论及其应用(第五版). 北京:科学出版社

刘思峰,李炳军,等. 1998. 区域主导产业评价指标与数学模型. 中国管理科学. 6(2): 8～13

刘思峰,唐学文,袁朝清,等. 2004. 我国产业结构的有序度研究. 经济学动态,5:53～56

刘思峰,谢乃明,F. Jeffery. 2010. 基于相似性和接近性视角的新型灰色关联分析模型. 系统工程理论与实践,30(5):881～887

刘思峰,谢乃明. 2011. 基于改进三角白化权函数的灰评估新方法. 系统工程学报,26(2):244～250

刘思峰,袁文峰,盛克勤. 2010. 一种新型多目标智能加权灰靶决策模型. 控制与决策,25(8):1159～1163

刘思峰,朱永达. 1993. 区域经济评估指标三角隶属函数评估模型. 农业工程学报,9(2): 8～13

罗国勋. 2011. 系统建模与仿真. 北京:高等教育出版社

裴鹿成,王仲奇. 1998. 蒙特卡罗方法及其应用. 北京:海洋出版社

彭晓源. 2006. 系统仿真技术. 北京:北京航空航天大学出版社

齐欢,王小平. 2004. 系统建模与仿真. 北京:清华大学出版社

宋承龄. 1989. 系统仿真. 北京:国防工业出版社

王其藩. 2009. 系统动力学. 上海:上海财经大学出版社

王小平,曹立明. 2005. 遗传算法——理论、应用与软件实现. 西安:西安交通大学出版社

吴重光. 2008. 系统建模与仿真. 北京:清华大学出版社

夏安邦. 2008. 系统建模理论与方法. 北京:机械工业出版社

肖田元,范文慧. 2010. 系统仿真导论. 北京:清华大学出版社

熊光楞,等. 1991. 连续系统仿真与离散事件系统仿真. 北京:清华大学出版社

薛定宇,陈阳泉. 2011. 基于MATLAB/Simulink的系统仿真技术与应用(第2版). 北京:清华大学出版社

张德丰. 2010. MATLAB/Simulink建模与仿真实例精讲. 北京:机械工业出版社

赵岩,薛惠锋. 2011. 林区经济与环境系统动力学模型仿真与调控. 计算机仿真,28(6): 365～370

钟永光,贾晓菁,李旭,等. 2009. 系统动力学. 北京:科学出版社

朱大奇,史慧. 2008. 人工神经网络原理及应用. 北京:科学出版社

Banks J,Carson J S. 2007. 离散事件系统仿真. 肖田元,范文慧译. 北京: 机械工业出版社

Beucher O,Weeks M. 2007. Introduction to MATLAB and Simulink,A Project Approach(3rd ed.). Burlington: Jones & Bartlett Publishers

Chaturvedi D K. 2010. Modeling and Simulation of Systems Using MATLAB and Simulink. Boca Raton:CRC Press

Colgren R. 2006. Basic Matlab,Simulink and Stateflow. Reston: American Institute of Aeronautics & As

Haykin S. 1999. Neural Networks: A Comprehensive Foundation,Second Edition. New Jersey: Prentice Hall

Kelton W D,Sadowski R P. 2007. 使用 Arena 软件仿真. 周泓译. 北京:机械工业出版社

Law A M. 1987. 模拟系统的建模与分析. 惠益民,等译. 北京:清华大学出版社

Liu S F,Yi L. 2006. Grey Information: Theory and Practical Applications. New York:Springer

Liu S F. 2006. On index system and mathematical model for evaluation of scientific and technical strength. Kybernetes,35(7-8): 1256~1264

附 录

课程实验

实验一　导弹运行系统的 MATLAB 仿真

实验目的:学会使用 MATLAB 对连续系统进行仿真,加深理解连续系统仿真的原理及特点。

实验背景:设位于坐标原点的甲舰向位于 x 轴上点 $A(1,0)$ 处的乙舰发射导弹,导弹头始终对准乙舰。如果乙舰以最大的速度 v_0(是常数)沿平行于 y 轴的直线行驶,导弹的速度是 $5v_0$,求导弹运行的曲线方程,并求乙舰行驶多远时,导弹将它击中?

实验步骤:

步骤 1:模型建立。

设导弹在 t 时刻的位置为 $P(x(t),y(t))$,乙舰位于 $Q(1,v_0t)$。

由于导弹头始终对准乙舰,故此时直线 PQ 就是导弹的轨迹曲线弧 OP 在点 P 处的切线,有 $y'=\frac{v_0t-y}{1-x}$,即

$$v_0t=(1-x)y'+y \tag{F.1}$$

又根据题意,弧 OP 的长度为 $|AQ|$ 的 5 倍,即

$$\int_0^x\sqrt{1+y'^2}\,\mathrm{d}x=5v_0t \tag{F.2}$$

由式(F.1)和式(F.2)消去 t 整理得模型

$$(1-x)y''=\frac{1}{5}\sqrt{1+y'^2} \tag{F.3}$$

初值条件为 $y(0)=0,y'(0)=0$。

令 $y_1=y,y_2=y'_1$,将方程(F.3)化为一阶微分方程组。

$$(1-x)y''=\frac{1}{5}\sqrt{1+y^2}\Rightarrow\begin{cases}y'_1=y_2\\ y_2{}'=\frac{1}{5}\sqrt{1+y_1^2}/(1-x)\end{cases}$$

步骤 2:MATLAB 实现。

(1) 单击 File→New→Function M-file,建立 m 文件 eq1. m 如图 F. 1 所示。

```
function [ output_args ] = Untitled2( input_args )
%UNTITLED2 Summary of this function goes here
%   Detailed explanation goes here

end
```

图 F. 1　m 文件 eq1. m 建立

(2) 在 m 文件 eq1. m 中输入 MATLAB 源码,定义函数如图 F. 2 所示。

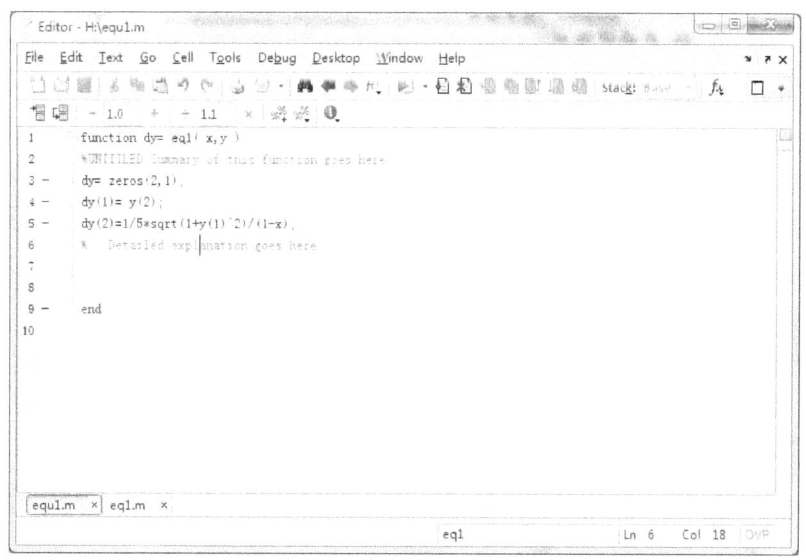

图 F. 2　定义函数

(3) 如图 F. 1 建立主程序 ff6. m,并输入源码如图 F. 3 所示。

(4) 运行主程序 ff6. m,点击上图中的绿色箭头按钮,即可得到导弹的运行轨迹,如图 F. 4 所示。

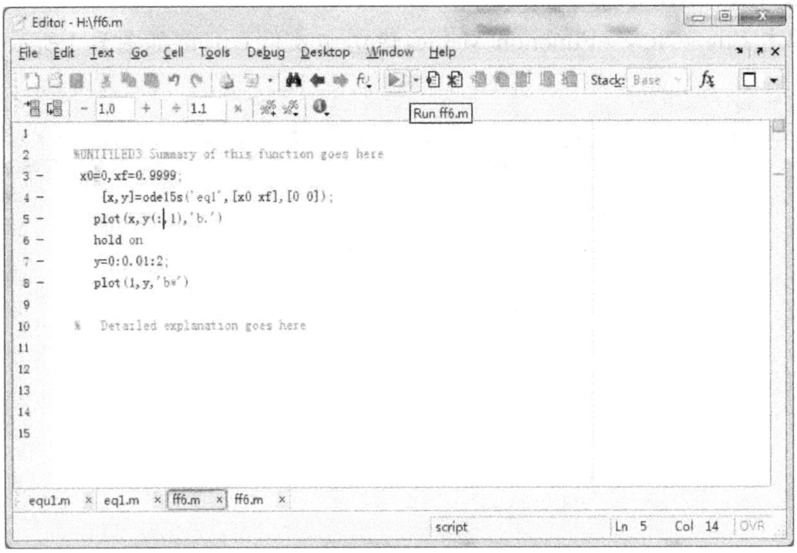

```
%UNTITLED3 Summary of this function goes here
 x0=0,xf=0.9999;
   [x,y]=ode15s('eq1',[x0 xf],[0 0]);
  plot(x,y(:,1),'b.')
  hold on
  y=0:0.01:2;
  plot(1,y,'b*')

%  Detailed explanation goes here
```

图 F.3　源码输入

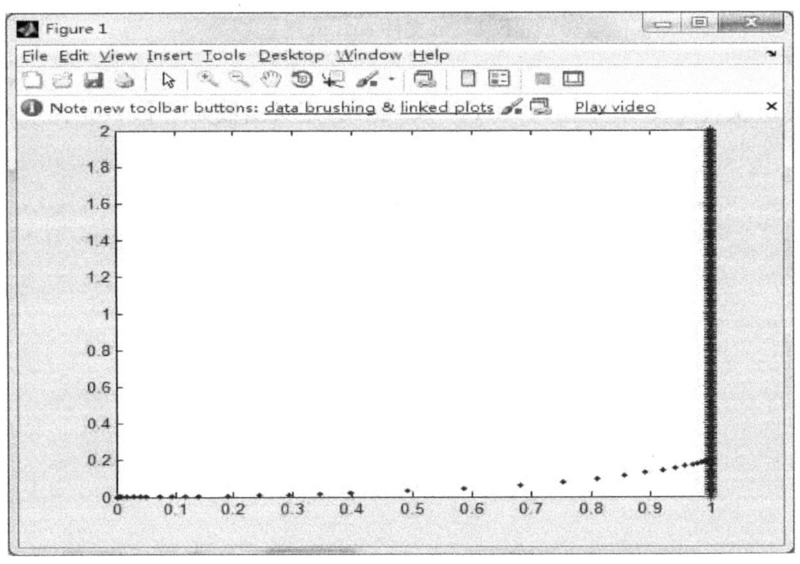

图 F.4　导弹运行轨迹模拟结果

实验二　多服务台排队系统的 MATLAB 仿真

实验目的：学会使用 MATLAB 对离散系统进行仿真，加深理解离散系统仿真的原理及特点。

实验背景：在该排队系统中，有多个服务台。顾客是逐个到达系统的，到达的时间间隔是随机的，且服从指数分布。所有到达的顾客排成一个队列，当有服务台空闲时，队首的顾客进入服务。顾客在服务台的服务时间服从指数分布。分析系统中顾客的平均等待时间，平均队长以及平均服务时间。

实验步骤：

步骤1：流程设计(图F.5)。

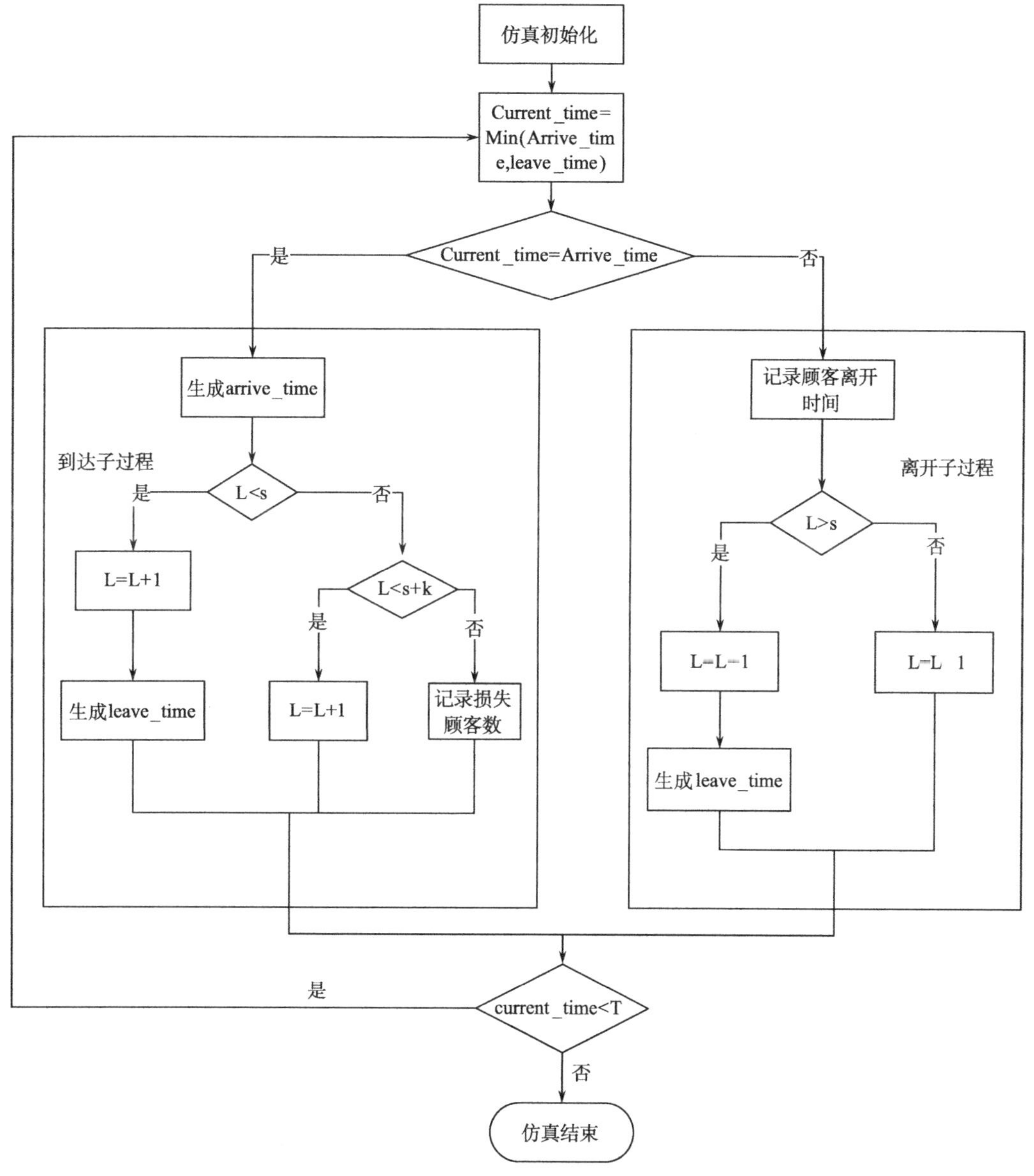

图F.5 多服务台排队系统仿真流程设计

步骤2：MATLAB实现。

```
% Matlab 源码
```

```
%假设顾客到达时间间隔和服务台服务时间均符合指数分布
function out = MMSkteam(s,k,mu1,mu2,T)
%多服务台
%s——服务台个数
%k——最大顾客等待数
%T——时间终止点
%mu1——到达时间间隔服从指数分布
%mu2——服务时间服从指数分布
% L——初始队长;

%初始化
arrive_time = exprnd(mu1); % arrive_time——顾客到达事件
leave_time = []; % leave_time——顾客离开事件
current_time = 0; %current_time——当前时间
L = 0; %L——队长
LL = [L]; %LL——队长序列
tt = [current_time]; %tt——时间序列
c = []; %c——顾客到达时间序列
b = []; %b——服务开始时间序列
e = []; %e——顾客离开时间序列
a_count = 0; %a_count——到达顾客数
b_count = 0; %b_count——服务顾客数
e_count = 0; %e_count——损失顾客数

%仿真过程
while min([arrive_time,leave_time])<T
    current_time = min([arrive_time,leave_time]);
    tt = [tt,current_time];      %记录时间序列
    if current_time = = arrive_time                 %顾客到达子过程
        arrive_time = arrive_time + exprnd(mu1);    % 刷新顾客到达事件
        a_count = a_count + 1; %累加到达顾客数
        if  L<s             %有空闲服务台
            L = L + 1;             %更新队长
            b_count = b_count + 1; %累加服务顾客数
            c = [c,current_time]; %记录顾客到达时间序列
            b = [b,current_time]; %记录服务开始时间序列
            leave_time = [leave_time,current_time + exprnd(mu2)]; %产生新的顾客离开事件
            leave_time = sort(leave_time); %离开事件表排序
        elseif L<s + k               %有空闲等待位
            L = L + 1;             %更新队长
            b_count = b_count + 1; %累加服务顾客数
            c = [c,current_time]; %记录顾客到达时间序列
```

```
        else                    %顾客损失
            e_count = e_count + 1; %累加损失顾客数
        end
    else                        %顾客离开子过程
            leave_time(1) = []; %从事件表中抹去顾客离开事件
            e = [e,current_time]; %记录顾客离开时间序列
            if  L>s     %有顾客等待
                L = L - 1;          %更新队长
                b = [b,current_time]; %记录服务开始时间序列
                leave_time = [leave_time,current_time + exprnd(mu2)];
                leave_time = sort(leave_time); %离开事件表排序
            else     %无顾客等待
                L = L - 1;          %更新队长
            end
    end
    LL = [LL,L];   %记录队长序列
end

%仿真结果输出
length(e);
length(c);
Wq = sum(b - c(1:length(b)))/length(b); %平均等待时间
Wb = sum(e - b(1:length(e)))/length(e); %平均服务时间
Ls = sum(diff([LL,T]). * LL)/T; %平均队长
out = [Wq,Wb,Ls];
```

实验三　灰色系统建模软件下载与安装

实验目的:查找、登陆南京航空航天大学灰色系统研究所网站,登录并下载(免费)、安装灰色系统建模软件,正确输入数据。

实验步骤:

步骤1:搜索"南京航空航天大学灰色系统研究所"或直接登陆:http://igss.nuaa.edu.cn。

步骤2:若用户尚无账号及密码,此时需要点击登录窗口的"用户注册"进行免费注册(B/S);若用户忘记密码,则可以通过登录窗口的"找回密码"功能实现密码的找回(B/S)。以下是系统的登录窗口(图F.6)及登录流程图(图F.7)。

步骤3:用户成功登录之后,进入系统主界面(图F.8),灰色系统理论的各个模块(及其子模块)主要通过菜单的方式进行调用和管理。图F.9显示的是系统中子模块的使用流程图。

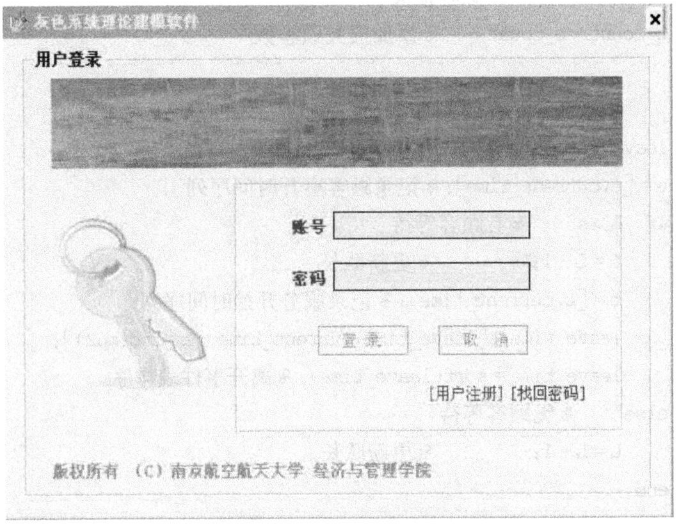

图 F.6 用户登录窗口

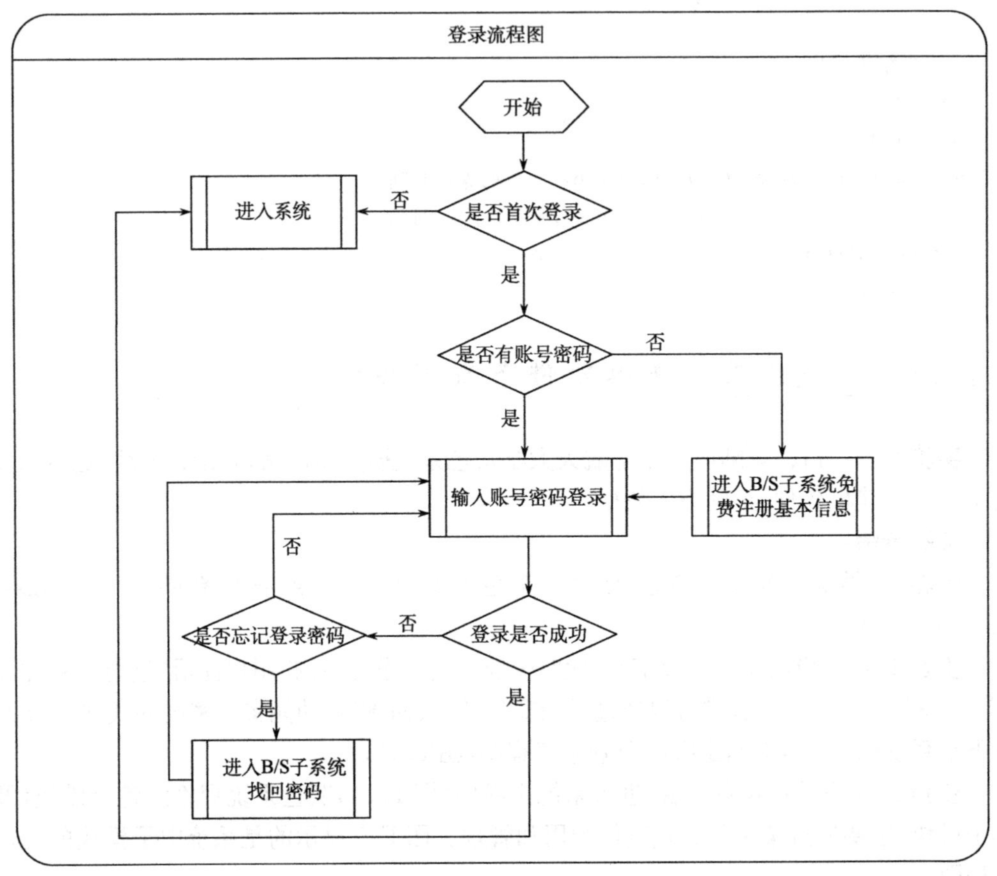

图 F.7 登录流程图

图 F.8 系统主界面

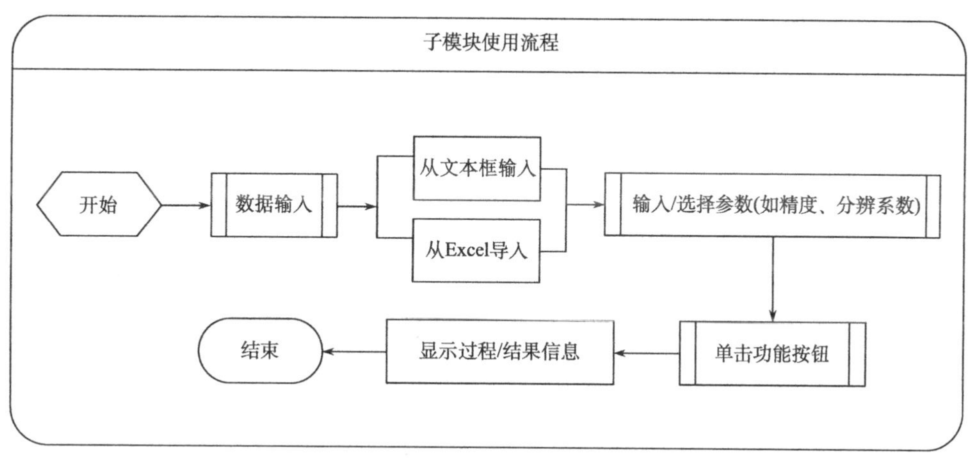

图 F.9 子模块使用流程

步骤 4:输入数据。建立模型之前,需要首先向系统输入数据以及设置系统参数。系统分别提供了两种数据输入方式,即直接通过系统提供的控件进行数据输入以及通过 Excel 文件从外部导入数据,现在分别介绍这两种输入方式。

1) 从控件中输入数据

在 VisualC#中,有两种控件支持直接输入数据:一种是文本框(Textbox)控件;一种是组合框(ComboBox)控件。Textbox 控件是用于创建被称为文本框的标准 Windows 编辑控件,用于获取用户输入或者显示的文本信息。在文本框中输入数据时,用鼠标右键点击文本框,看到光标在文本框中闪动之后即可进行数据输入。

Windows 窗体的组合框控件主要用于在下拉列表框中显示数据。默认情况下,ComboBox 控件由两个部分构成:顶部是一个允许用户输入数据的文本框,下面部分是一个下拉列表框(ListBox),这是一个提供给用户进行选择的选项列表。由于组合框由上部的文本框以及下部的下拉列表框组合而成，因此称这种控件为“组合框”。用户在使用组合框进行数据录入的时候，首先检查下拉列表框中是否包含自己希望录入的数据，假如有则直接使用鼠标选中即可；否则，需要在组合框顶部的文本框中录入数据(具体录入过程与操作文本框类似，略)。

注意事项：在文本框或者组合框中录入数据的时候，需要首先将输入法状态调整为【半角】，在全角状态下录入的数据，系统将默认为非法数据，直接影响程序的正常运行，甚至导致无法预知的异常！

2) 从 Excel 文件中导入数据

文本框或者组合框只能接受小量的数据录入，对大批量的信息，使用文本框或者组合框，不仅数据的录入效率低，而且容易出错。为了解决本系统中大批量数据(在灰色聚类，灰色决策中经常需要大量信息)的录入问题，系统借助 Excel 强大的功能，先在 Excel 表中将需要的数据进行录入和编辑，然后再通过软件提供的接口将 Excel 表中的数据导入到系统。Excel 是微软公司的办公软件 Microsoft office 的组件之一，是由 Microsoft 为 Windows 和 Apple Macintosh 操作系统的电脑而编写和运行的一款试算表软件。直观的界面、出色的计算功能和图表工具，使 Excel 成为目前最流行的微机数据处理软件。通过 Excel，系统将比较方便地进行数据的录入。

一个 Excel 文件通常由三个表组成，表名分别为 Sheet1、Sheet2 和 Sheet3，当打开 Excel 文件的时候，通常显示的是表 Sheet1。在录入数据的时，按照系统的要求，在对应的行和列中录入相关的数据即可。当 Excel 文件中的数据录入完毕之后，可以使用系统提供的导入功能，将 Excel 文件中的数据导入到系统中。导入 Excel 文件时候，首先需要选择 Excel 文件所在的路径，确认路径之后，即可进行数据导入。数据导入的过程实际上就是，根据 Excel 文件的路径建立系统和 Excel 文件的连接并将其中的数据映射(绑定)到数据库控件 DataGridView 中的过程。

DataGridView 是 VisualC＃中的一个数据库控件，能实现将数据源中的数据完整的显示出来，通过 VisualC＃的 DataGridView 控件，实现了 Excel 文件中的数据在系统中的获取及显示。但是，本系统没有提供 DataGridView 中数据的编辑功能，换言之，假如在 DataGridView 中发现有数据录入错误，这个时候不能直接在 DataGridView 中对错误数据进行修改，而需要重新返回到 Excel 文件中，将错误数据修改之后重新导入。

注意事项：

(1) DataGridView 控件不具备编辑功能，对错误数据只能在 Excel 中修改后重新导入。

(2) 在 Excel 数据表中录入数据的时候，需要首先将输入法状态调整为【半角】，在全角状态下录入的数据，系统将默认为非法数据，直接影响程序的正常运行，甚至导致无法预知的异常。

(3) Excel 的表名只能为默认表名，即 Sheet1、Sheet2 和 Sheet3，不能做任何修改，否则将影响数据的正常导入。

(4) Excel 文件表中数据录入区域非常宽阔，但是我们通常只用到其中很少的一部分行和列，不能随便在其他区域出现任何内容(含空格字符)，否则将影响数据的正常导入。

实验四 灰色预测模型

实验目的：掌握主要灰色预测模型软件的使用方法和过程，并能够运用软件进行预测。

实验背景：贫信息、小样本预测问题，根据数据特点和结构，选择相应的灰色系统预测模型。

实验步骤：灰色预测模型软件的操作基本一致，现以 GM(1,1)模型为例说明如下。

步骤 1：在操作界面上方点击"灰色预测模型"，在菜单中选择 GM(1,1)模型。

步骤 2：在输入框中输入(或导入)数据。

步骤 3：点击"计算．模拟．预测"按钮，计算模型参数以及模拟值及模拟精度。

步骤 4：输入预测步长(预测值的个数)并点击"预测结果"得到预测值，图 F. 10 显示的是 GM(1,1)模型的操作界面。

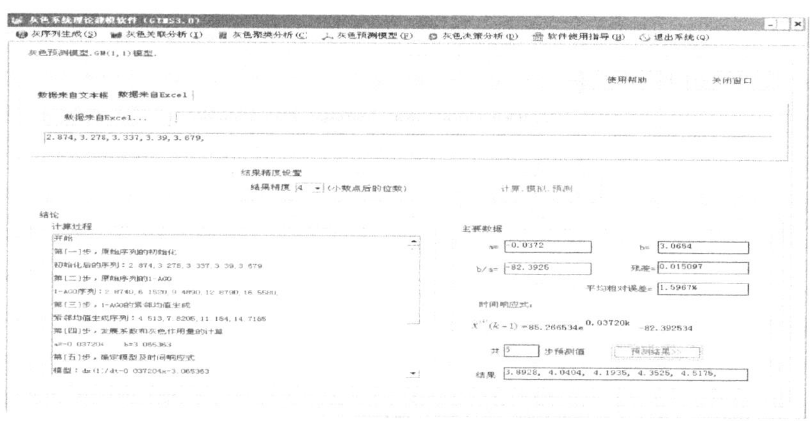

图 F. 10 GM(1,1)预测模型操作界面

实验五 灰色评估决策模型

实验目的：正确使用各种灰色关联分析、灰色聚类评估和多目标加权灰靶决策模型等。

实验内容：灰色关联分析模型；灰色聚类评估模型；多目标加权灰靶决策模型。

实验步骤：

(1) 灰色关联分析模型。

步骤 1：在操作界面上方点击"灰色关联分析模型"，在菜单中选择一种关联度。

步骤 2：通过 Excel 文件导入数据。图 F. 11 显示是 Excel 文件中数据的编辑格式。

步骤 3：点击"计算"按钮，即可得到结果。如果要对同一组数据计算不同的关联度，只需要点击相应的命令按钮即可。图 F. 12 显示的是完整的处理界面。

(2) 灰色聚类评估模型。

步骤 1：在操作界面上方点击"灰色聚类评估"，在菜单中选择一种模型。

步骤 2：通过 Excel 文件导入数据。灰色聚类评估软件仅提供了从 Excel 文件中导入

邓氏关联度.xls

	A	B	C	D	E
1	序列\数据项	数据1	数据2	数据3	数据4
2	序列1	45.8	43.4	42.3	41.9
3	序列2	39.1	41.6	43.9	44.9
4	序列3	3.4	3.3	3.5	3.5
5	序列4	6.7	6.8	5.4	4.7

图 F.11 数据格式

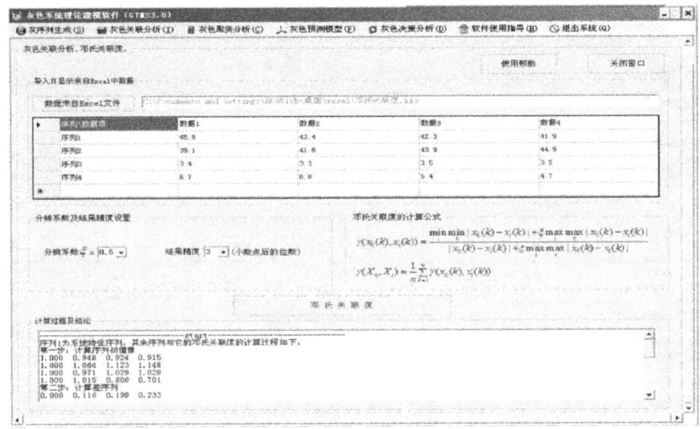

图 F.12 计算结果

数据这样一种方式。使用该部分功能的关键是正确的编辑 Excel 文件中的各类数据。在 Sheet1 中保存对象-指标数据(图 F.13),Sheet2 中保存对应的白化权函数(图 F.14),Sheet3 中保存指标的权重(图 F.15)。

灰色定权聚类.xls

	A	B	C	D	E
1	对象\指标	指标1	指标2	指标3	指标4
2	对象1	22.5	4	0	0
3	对象2	79.37	6	600	0.75
4	对象3	144	7	300	0.75
5	对象4	300	6.1	189	12
6	对象5	456	12	250	12
7	对象6	189	8	700	1.5
8	对象7	369	8	1300	2.25
9	对象8	1127.11	16.2	550	3
10	对象9	260	11	600	1
11	对象10	200	8	600	1.25
12	对象11	475	10	1000	0.75
13	对象12	314.1	8	900	0.75
14	对象13	282.8	7.4	1300	0.5
15	对象14	240	8	1200	0.5
16	对象15	160	5	1000	0.25
17	对象16	270	8	1200	0.25
18	对象17	9	1	200	0

图 F.13 数据格式

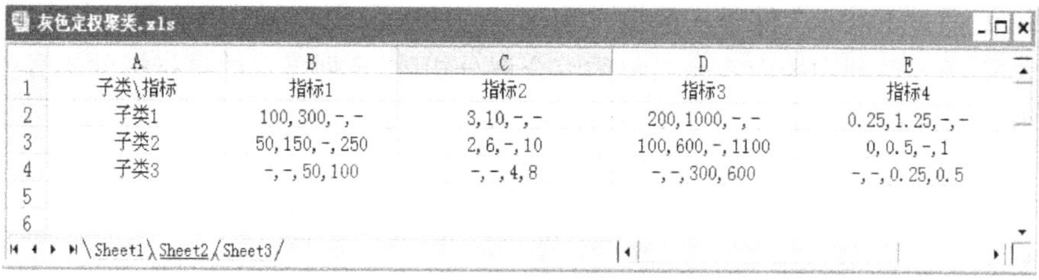

灰色定权聚类.xls

	A	B	C	D	E
1	子类\指标	指标1	指标2	指标3	指标4
2	子类1	100,300,-,-	3,10,-,-	200,1000,-,-	0.25,1.25,-,-
3	子类2	50,150,-,250	2,6,-,10	100,600,-,1100	0,0.5,-,1
4	子类3	-,-,50,100	-,-,4,8	-,-,300,600	-,-,0.25,0.5
5					
6					

Sheet1 Sheet2 Sheet3

图 F.14 白化权函数

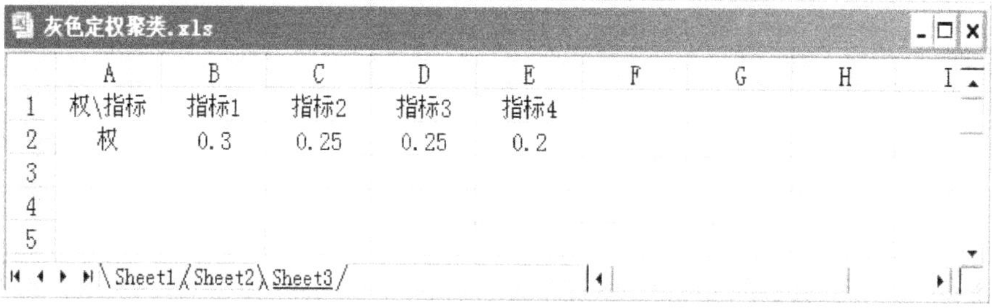

灰色定权聚类.xls

	A	B	C	D	E	F	G	H	I
1	权\指标	指标1	指标2	指标3	指标4				
2	权	0.3	0.25	0.25	0.2				
3									
4									
5									

Sheet1 Sheet2 Sheet3

图 F.15 指标权重

步骤 3:点击“计算”按钮,即可得到结果。图 F.16 显示的是灰色定权聚类的操作界面,对于灰色变权聚类及基于端点三角白化权函数和中心点三角白化权函数的灰色聚类评估模型操作类似。

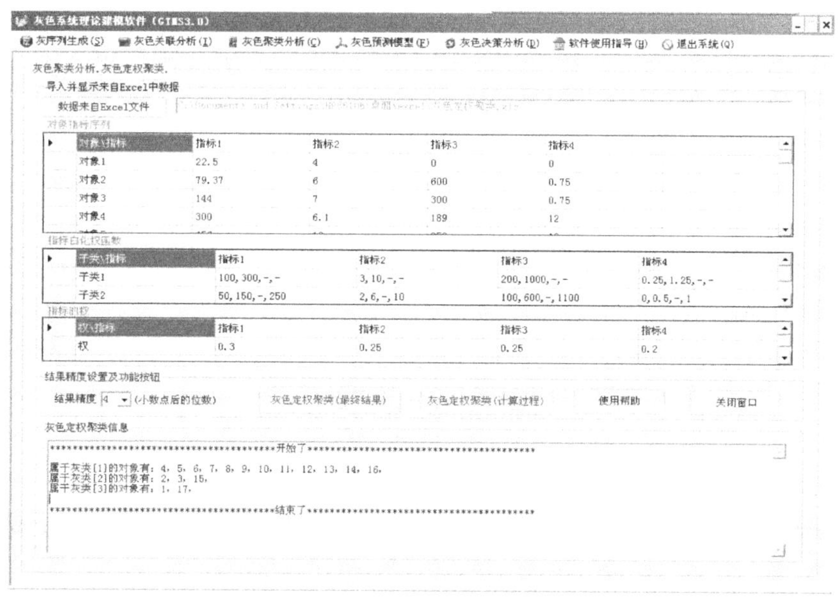

图 F.16 操作界面

(3) 多目标加权灰靶决策模型。

步骤 1:在操作界面上方点击“灰色决策模型”,在菜单中选择多目标加权灰靶决策模型。

步骤 2:通过 Excel 文件导入数据。在 Excel 的 Sheet1 表中,第一行是标题栏,表示数字的含义,A~D 列中的内容是局势的综合评分矩阵,E 列显示的是指标的临界值,F 列中的内容是指标对应的权重,G 列显示的是指标的测度类型。用户在使用该部分功能的时候,一定要按照图 F.17 中排列顺序排列原始数据。

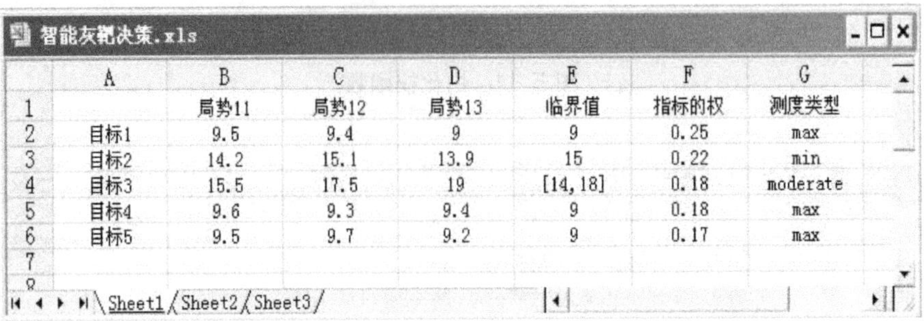

智能灰靶决策.xls

	A	B	C	D	E	F	G
1		局势11	局势12	局势13	临界值	指标的权	测度类型
2	目标1	9.5	9.4	9	9	0.25	max
3	目标2	14.2	15.1	13.9	15	0.22	min
4	目标3	15.5	17.5	19	[14, 18]	0.18	moderate
5	目标4	9.6	9.3	9.4	9	0.18	max
6	目标5	9.5	9.7	9.2	9	0.17	max

Sheet1 / Sheet2 / Sheet3

图 F.17 数据格式

步骤 3:点击“计算”按钮,即可得到结果。图 F.18 显示的是整个操作界面。

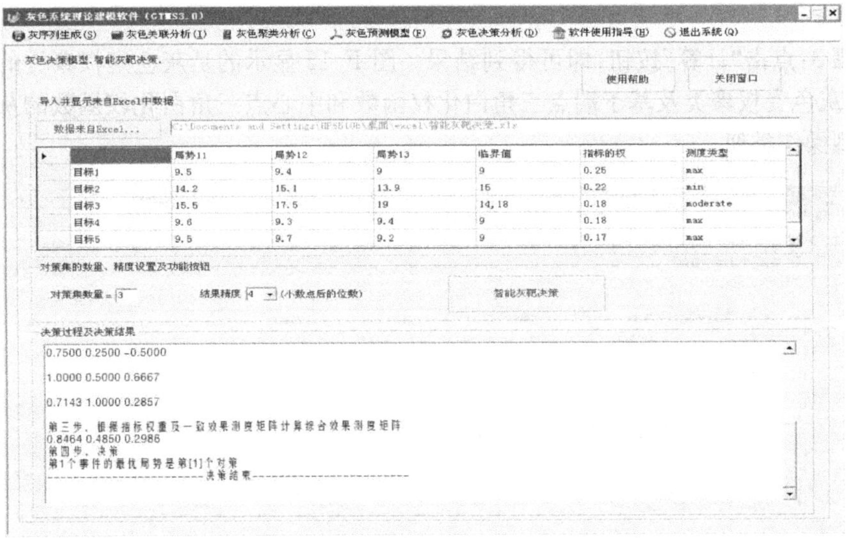

图 F.18 操作界面

实验六 使用 MATLAB 遗传算法工具箱解决管理问题

实验目的:使用 MATLAB 中的 gatool 遗传算法工具箱解决管理问题。

实验背景:这个问题涉及钉子如何装盒才能获得最大收益。假设有 6 种钉子,每种数量都足够多。它们的成本、售价和重量列于表 F.1。每盒钉子总数不能超过 30 支,每盒必须装 3 种钉子,盒中所装每种钉子的数量需在 5~10,且每盒钉子的总重量不得超过 20 盎司。

表 F.1

钉子类型/英寸	重量/盎司	成本/分	售价/分
4	1	4	8
3.5	0.85	3.5	6
3	0.7	3	5
2.5	0.5	2.5	4
2	0.25	2	3
1.5	0.1	1.5	2

实验步骤:

步骤1:打开MATLAB软件,新建立一个M文件,在M文件中输入以下内容并将其保存为sumvalue.m.

```
function scores = sumvalue(pop)
w = [1,0.85,0.7,0.5,0.25,1];
p = [4,2.5,2,1.5,1,0.5];
x = [0,0,0,0,0,0];
h = -1;
for i = 1:length(x)
    xtemp = 0;
    for j = (i-1)*4+1:i*4
        xtemp = xtemp + pop(j)*2^(j-(i-1)*4-1);
    end
    x(i) = xtemp;
end

if(sum(x)>30|sum(x.*w)>20)
    h = 0;
else
    t = 0;
    for i = 1:length(x)
        if(x(i)>0)
            t = t+1;
        end
        if((x(i)>0 & x(i)<5)|x(i)>10)
            h = 0;
            break;
        end
    end
    if(t~=3)
        h = 0;
    else if(h~=0)
```

```
            h = sum(x. * p)
            end
        end
    end
    scores = 0 - h;
```

步骤 2:在 MATLAB 命令行中输入 gatool,显示出遗传算法工具箱图形界面。

步骤 3:在 Fitness function 栏输入@sumvalue,在 Number of variables 栏输入 24,在 Population type 栏选择 Bit string,在 Population size 栏输入 100,点击 Stopping criteria 前的+号,将展开的 Generations 栏和 Stall generations 栏均改为 200,然后按下 Start。

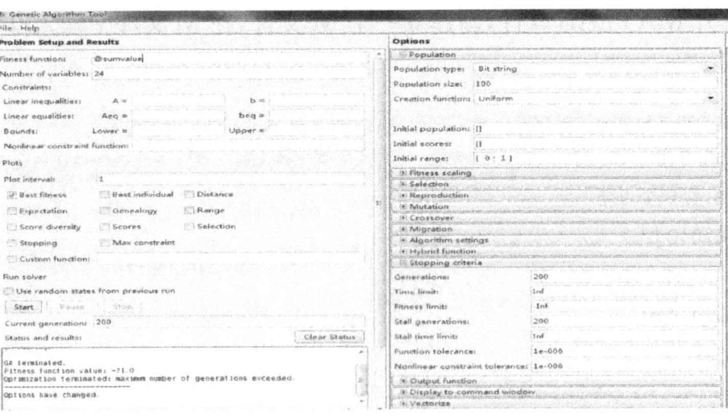

图 F.19 工具箱界面及操作

可在 Plots 组中选中 Best fitness,观察实验过程中的最佳适应值进化情况。

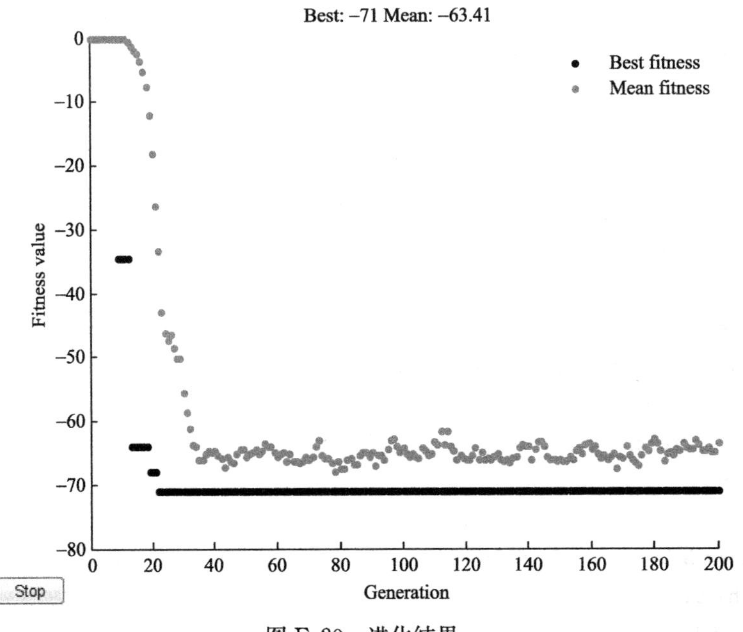

图 F.20 进化结果

计算结果为

```
garesults1 =
           x:[0 1 0 1 0 1 0 1 0 0 0 0 0 0 0 0 0 0 1 1 0 0 0 0 0 0]
        fval:-71
```

本实验采用的二进制编码，其对应的10进制钉子装盒数为 $x=(10,10,0,0,6,0)$，得到的价值为71分。

实验七　基于 Simulink 的“Follow-the-Leader”交通流仿真

实验目的：使用 Simulink 对“Follow-the-Leader”理论下的交通流进行仿真。

实验背景：假设在一个单向单车道的环形道路中有若干车辆依次行驶。每位驾驶者会根据本车速度、前车速度和前车距离来判断加速或者减速。又假设驾驶者对环境变化的响应需要一定的反映时间。则该系统模型可描述为

$$\ddot{u}_n(t+T)=\lambda(\dot{u}_{n-1}(t)-\dot{u}_n(t))$$

式中，t 为时间变量；T 为驾驶者响应时间常量；l 为驾驶者的敏感系数，敏感系数越高表示驾驶者会对环境情况变化做出更激烈的反应，l 依赖于本车距前车的距离、本车速度及驾驶者性格；$\dot{u}_n$ 为第 n 辆车的速度；$\dot{u}_n$ 为第 n 辆车的加速度。

实验步骤：

步骤1：打开 MATLAB 软件，在命令行输入 Simulink，进入 Simulink 界面(图 F. 21)。

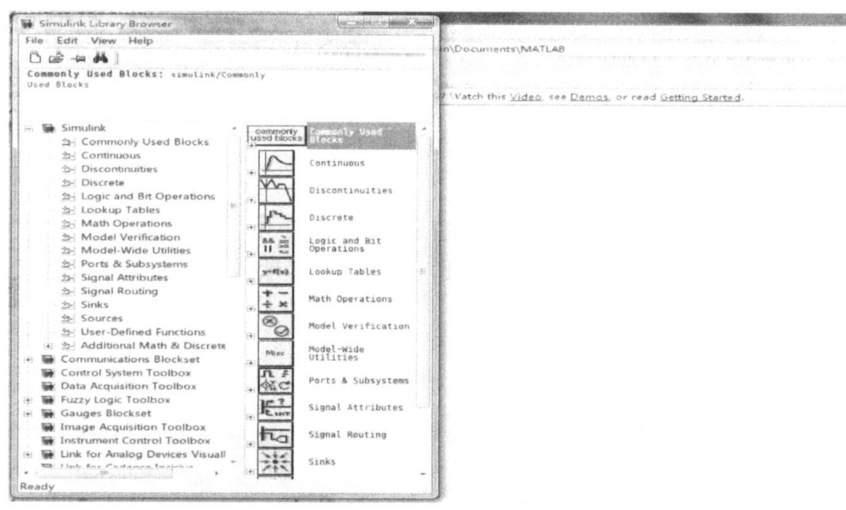

图 F. 21　Simulink 界面

步骤2：在 Simulink 工具栏中选择积分器、比例器、观测器等模块，建立 Simulink 仿真模型，如图 F. 22 所示。

步骤3：执行 Simulink 仿真，结束后打开观测器，可观测到在 l 取0.8时，结果如图 F. 23 所示。

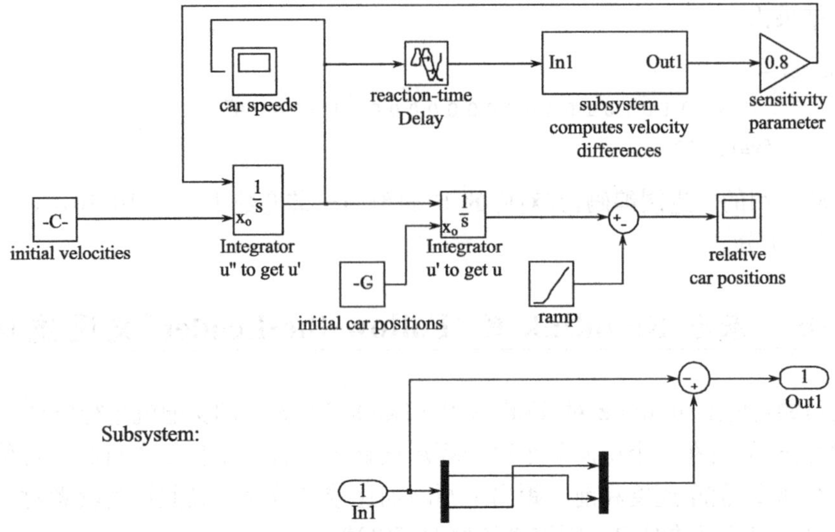

图 F.22 Simulink 仿真模型

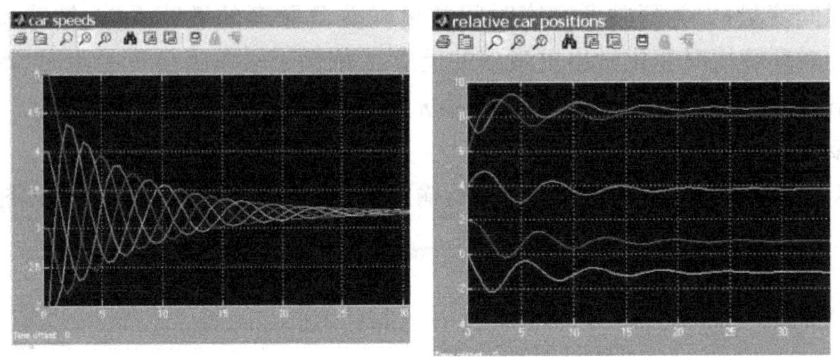

图 F.23 仿真结果(l=0.8)

仿真结果表明在 l 取 0.8 时得到收敛结果，随时间变化，各车速度趋于一致，各车相对位置趋于稳定；当 l 取 2.0 时，结果如图 F.24 所示。表明此时仿真结果呈发散状态，各车速度频繁变化，系统极不稳定。

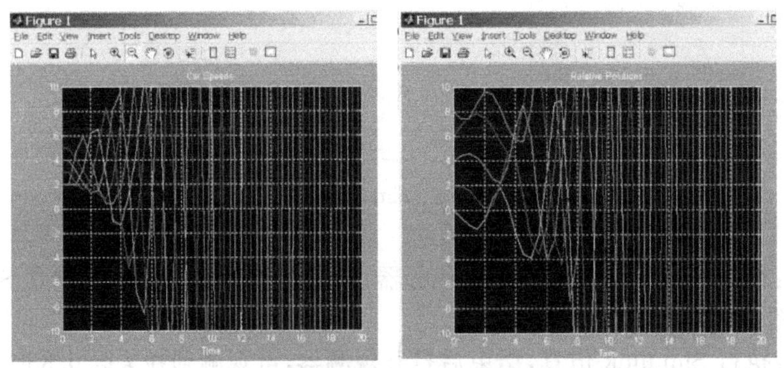

图 F.24 仿真结果(l=2.0)

实验八 使用 Ithink 软件进行系统动力学仿真

实验目的:使用 Ithink 软件进行系统动力学仿真。

实验背景:捕食者和被捕食者结构是二阶系统,这种机制在生物/生态等系统中是不难找到的。学习本实验的目的在于了解二阶系统的结构并学习利用 Ithink 仿真软件对系统动力学二阶系统进行仿真。

20 世纪 20～30 年代意大利生物学家 Umberto D'Ancona 研究了不同种类鱼群繁衍过程中的生存竞争与表现在数量间的关系。他偶然发现在第一次世界大战期间,从地中海某些港口捕获的一些鱼群的统计数据中,捕食鱼类(如鲨鱼、鳐鱼等)的比例增高得出奇,为平常年份的三倍左右。他敏感的认为:这种情况与第一次世界大战期间减少捕鱼强度和总捕获量有关。但是,捕鱼强度究竟如何影响捕食者与被捕食鱼类的繁衍和数量上的增长的相互关系呢? 这个问题最终由意大利数学家 Vito Volterra 解决。其结论为:在一定时间内,适当地增加捕鱼强度有利于被捕食鱼类平均数量上的增长,使捕食鱼类减少;反之,降低捕鱼强度则会出现捕食鱼类增长的结果。

捕食者-被捕食者建模过程如下:

(1) 首先把所有的鱼分成捕食者和被捕食者两类。前者设为 $x(t)$,后者设为 $y(t)$。

(2) 设被捕食者有足够的生存空间,其单位空间的密度较小,并有充分的食物,因此在无捕食者侵害的情况下,被捕食者的繁衍应具有指数增长特性,即 $\dot{x}=ax, a>0$。

(3) 当存在捕食者时,单位时间内捕食者与被捕食者的接触次数(接触时前者捕食后者)应为 $bxy, b>0$。

(4) 于是可得 $x=ax-bxy$。

(5) 捕食者内部不存在竞争,其自然减少率与增长率分别为 $-cy$ 与 dxy。于是可得 $\dot{y}=-cy+dxy$。

(6) 考虑到人工捕鱼会使捕食者与被捕食者同时减少,并假设它们按同样的比率 ε 减少,即捕食者和被捕食者单位时间减少量分别为 $\varepsilon y(t)$ 和 $\varepsilon x(t)$。最终的模型如下:

图 F.25 Ithink 系统动力学软件

$$\dot{x} = ax - bxy - \varepsilon x = (a - c)x - bxy$$

$$\dot{y} = -cy + dxy - \varepsilon y = -(c + \varepsilon)y + dxy$$

实验步骤：

步骤 1：打开 Ithink 系统动力学软件，如图 F.25 所示。

步骤 2：根据数学模型建立捕食者-被捕食者系统关系流图。如图 F.26 所示。

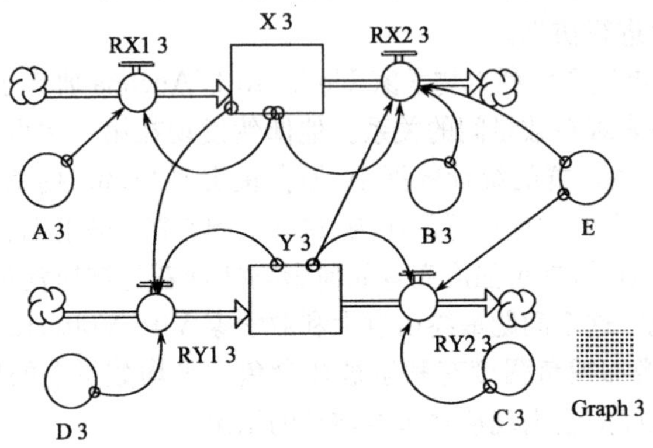

图 F.26 捕食者-被捕食者系统关系流图

步骤 3：仿真。如图 F.27 所示。

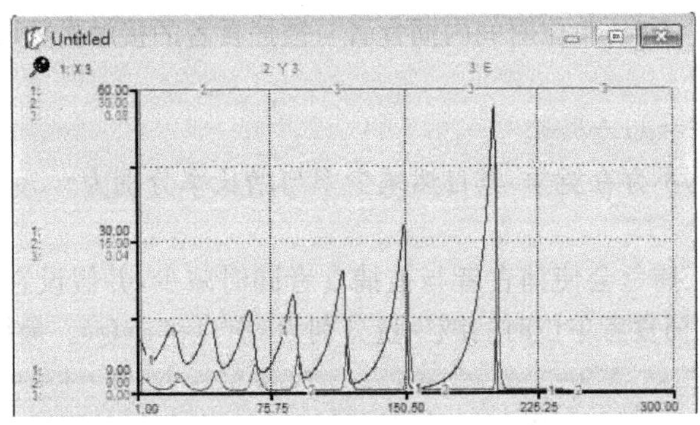

图 F.27 捕食者-被捕食者数量关系预测值曲线